北部湾台风风暴潮研究

陈　波　朱冬琳　韦　聪　陈宪云　牙韩争　董德信 等 著

海洋出版社

2023 年·北京

图书在版编目（CIP）数据

北部湾台风风暴潮研究 / 陈波等著 . —北京 : 海
洋出版社 , 2023.11
ISBN 978-7-5210-1203-3

Ⅰ . ①北… Ⅱ . ①陈… Ⅲ . ①北部湾—台风灾害②北
部湾—风暴潮—自然灾害 Ⅳ . ① P425.6 ② P731.23

中国版本图书馆 CIP 数据核字（2023）第 228318 号

审图号：GS（2023）第 1404 号

责任编辑：程净净
责任印制：安　森

海洋出版社　出版发行
http://www.oceanpress.com.cn
北京市海淀区大慧寺路 8 号　邮编：100081
鸿博昊天科技有限公司印刷　新华书店经销
2023 年 11 月第 1 版　2023 年 11 月第 1 次印刷
开本：787mm×1092mm　1/16　印张：15
字数：320 千字　定价：188 元
发行部：010-62100090　总编室：010-62100034
海洋版图书印、装错误可随时退换

前　言

台风风暴潮的研究起始于 20 世纪 20 年代，最初对于台风风暴潮的研究仅限于个例的观察和分析，主要目的是了解其现象、发生过程和初步探讨其成因。20 世纪五六十年代以来，随着雷达、卫星等探测技术以及计算机技术的发展，边缘波、陆架波，线性、非线性模型以及天文潮与台风风暴潮的非线性耦合等概念和理论被提出，数值模拟方法成为台风风暴潮的主要研究手段，台风风暴潮的数值预报模式日臻完善，人们对台风风暴潮的成因、机制以及发展过程有了更加深入的认识。

广西沿海是台风的多发区，影响和登陆北部湾北部的台风引起的增减水造成重大的经济损失，甚至人员伤亡。如 2014 年 7 月 19—20 日，"威马逊"超强台风给广西造成的经济损失达 138.4 亿元，并使珊瑚礁、红树林、海草床等主要海洋生态系统严重受损，直接或间接损失估值达 5 亿元以上。所以，台风风暴潮是广西沿海地区最大的海洋灾害，减少这种灾害损失已经成为我们的基本共识。然而，广西台风风暴潮研究工作却慢于全国其他省份。20 世纪 70 年代，广西沿海气象、水文预报有关部门才开始对风暴潮灾害及破坏严重性程度展开统计和阐述。进入 21 世纪，台风风暴潮灾害研究愈发受到重视。1999 年，广西壮族自治区科学技术厅下达"风暴潮增水与大气重力波及港湾固有周期谐振的关系研究"（桂科基：0009020）项目；2012 年，国家自然科学基金委下达"广西沿海主要港湾风暴潮增减水及变化机制研究（批准号：41266002）"项目；2020 年，国家自然科学基金委下达"登陆北部湾台风引起的广西沿岸风暴流产生机制研究"（批准号：42066002）项目；2021 年，广西科学院下达"基于台风影响下广西近岸风暴流产生及风、流、增减水模式建立研究"（批准号：2021YFJ1205）项目。本书就是根据历年的研究工作进行收集、分析、整理及在有关文献资料的基础上，结合 2020—2021 年下达的项目内容要求展开深入研究所取得的成果综合编著完成的。

本书采用各章节独立又相互兼容的形式，力求反映北部湾台风风暴潮研究的最新成果，尽可能吸收或引用权威数据与结论，通过收集历年登陆和影响北部湾地区的台风历史数据、现场调查数据，建立数值模型方法，研究北部湾风暴潮增减水的变化过程，找出产生最大风暴潮增减水的形成原因，为提高北部湾台风风暴潮灾害预报精度提供理论成果。

本书共 12 章，其中第 3 章"研究区域海岸地貌变化及其驱动因素"主要编写人为黎广钊，

第 4 章 "近 70 年来影响广西沿海台风暴雨特征分析" 主要编写人为苏玉婷，第 10 章 "北部湾近岸风暴射流数值模拟研究" 主要编写人为韦聪，第 11 章 "北部湾水文气象极值参数的数值计算" 参与编写人为曹雪峰，第 12 章 "气候变化下北部湾台风风暴潮数值模拟研究" 参与编写人为张敏，除此之外的其余各章编写人为陈波、朱冬琳、陈宪云、牙韩争、董德信等。各章节经汇总编纂，最后由陈波和朱冬琳对全书文字及图、表做了修改和审定。

本书的完成得到国家自然科学基金项目 "登陆北部湾台风引起的广西沿岸风暴流产生机制研究"（批准号：42066002）、广西科学院发展基金项目 "基于台风影响下广西近岸风暴流产生及风、流、增减水模式建立研究"（批准号：2021YFJ1205）和广西近海海洋环境科学重点实验室 2020 年项目经费资助。在此我们表示衷心的感谢！

北部湾岸线曲折，岛屿众多，陆架宽广。台风风暴潮增减水的变化异常复杂，除受制于台风场和气压场的分布和变化过程外，还受到地形的影响，而我们对于台风风暴潮的发生、发展和消衰等一般性的规律还缺乏深入的研究，一些诊断模式离实际应用到防灾减灾中去还相距甚远。台风风暴潮的防灾减灾工作是一项巨大的工程，要弄清楚北部湾台风风暴潮水位变化及分布规律，建立一套可供预报的实用方法，提高灾害预报的精度，减少灾害造成的损失，同时对台风风暴潮灾害灾后评估，建立台风和风暴潮灾害档案和数据库，还有大量的、更多的研究工作要做。

由于水平有限，本书编纂难免存在错误和不足之处，恳请批评指正！

陈　波

2022 年 2 月于南宁

目　录

第1章 绪 论

1.1 风暴潮概述

风暴潮指强烈的大气扰动（如强风和气压剧变等）引起的海面的异常升高现象，是自然界的一种巨大海洋灾害现象。这种灾害现象是由台风、温带气旋、冷锋的强风作用和气压骤变等强烈的天气系统引起的海面异常升降所造成，所以被称为"风暴潮增水""风暴海啸""气象海啸"或"风潮"等。风暴潮产生灾害的形式主要表现为增水和减水，增水灾害表现为淹没土地、海滩侵蚀、航道及港池骤淤、冲毁堤坝、毁坏房屋等；减水灾害表现为航运受阻、电厂取水困难、港口码头作业不便等。风暴潮灾害居自然灾害之首位，它对国民经济造成巨大损失，严重威胁人民生命和财产安全。

由大风和高潮水位共同引起的风暴潮灾害通常发生在沿海地区，主要由温带风暴潮和台风风暴潮两大类组成。

温带风暴潮：由温带气旋引起，多发生于春、秋季节，夏季也时有发生。其特点是增水过程比较平缓、增水高度低于台风风暴潮。主要发生在中纬度沿海地区，以欧洲北海沿岸、美国东海岸以及我国北方海区沿岸为多。

台风风暴潮：由台风引起，多见于夏、秋季节。其特点是来势猛、速度快、强度大、破坏力强。凡是有台风影响的国家，其沿海地区均有台风风暴潮发生。

风暴潮遇上天文大潮高潮，如果两者叠加在一起，成灾的可能性就极大。风暴潮灾害的轻重，除受风暴潮增水的多少和当地天文大潮高潮位的制约外，还要看受灾地区的地理位置、海岸形状、海底地形、社会及经济情况。一般来说，地理位置正处于海上大风的正面袭击、海岸呈喇叭口形状、海底地势平缓、人口密度大、经济发达的地区，所受的风暴潮灾害相对要严重些。

据统计，热带气旋和温带气旋多发区附近，极易受大风的影响产生风暴潮，像西北和东北太平洋、孟加拉湾和西南印度洋等。温带气旋多发区，大都分布在20°N以北的海域，在20°N以南的海域一般不会出现温带风暴潮。

1.1.1　风暴潮灾害的形成过程

风暴潮灾害的形成过程，首先是沿岸有大风。在海洋上形成的大风，主要有台风和温带气旋。台风发生在热带海洋上，它的破坏性很强，国际上称其为热带气旋，在大西洋和东北太平洋等地区称为飓风。全球平均每年出现约 80 个台风，其中有 1/3 能造成风暴潮。温带气旋又称为温带低气压，或锋面气旋。这种气旋形成的大风虽然不及台风强，但影响的范围却比台风还大，范围直径平均为 1000 km，大的可达到 3000 km 以上。因此，由温带气旋引发的风暴潮也是比较常见的。

从海洋波谱观点来看，风暴潮可表征为海面的波动现象，其显著周期范围为 103 ~ 105 s，介于地震、海啸和低频天文潮的周期范围之间。在风暴作用下，它在浅海陆架区得到发展和传播，形成特有的波动性质，并派生出一系列"惯性重力波"。

风暴中心的低压区将立刻引起海水上升，海面水体的升高与气压降低形成静压效应。同时，风暴中心周围的强风将以湍流切应力的作用使表层海水形成与风场同样的气旋式环流，但因地球自转产生的科氏力作用，海流在北半球将向右偏（南半球相反），形成表层海水的辐散。由于海水运动连续性的要求，深层的水必然来补偿，这就形成了深层海水的辐合，开始是沿着径向流向中心，其后由于科氏力的作用，海流向右偏，于是就建立了深层水中的气旋式环流。

受局部低气压的影响，以及深层流作用继而辐合所形成的部分海面隆起，似个孤立波随着风暴的移动而传播，在传播过程中形成了由风暴中心向四面八方传播出去的自由长波，它们以通常的长波速度移行，因而自由波系远远领先到达海岸。当传播到陡峭的岸边，它们将被反射。但是，当它们传播到如大陆架上这种浅水区域时，特别是风暴所携带的强迫风暴潮波爬上了大陆架浅水域，或进入边缘浅海、海湾或江河口的时候，由于水深变浅，再加上强风的直接作用、地形的缓坡影响，能量迅速集中，风暴潮也就迅速发展起来。

风暴潮大致可分为 3 个阶段：

第一阶段：在台风、飓风还远在大洋或外海时，潮位已受到相当的影响，这种在风暴潮来临之前趋向岸边的波称为先兆波。先兆波可表现为海面的微小上升，有时也表现为海面的缓慢下降。

第二阶段：风暴已逼近或过境时，该地区将产生急剧的水位升高。风暴潮的发生主要在这一阶段，潮高能达到数米，称为主振阶段。

第三阶段：当风暴潮的主振阶段过去之后，仍然存在一系列的振动——假潮或自由波，这一系列的振动称为余振。

1.1.2　风暴潮灾害的地理分布

风暴潮灾害主要分布在西北太平洋、印度洋、北大西洋沿岸区域的沿海国家（图 1–1 ）。

台风风暴潮灾害以中国、孟加拉国、印度以及美国最为严重，温带风暴潮灾害以在南北半球位于中、高纬度的沿岸国家最为严重。

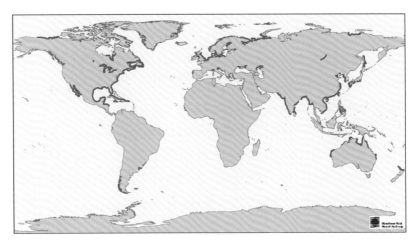

图 1-1　世界风暴潮发生区域分布（von Storch et al.，2015）

　　西北太平洋沿岸受风暴潮影响的国家主要有中国、朝鲜、日本，以及菲律宾、越南等东南亚沿海各国。我国是受台风袭击最多的国家，有 34% 的热带气旋（包括热带低压、热带风暴和强热带风暴、台风）在我国登陆。我国风暴潮灾害居西太平洋沿岸国家之首。我国风暴潮灾害的分布几乎遍布各沿海地区，特别是沿海重点经济开发区，如长江口、杭州湾、闽江口、珠江口以及雷州半岛东岸和海南岛东北部，均为风暴潮危害严重岸段。另外，黄海东南沿岸、日本海东岸，以及鄂霍次克海、东西伯利亚海、楚科奇海沿岸也是这类风暴潮肆虐的地方。

　　印度洋沿岸受风暴潮影响的区域主要有孟加拉湾和阿拉伯海。尽管孟加拉湾生成的热带气旋只占全球总数的 10% 左右，阿拉伯海生成的热带气旋仅占全球总数的 3%，但在这个区域由风暴潮引起的潮水泛滥导致了世界上最严重的自然灾害。

　　北大西洋沿岸受风暴潮影响的国家主要有美国、加拿大，以及欧洲的英国、荷兰、德国等沿岸国家。除上述已提到的国家外，比利时、意大利、葡萄牙、西班牙、法国、波兰、俄罗斯、挪威、丹麦，以及地中海沿岸的埃及、以色列等沿岸国家，也遭受温带风暴潮灾害，但不像英国、荷兰、德国那样严重。在南半球的乌拉圭至阿根廷的东海岸、澳大利亚及新西兰等区域和国家也深受温带风暴潮灾害之苦。

　　台风风暴潮是本书主要关注的对象，本书后续提及的风暴潮均指台风风暴潮。

1.2　国内外风暴潮研究进展

　　风暴潮的研究起始于 20 世纪 20 年代。最初对于风暴潮的研究仅限于个例的观察和分析，主要目的是了解其现象、发生过程和初步探讨其成因。进入20世纪50年代，随着雷达、卫星等探测技术的发展，人们对风暴潮的成因、机制以及发展过程有了更加深入的认识，提出了诸如边缘波、陆架波、深海、浅海、超浅海风暴潮，线性、非线性模型以及天文潮与风暴潮的非线性耦合等概念和理论。20世纪60年代后，计算机技术的高速发展为风暴潮研究技术的发展提供了优良的条件，风暴潮的数值预报模式日臻完善，数值模拟方法成为研究风暴潮的主要手段，在越来越多的风暴潮预报中迅速推广应用。

国内外对风暴潮的预报方法主要有数理统计法、经验统计法、数值模拟法3种。

数理统计法是通过历史资料统计分析从而展开对风暴潮的预测，将影响因素和量值与所研究的台风增水值进行对比，确定台风增水和影响因素变化的关系，并运用数理统计方法计算这种关系的可靠程度和相关程度，这种方法工作数据相当大，在实际应用中难以推广。

经验统计法主要是采用回归分析和统计相关来建立指标站的风和气压与特定港口风暴潮位之间的经验预报方程或相关图表，此方法局限性较大，只能在少数特定的港口应用。

数值模拟法是研究风暴潮的最直接方法，从流体力学方法出发，处理台风中心到达海岸时，风、气压在沿岸引起的风暴潮分布的动力学模式，它是基于风暴潮控制方程、计算方法和计算机的应用而发展起来的一种新型的研究方法，克服了以上方法的缺点，建立了预报场的概念。

数值预报技术开始于20世纪50年代，计算机技术的高速发展为风暴潮研究技术的发展提供了优良的条件，风暴潮的数值预报模式日臻完善。

1.2.1 国外风暴潮研究与进展

20世纪50年代，国外便开始对风暴潮进行了数值计算的研究（Kivisild，1954；Hansen，1956）；60年代以后，随着计算机技术的进步，风暴潮数值模型也迅速发展起来，Jelesnianski（1965；1966；1972；1974）建立的SPLASH模式成为当时美国风暴潮的业务预报模型；80年代，Jelesnianski和Shaffer（1992）开发了一个二维流体动力学的数值模式SLOSH，这一模式能预报出海上、陆上以及湖上的风暴潮，目前SLOSH模式已被广泛应用于风暴潮预报。风暴潮的研究与应用主要在平面二维模型，其目标是解决风暴潮增减水问题。21世纪以来，随着风暴潮理论研究的突破和计算机技术的发展，单一对台风浪或风暴潮的数值模拟在物理机制方面的不足逐渐被认识。Heaps（1984）认识到需要波浪模式来改进风暴潮模式中风应力的计算；Wolf等（1988）首先发展了一个联合波浪、风暴潮模式，并对各种相互作用机制的潜在重要性进行了研究；Tolman（1991）运用第三代WaveWatch模式和二维潮汐风暴潮模式研究了风暴潮对波浪的影响；Mastenbroek等（1993）运用第三代WAM（Wave Modeling）模式和二维风暴潮模式研究了波浪对风暴潮的影响；Xie等（2001；2003）利用由POM（Princeton Ocean Model）和WAM构建的耦合模式研究了南大西洋海湾风应力和底应力的浪流耦合效应以及台风情况下波浪对流场及风暴潮的影响。

1.2.2 国内风暴潮研究与进展

我国的风暴潮研究始于 20 世纪 70 年代,冯士筰(1982)分别从封闭海域和半封闭海域以及开阔海域的风暴潮问题出发,研究了风暴潮解析解的动力特征并揭示了风暴潮的内在动力机制。自 20 世纪 80 年代以来,我国风暴潮数值模拟研究和应用发展迅速,在正压和层化浅海动力学、浅海风暴潮的数值模拟、试验和预报、台风风压场研究以及在海湾工程上的应用方面都取得了一定突破。在渤海、黄海、东海和南海陆架区的风暴潮数值模拟研究较好地阐明了开阔海域和半封闭海域的风暴潮传播机制,为筛选可靠的预报因子提供了理论依据(孙文心等,1979;吴培木,1983;王兴铸等,1986;吴辉碇和季晓阳,1985;尹宝树等,2001);刘永玲等(2007)利用 POM 和 SWAN 的计算结果研究了渤黄海海区海浪对风暴潮的影响,结果表明考虑海浪影响下的风暴潮减水更接近实测水位。在业务预报方面,王喜年(1985;1998)建立采用线性经验台风模型提供风场评测风暴潮增水的 FBM 模式;SLOSH 模式在我国沿海的风暴潮预报中也取得了较为广泛的应用。

1.2.3 北部湾风暴潮研究现状

北部湾海域是一个位于亚热带的半封闭型浅海,北靠广西,西倚越南,东面有雷州半岛,东南面有海南岛为屏障(图 1–2)。北部湾海域是我国近海热带气旋活动较为频繁的地区之一,据多年的资料统计,平均每年约有 4 次热带气旋影响广西沿海,其出现时间大多在 6—10 月,7—9 月为盛行期,尤以 8 月为最多,占总数的 28%,7 月和 9 月各占总数的 20%。热带气旋常常引发风暴潮灾害,给沿海地区人民的生命财产造成巨大损失,严重制约了广西沿海地区经济发展和对外开放。

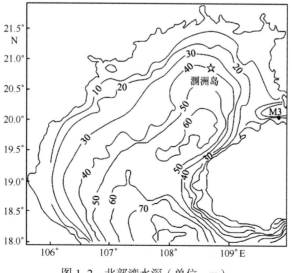

图 1–2 北部湾水深(单位:m)

广西风暴潮研究工作开展晚于全国其他省份。20世纪70年代，沿海气象、水文预报有关部门才开始对风暴潮灾害及破坏严重性程度进行统计和阐述。20世纪80年代，李树华、陈波等对广西沿岸主要港口风暴潮特征及其预报模式进行研究，对风暴潮基本特征、运动规律及预报方法做过一些探讨，根据主要港口的验潮资料，分析风暴潮特性和引起增减水的物理机制，采用经验的方法，初步建立了各港口风暴潮的预报方程（李树华，1986；李树华等，1992），开创了广西风暴潮研究的先河，该项研究成果获得了广西科技进步奖。20世纪90年代后，陈波、侍茂崇等对广西沿海地区的风暴潮形成与台风路径和地形的关系、增减水分布规律与强化机制等开展了较为深入的研究，取得了相关的成果（陈波，1997；陈波和邱绍芳，2000a；2000b；陈波和魏更生，2002；陈波和侍茂崇，2001）。研究成果有：将广西风暴潮发生期间不同港湾连续几天的风暴潮增水、减水值（去掉天文潮）进行能谱分析，探求增减水最大值与港湾固有振荡周期的关系，找出产生最大风暴潮增减水的形成原因，加强风暴潮在广西海岸形成、强化和衰减的理论研究；采用水动力模型 FVCOM（Finite–Volume Coastal Ocean Model）、波浪模型 FVCOM–SWAVE 以及泥沙模型 FVCOM–SED，建立潮位、潮流、波浪、海底与风场等多要素耦合、多参数方法的风暴潮模型，研究风暴潮增减水的变化过程，大大地提高广西风暴潮灾害预报精度。国家和广西科技管理部门也分别给予了项目支持，1999年，广西科学技术厅下达"风暴潮增水与大气重力波及港湾固有周期谐振的关系研究（桂科基：0009020）"项目；2012年，国家自然科学基金委下达"广西沿海主要港湾风暴潮增减水及变化机制研究（批准号：41266002）"项目。但是，广西风暴潮增减水的变化受到风场、气压场以及地形因素影响，变化规律具有显著的特殊性，影响机制复杂，当前研究对风暴潮发生、发展一些规律性的机制尚缺乏明确的认识，诊断模式离实际的防灾减灾应用还相差甚远，因此，要弄清楚广西风暴潮水位变化及分布规律，建立起一套可供预报的实用方法，提高灾害预报的精度，减少灾害造成的损失，还有大量的、更多的研究工作要做。

1.3　风暴潮研究意义

风暴潮是威胁沿海低地城市安全的重要气象和海洋灾害。中国沿海常年受风暴潮威胁，是全球少数几个风暴潮风险最大的区域之一。极端风暴潮引起的增水效应与风浪效应对沿海低地具有明显破坏性。此外，台风还可诱发风灾、强降雨、洪水和泥石流等次生灾害，导致沿岸基础设施损坏，带来巨大的经济损失。中国超过一半的发达城市分布于东南沿海，而这些地区几乎直面风暴潮袭击。20世纪以来，气候效应与社会、人口变化趋势引起的影响叠加，导致沿海地区风暴潮的安全风险问题愈发严重。

北部湾位于南海西北部，时常受到台风的袭击，又由于地势低平，更增加了沿岸陆

地淹没风险。据中国海洋灾害公报统计，北部湾平均每年有 2 ～ 3 次风暴潮灾害发生，近
10 年累计造成的直接经济损失近 60 亿元，受灾人口累计达 842.16 万人。因此，尽可能减
少风暴潮灾害造成的损失，保护国家财产和人民生命的安全，显得尤为重要。广西北部湾
大陆海岸线长 1628 km，其中沙泥质海岸或河口海岸等抗风浪能力弱的海岸类型占了绝大
多数；同时，广西沿海海湾几乎为半封闭型，海水交换能力较差，若台风引起的风暴潮增
水恰好遇天文大潮，则破坏力极大。

作为中国 – 东盟自由贸易区重要的海上交通要道，北部湾经济区是重要国际区域经济
合作区（图 1–3），因此，研究北部湾广西沿海风暴潮灾害及防灾减灾关系到国家西部大
开发和"一带一路"倡议的顺利实施，对民族团结与社会稳定有着重大的社会意义和深远
的历史意义。

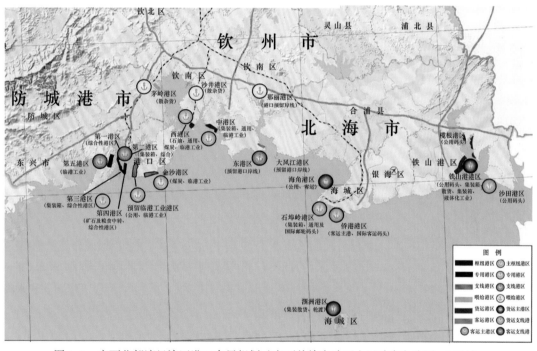

图 1–3　广西北部湾经济区港口布局规划（广西壮族自治区人民政府办公厅，2014）

第 2 章　研究区域自然环境概况

2.1　自然环境

2.1.1　沿海地理概况

广西沿海地处我国大陆海岸线的西南端，东起与广东廉江市高桥镇接壤的洗米河口，西至中越边界的北仑河口，陆上地区总的地势西北高、东南低，最高海拔是西部江平镇北部的平头顶，其海拔高度为 196.0 m，其次为茅岭江西北部的三角大岭，为 194.8 m。大体上以广西沿岸中部大风江为界，东、西两部具有不同的地形地貌特征，东部主要是古洪积 – 冲积平原、其次为三角洲平原，地势平缓；西部主要是侵蚀剥蚀台地，地势起伏不平，局部为三角洲平原和海积平原。

广西海岸线蜿蜒曲折，总长约 1628.6 km，分属于北海市、钦州市、防城港市，其中北海市 528.17 km、钦州市 562.64 km、防城港市 537.79 km。广西沿海南濒北部湾，海域面积为 12.93×10^4 km²，相当于我国渤海湾面积的 1.67 倍。北部湾属于半封闭型海域，湾内海底地形平坦，自西北向东南倾斜，坡度约为 0.3%。湾内等深线分布趋势大致与海岸平行，平均水深为 45 m，属于浅水海湾，大部分区域水深为 20 ~ 60 m，最大水深约 100 m。北部湾南部与南海相接的湾口处，等深线密集，部分区域水深陡增至 1000 m 余。北部湾主要通过南部的湾口和琼州海峡同外部进行水交换。北部湾北岸钦州湾、铁山港处发育向南延伸的潮流三角洲；琼州海峡西出口发育东—西向潮流沙脊；海南岛西岸发育南—北向、北西—南东向潮流沙脊和东西向沙波；北部湾西南部发育潮流冲刷沟槽；中部地形较平坦。北部湾地形特征见图 2–1。

广西沿海滩涂面积达 10×10^4 km²。沿海 20 m 水深以内面积约 6488 km²。广西沿海岛屿岸线总长为 549.5 km，海岛总面积 118.06 km²。沿岸 679 个海岛中，有居民海岛 14 个，面积为 103.2 km²，占岛屿总数的 2.06%，占海岛总面积的 87.41%；无居民海岛 665 个，面积为 14.86 km²，占岛屿总数的 97.94%，占海岛总面积的 12.59%。

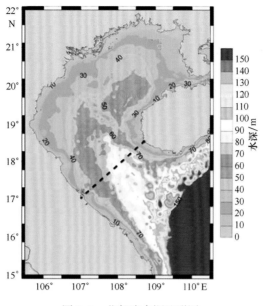

图 2–1　北部湾水深地形图

2.1.2　气候特征

广西沿海地区位于北回归线以南，属南亚热带气候区，受大气环流和海岸地形的共同影响，形成了典型的南亚热带海洋性季风气候。其主要特点是高温多雨、干湿分明、夏长冬短、季风盛行。

气温：广西沿海地区各市所处的地理位置不同，从沿岸东部至西部依次为北海市、钦州市、防城港市。据北海市气象局 1989—2013 年 25 年气象观测资料统计分析，北海市历年年平均气温为 23.0℃；历年极端最高气温为 37.1℃（出现在 1990 年 8 月 23 日）；历年极端最低气温为 2.6℃（出现在 2002 年 12 月 27 日）；最热月为 7 月，平均气温为 28.7℃；最冷月为 1 月，平均气温为 14.3℃。据钦州市气象局 1953—2013 年 61 年气象观测资料统计分析，钦州市历年年平均气温为 22.1℃；历年月平均最高气温为 26.1℃；历年月平均最低气温为 19.2℃；最热月为 7 月，平均气温为 28.3℃，平均最高气温为 31.9℃；历年极端最高气温为 37.5℃（出现在 1963 年 7 月 16 日）；最冷月为 1 月，平均气温为 13.4℃，平均最低气温为 10.3℃；历年极端最低气温为 –1.8℃（出现在 1956 年 1 月 13 日）。据防城港气象局 1994—2013 年 20 年气象观测资料统计分析，防城港历年年平均气温为 23.0℃；最热月为 7 月，平均气温为 29.0℃；最冷月为 1 月，平均气温为 14.7℃；历年极端最高气温为 37.7℃（出现在 1998 年 7 月 24 日）；历年极端最低气温为 1.2℃（出现在 1994 年 12 月 29 日）。

风况：广西沿岸为季风区，冬季盛行东北风、夏季盛行南或西南风，春季是东北季风向西南季风过渡时期，秋季则是西南风向东北风过度的季节。沿海各地区常风向和强风向均有所不同，出现的频率也不一样。

北海市常风向为 N 向，频率为 22.1%；次风向为 ESE 向，频率为 10.8%；强风向为 SE 向，实测最大风速为 30 m/s。该地区风向季节变化显著，冬季盛吹北风，夏季盛吹偏南风。据统计，风速 ≥ 17 m/s（8 级以上）的大风日数，历年最多为 25 d，最少为 3 d，平均为 11.8 d。

钦州市常风向为 N 向，频率为 22.0%；强风向为 S 向，频率为 13.0%。钦州市风速 ≥ 17 m/s（8 级以上）的大风日数，历年年均为 5.1 d，历年最多为 9.0 d，明显少于北海地区平均值（11.8 d）。

防城港市常风向为 NNE 向，频率为 30.9%；次常风向为 SSW 向，频率为 8.5%；强风向为 E 向，频率为 4.7%。防城港市历年年平均风速为 3.1 m/s，历年月平均最大风速出现在 12 月，为 3.9 m/s，其次为 1 月和 2 月，为 3.7 m/s；最小风速出现在 8 月，为 2.3 m/s。该区冬季风速比夏季风速大。

降水：广西沿海地区雨量较为充沛，主要集中在夏季。降水量分布特点是：西部大于东部，陆地多于海面。

广西沿海东部地区，每年 5—9 月为雨季，占全年降水量的 78.7%，10 月至翌年 4 月为旱季，降水量较少，为全年降水量的 21.3%。历年年平均降水量为 1663.7 mm；历年最大年降水量为 2211.2 mm；历年最小年降水量为 849.1 mm。

广西沿海中部地区，多年平均年降水量为 2057.7 mm，年平均降水时间在 169.8 ~ 135.5 d 范围内。全年的降水量多集中在 4—10 月，约占全年降水量的 90%。下半年的降水高峰期又相对集中在 6—8 月，这 3 个月的降水量约占全年降水量的 57%。根据中国地面累年值数据集（1981—2010 年），钦州市最大年降水量达 2917.1 mm（2001 年），最小年降水量仅为 1204.6 mm（1989 年）。日最大降水量为 324.4 mm（出现在 1993 年 8 月 22 日）。

广西沿海西部地区，多年平均降水量为 2102.2 mm，大部分集中在 6—8 月，占全年平均降水量的 71%。1—8 月雨量逐月增加，8 月为高峰期；9—12 月逐月递减，12 月雨量最少。24 h 最大降水量为 365.3 mm，出现在 2001 年 7 月 23 日。

灾害性天气：广西沿海地区的灾害性天气较多，主要有台风（热带气旋）、强风和寒潮大风、低温阴雨等。沿海地区每年 5—10 月为台风季节，平均每年热带气旋影响 2 ~ 3 次，平均每 5 ~ 8 年有一次强台风危害，在强台风的严重影响下，较容易产生较大的风暴潮，给工业、农业、海洋开发和安全带来威胁。强风和寒潮大风主要出现在 9 月至翌年 4 月，平均每月出现 6 ~ 9 d，这给海上渔业捕捞和运输安全带来影响。低温阴雨天气主要发生在每年 2—3 月，给种植业和海水养殖业带来了危害。

2.1.3 水文特征

潮汐：广西沿岸以全日潮为主，除铁山港和龙门港为非正规全日潮以外，其余均为正规全日潮，是一个典型的全日潮区，但每次大潮过后有 2 ~ 4 d 为半日潮。全日潮在一年当中占 60% ~ 70%。全日潮潮差一般大于半日潮潮差。广西沿岸潮差较大，各站最大潮差均在 4 m 以上，铁山港最大潮差最大，历史记录达 6.41 m（表 2–1）。

表 2–1　广西沿岸各站潮差　　　　　　　　　　　　　　　　单位：m

验潮站	珍珠湾	防城港	企沙镇	龙门港	北海港	铁山港	涠洲岛
平均潮差	2.28	2.12	1.96	2.55	2.49	2.53	2.30
最大潮差	5.00	4.17	4.24	5.49	5.36	6.41	5.37

潮流：广西沿岸主要是浅海近岸区，除个别区域（如大风江口、涠洲岛及斜阳岛周边海域、珍珠湾江平以南部分海域）之外，潮流的运动形式基本为往复流。根据广西沿海潮流实测资料及其调和分析结果，K1 分潮流椭圆长轴方向与地形密切相关，在河口和海湾，一般与岸线或港湾水道走向一致，主要为南北向；在浅海区则主要为东北—西南向。K1 分潮流的流速分布规律为近岸高于浅海，尤其以港口口门及潮汐通道附近的流速最大。流速一般为 20 ~ 45 cm/s，最大流速出现在钦州湾口，流速可达 73 cm/s，流速剖面分布特征一般为表层高于中底层，局部区域也会出现底层高于表层的情形。M2 分潮流椭圆长轴分布趋势与 K1 分潮流基本一致，在河口及港湾区域，长轴方向几乎与岸线或潮流通道方向一致，主要为南北向，在浅海区则主要为东北—西南向。M2 分潮流的流速在浅海区一般为 10 ~ 20 cm/s，在近岸港湾则为 15 ~ 30 cm/s。

余流：指海流中除去纯潮流后所剩余的部分，通常由径流引起。影响广西沿岸余流场分布的主要因素有风场、径流、地形以及长周期波等。夏季广西近海盛行偏南风，广西近海主要形成两个漩涡系统：一个在白龙半岛至大风江口门外，余流流速一般为 5 ~ 30 cm/s，最大余流流速出现在防城港口门外；另一个在北海西村港至铁山港口门外，在近海区域外海水向岸流动，余流方向以西北向为主，在铁山港口门则为西南向，该逆时针余流系统流速较低，一般为 2 ~ 10 cm/s。除以上逆时针漩涡系统外，涠洲岛海域余流主要为西向或西北向，余流流速为 15 ~ 25 cm/s。冬季广西沿岸主要发育一个大型逆时针漩涡系统。该系统控制涠洲岛以西的广大海域，外海高温高盐水沿着北部湾东侧向北流动，在广西近海受河流冲淡水影响而转向西南，形成半封闭的逆时针漩涡系统，余流流速一般为 10 ~ 20 cm/s。

波浪：广西沿岸波浪的季节性变化异常明显，冬季以北东和北北东浪为主，最高占比达当月的 43%。夏季西部主要为南向浪，东部则以南南西向浪为主，其中 7 月南南西向浪占当月的 40%。波浪中风浪与风速、风向关系最为密切，根据白龙尾和涠洲岛观测，风浪与风向一致，夏季盛行南向风浪。冬季偏北浪频率最大，涌浪只有偏南向。白龙尾平均波高 0.5 m，最大波高 3.6 m，而涠洲岛平均波高同样为 0.5 m，但最大波高达 5.0 m；北海港平均波高和最大波高较小，分别为 0.3 m 和 2.0 m（表 2–2）。广西沿岸最大波高出现在东南向波浪，其次为西南向波浪。

表 2–2 广西沿岸各月最大波高   单位：m

月份 站名	1	2	3	4	5	6	7	8	9	10	11	12	全年
涠洲岛	2.3	2.2	1.9	2.2	5.0	3.9	4.2	4.0	4.6	4.6	1.8	1.8	5.0
北海港	1.3	1.2	1.3	1.1	1.2	1.3	1.0	1.5	1.6	1.6	2.0	2.0	2.0
白龙尾	2.0	1.5	1.7	1.9	2.8	3.6	4.1	3.7	3.5	3.6	2.0	2.2	3.6

2.1.4 沿岸水系

注入北部湾近岸浅海的中小型河流有 123 条，其中 95% 为间歇性的季节性小河流，注入广西沿岸常年性的主要河流有南流江、大风江、钦江、茅岭江、防城江、北仑河 6 条。各条主要河流的径流量或输沙量如表 2–3 所示。

表 2–3 广西沿海各水文站 2000—2014 年多年平均统计资料表

河流名称	水文站	长度 /km	集水面积 /km²	年径流量 /（10^8 m³）	年输沙量 /（10^4 t）
南流江	常乐站	287	6 645	50.81	61.40
钦江	陆屋站	179	1400	10.56	17.30
大风江	坡朗坪站	121	613	5.61	无泥沙监测资料
茅岭江	黄屋屯站	100	1 826	14.12	无泥沙监测资料
防城江	长岐站	107	441	9.16	无泥沙监测资料
北仑河	东兴站	185	787	目前还没有开展流量监测	

南流江发源于广西玉林市大容山，在合浦县总江口下游分 4 条支流呈网状河流入海，河长为 287 km，流域面积为 8635 km²，南流江多年平均径流总量为 50.81×10^8 m³，多年平均输沙总量为 61.4×10^4 t。

钦江发源于灵山县罗阳山，于钦州西南部尖山镇沙井岛东西两岸呈网状河流注入茅尾海东北部，河长为 179 km，流域面积为 2457 km²，多年平均径流总量为 10.56×10^8 m³，多年平均年输沙总量为 17.3×10^4 t。

大风江发源于广西灵山县伯劳乡万利村，于犀牛脚炮台角入海，河长为 121 km，流域面积为 1927 km²，多年平均径流总量为 5.61×10^8 m³。

茅岭江发源于灵山县的罗岭，由北向南流经钦州境内，于防城港市茅岭镇东南侧流入茅尾海西北部，河长为 100 km，流域面积为 1949 km²，多年平均径流总量为 14.12×10^8 m³。

防城江发源于上思县十万大山附近，河长为 107 km，流域面积为 750 km²，多年平均

径流总量为 $9.16 \times 10^8 \mathrm{~m}^3$，于防城港渔沥岛北端分为东、西两支，分别流入防城湾东湾和西湾。

北仑河发源于东兴市峒中镇捕老山东侧，自西北向东南流经东兴至竹山附近注入北部湾北部北仑河口湾，河长为 185 km，流域面积为 1187 km² （部分面积在我国界线以外）。

2.1.5　地貌特征

广西海岸带现代地貌成因类型、空间分布特征的调查研究结果表明，广西海岸带陆域自海岸线向陆延伸 5 km 范围内的地形海拔均小于 200 m，地势呈西北高、东南低的特点，大体上以中部大风江为界，东、西两部具有不同的地貌特征。东部地貌特征主要有河口三角洲平原、海积平原等，地势平缓，微向南面海岸倾斜；西部地貌主要有基岩侵蚀剥蚀台地、复合河口三角洲平原、海积平原等，地势起伏不平。海岸带地貌特征及其类型分布格局见图 2-2。

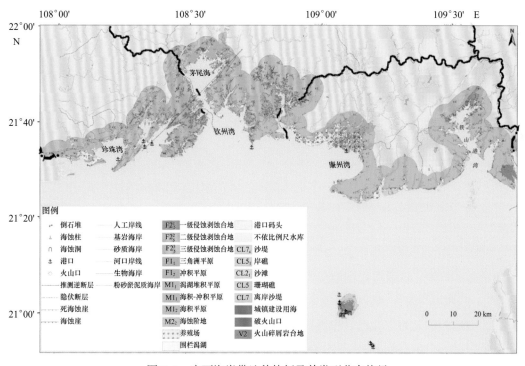

图 2-2　广西海岸带地貌特征及其类型分布格局

广西沿海地区人工地貌突出，河口三角洲平原及海积平原已大面积开辟为海水养殖场。整体地貌特征呈现出平坦趋势而略有不平，抗各种自然灾害能力不强，尤其是人工地貌突出，很大程度上改变了自然地貌属性的作用（表 2-4）。

表 2–4 广西海陆交错带各类地貌成因类型面积统计

地貌成因类型		面积 /km²	占总面积比例 /%	备注
侵蚀剥蚀地貌	一级侵蚀剥蚀台地	29.10	0.88	在不同的地质时期，各种外力的侵蚀剥蚀作用以及 3 次构造运动抬升，形成保存不同高度的基岩侵蚀剥蚀台地
	二级侵蚀剥蚀台地	460.72	13.95	
	三级侵蚀剥蚀台地	1002.86	30.37	
流水地貌	古洪积–冲积平原	821.88	24.89	古洪积–冲积平原是由早、中更新世湛江组、北海组地层构成的流水地貌
	冲积平原	151.17	4.58	
构造地貌	熔岩台地	26.85	0.81	其余活动性断裂、地震断裂为线型地貌而不计面积
海成地貌	三角洲平原	140.19	4.24	三角洲、海积冲积、海积平原中改造为养殖场部分属于人工地貌中的养殖场类型
	海积冲积平原	62.27	1.89	
	海积平原	136.73	4.14	
	潟湖堆积平原	7.54	0.23	
人工地貌	养殖场(养殖虾塘)	344.11	10.42	其余海堤、防潮闸为线型地貌而不计面积
	盐田	23.35	0.71	
	港口区	18.21	0.55	
	水库	17.53	0.53	
河口地貌	河流（入海水道）	22.27	0.67	—
岩滩地貌	海蚀阶地	2.01	0.06	其余海蚀崖、海蚀穴为线型地貌而不计面积
海滩地貌	沿岸沙堤	35.84	1.08	—
合计	17 种	3302.63	100	

由表 2–4 可知，广西海岸带地貌类型的空间分布特征：

（1）广西海岸带大风江以西地区主要大型地貌单元为侵蚀剥蚀台地，大风江以东地区主要大型地貌单元为古洪积–冲积平原。

（2）侵蚀剥蚀台地是海岸带分布最广、面积最大的地貌单元，广泛分布于西部江平地区北部、白龙半岛、防城江东西两岸、茅岭江下游的东西两岸、茅尾海东南部及西南部、企沙半岛、金鼓江和鹿茸环江两岸、大风江东西两岸、东部铁山港湾顶北部等地，呈北东—西南向展布，地势起伏漫延。侵蚀剥蚀地貌包括一、二、三级侵蚀剥蚀台地，总面积为 1492.68 km²，占广西海岸带地貌总面积 3302.63 km² 的 45.20%。

（3）古洪积–冲积平原普遍分布于海岸带东部沙田—山口—白沙、闸口—石康—南康—营盘—北海、合浦西场、钦州犀牛脚等地，地势较为平缓，自北向南至海岸缓缓倾斜，总面积为 821.88 km²，占广西海岸带地貌总面积的 24.89%，次于侵蚀剥蚀台地，为广西海岸带各类地貌成因类型分布面积的第二位。

（4）广西海岸带沿海地区的人工地貌突出，尤其是养殖场（养殖虾塘），其呈不连续块状分布于东部丹兜海沿岸、铁山港沿岸、南康河口、白龙半岛、西村港沿岸、大冠沙、周江两岸、合浦西场沿海地区、西部江平沿海地区、防城港湾西岸潭逢、沙潭江、钦江河口沿岸地带、钦州湾东岸大榄坪西牛脚沿岸大风江西岸等地，总面积为 344.11 km²，占广西海岸带地貌总面积的 10.42%，为广西海岸带各类地貌成因类型分布面积的第三位。

（5）冲积平原、三角洲平原、海积平原在广西海岸带分布较广，面积也不小。冲积平原主要分布于广西沿岸中小河流的中上游和侵蚀剥蚀台地边缘低洼地带及冲沟，呈分散的条带状分布，总面积为 151.17 km²，占广西海岸带地貌总面积的 4.58%；三角洲平原，主要分布于南流江河口三角洲和钦江—茅岭江复合河口三角洲，该两河口三角洲部分归于河口海岛，故三角洲面积偏小，总面积为 140.19 km²，占广西海岸带地貌总面积的 4.24%；海积平原，主要分布于西部江平潭吉—巫头—松柏—竹山—楠木山一带企半岛南部沿岸、犀牛脚—沙角，东部北海半岛南部沿岸、丹兜海东北沿岸及乌泥等地，总面积为 136.73 km²，占广西海岸带地貌总面积的 4.14%。

（6）其余海积冲积平原、沿岸沙堤、熔岩台地、潟湖堆积平原、海蚀阶地，以及人工地貌中的港口区、盐田、水库分布分散、所占面积较小。

（7）广西海岸带地貌类型受到不同的形成条件和控制范围的影响，地貌成因类型的分布特征随着海拔高度和起伏的变化而变化，距离海岸 5 km 范围内的不同地貌类型自陆地向海岸呈阶梯状逐级降低趋势，这种地貌类型分布格局在西部江平一带最为明显，其形成海拔 50～200 m 高程的三级侵蚀剥蚀台地、海拔 50～15 m 高程的二级侵蚀剥蚀台地、海拔低于 15 m 高程的一级侵蚀剥蚀台地、海拔 5～10 m 高程的现代冲积平原及海积冲积平原、海拔 2～3 m 高程的海积平原或养殖场和盐田、海拔 5～10 m 沿岸沙堤等，在中部犀牛脚、铁山港湾北部公馆一带等同样出现这种特征。

2.2　海岸类型

根据海岸成因、形态、物质组成的分类原则，可将广西海岸划分为砂质海岸、粉砂淤泥质海岸、生物海岸、基岩海岸、人工海岸、河口海岸 6 大类型（表 2-5）。

表 2-5　广西海岸带海岸的岸线类型长度统计

	北海市 /km	钦州市 /km	防城港市 /km	合计 /km	占总长度比例 /%
砂质海岸	50.60	26.14	35.22	111.96	6.88
粉砂淤泥质海岸	4.64	23.46	82.51	110.61	6.79
生物海岸	27.18	57.66	4.46	89.30	5.48

	北海市 /km	钦州市 /km	防城港市 /km	合计 /km	占总长度比例 /%
基岩海岸	3.28	8.35	19.16	30.79	1.89
人工海岸	439.39	445.47	395.35	1280.21	78.61
河口海岸	3.08	1.55	1.09	5.72	0.35
合计	528.17	562.63	537.79	1628.59	100.0

从表 2–5 可知，广西海岸带人工海岸占海岸线总长度的 78.61%，其次为砂质海岸，占海岸线总长度的 6.88%，粉砂淤泥质海岸占海岸线总长度的 6.79%。

2.2.1 砂质海岸

2.2.1.1 分布岸段

砂质海岸分布区域几乎覆盖整个广西海岸带沿岸区域（图 2–3）。

图 2–3 分布于广西海岸带的砂质海岸

东部沿岸：北海市半岛北岸北海外沙—高德—草头村，北海半岛南岸白虎头—北海银滩—电白寮—大墩海，大冠沙，福成竹林—白龙—营盘—青山头—淡水口，沙田半岛南岸沙田—下肖村—耙朋村—中堂（总路口）—乌泥等岸段。

中部沿岸：钦州市犀牛脚大环—外沙，三娘湾—海尾村等岸段。

西部沿岸：防城港市企沙半岛东部沿岸沙螺寮—山新村，企沙半岛南部沿岸天堂坡—樟木沥—赤沙，江山半岛东南岸大坪坡，江平沥尾—巫头—榕树头—白沙仔等岸段。

2.2.1.2 分布特征

（1）岸线平直，沿岸沙堤、沙滩广泛发育。

（2）沙堤后缘直接与北海组、湛江组海蚀陡崖相连接，或在沙堤与古海蚀陡崖（古海岸线）之间有宽度不等的海积平原（即已开辟为海水养殖场或盐田或水田或农耕地等）。

（3）砂质海岸的物质来源在东部地区主要来自其后北海组、湛江组的侵蚀和破坏，在西部主要来源于河流及其海岸基岩的侵蚀。

（4）不同岸段有侵蚀与堆积的差异，反映了局部泥沙的运移，但整体上并无大规模的泥沙纵向运动。

2.2.2　粉砂淤泥质海岸

2.2.2.1　分布岸段

粉砂淤泥质海岸在广西海岸带沿岸区域均有分布（图 2-4）。

图 2-4　分布于广西海岸带的粉砂淤泥质海岸

东部沿岸：北海市的铁山港、丹兜海、英罗港；中部沿岸：钦州市的大风江口、钦州湾东西两岸潮流汊道；西部沿岸：防城港市东湾的暗埠口江、珍珠湾等港湾及潮流汊道沿岸。

粉砂淤泥质海岸通常发育淤泥滩 - 红树林滩，如铁山港闸口红石塘 - 螃蟹田沿岸粉砂淤泥质海岸，伴随发育有红树林滩及潮沟地貌；钦州湾金鼓江西岸农呆墩村东部粉砂淤泥质海岸及红树林滩地貌；茅尾海康熙岭白鸡村南岸宽阔的粉砂淤泥质海岸，形成宽阔、平缓的淤泥滩地貌；江平交东村东南岸发育粉砂淤泥质海岸，其外缘发育红树林滩，内缘为人工海堤。

2.2.2.2　分布特征

（1）岸线曲折、港汊众多、形如指状。潮流汊道多深入于低丘、台地之间，沿岸多岛屿和侵蚀剥蚀台地。

（2）陆上通常有小型河流注入，但流量很小，多依靠涨潮倒灌的海水维持水域，永久性水域仅在潮沟中出现。

（3）湾内汉道泥沙充填微弱，西侧通常发育有宽度不等的淤泥质潮间带浅滩，在滩面上往往生长有红树林。

（4）湾顶及两侧潮滩的沉积厚度较小，一般为0.5～3.0 m，局部有基岩出露于滩面上。

2.2.3 基岩海岸

2.2.3.1 分布岸段

基岩海岸分布区域主要为如下几个片区。

东部沿岸：北海市北海半岛西部冠头岭、英罗港马鞍岭半岛东南岸等岸段。

中部沿岸：钦州市钦州湾东南岸犀牛脚镇乌雷岬角岸段、钦州湾西南岸沙螺寮村东北岸岬角。

西部沿岸：防城港市簕山渔村东北岸九龙寨岬角、西部企沙半岛东南岸天堂角岬角、江山半岛海岸等岸段。

基岩海岸主要由基岩、岩脊、砂砾滩，以及沟槽状、锯齿状地貌格局组成（图2-5），抗自然灾害能力较强。

图2-5　分布于广西海岸带基岩海岸

2.2.3.2 分布特征

（1）多为侵蚀剥蚀台地直逼海岸边缘，岸线向海凸出，形成基岩岬角，海浪侵蚀强烈。

（2）基岩海岸海蚀崖、岩滩（海蚀平台或海蚀阶地）、海蚀洞（穴）、礁石发育。

（3）多数岩滩低潮期间出露、高潮期间淹没，岩滩面形态多样，既有阶梯状、沟槽状、岩脊状、锯齿状，也有平坦状、柱状、凹坑状。

2.2.4　人工海岸

2.2.4.1　分布岸段

东部沿岸：北海市英罗港乌泥、铁山港湾、营盘、竹林、大冠沙、北海侨港—大墩海、北海港—外沙、乾江—党江—沙岗—西场。

中部沿岸：钦州市钦州湾犀牛脚、钦州港、康熙岭。

西部沿岸：防城港市红沙、沙螺寮、簕山、企沙港、防城港、白龙尾港、江平交东—贵明—沥尾、竹山—榕树头等地岸。

人工海岸形成主要有水泥石块建造"丁"字坝式人工海岸、水泥混凝土标准化海堤人工海岸（图 2–6）、水泥标准化阶梯式海堤人工海岸、水泥石块建造斜坡式海堤人工海岸、石块砌造的斜坡式海堤人工海岸、码头斜坡式水泥混凝土人工海岸（图 2–7）、直立式、阶梯式水泥混凝土、石块结构人工海岸等。

图 2–6　建于广西沿岸标准化海堤人工海岸

图 2–7　建于广西沿岸斜坡式水泥混凝土人工海岸

2.2.4.2　分布特征

常见于河口区海岸、开阔海岸，以及沿岸港口码头、农田、盐田、养殖场、临海工业区、临海城镇等岸段。

2.2.5 生物海岸

广西海岸带沿岸的生物海岸根据生物种类不同可划分为红树林海岸和珊瑚礁海岸两种类型。

2.2.5.1 红树林海岸

1）分布岸段

红树林海岸主要分布于沿岸东部的英罗港、丹兜海、铁山港、南流江口，沿岸中部的大风江、钦州湾鹿耳江、金鼓江、茅尾海，沿岸西部的防城港渔洲坪、马正开、暗埠口江、珍珠湾北部沿岸、北仑河口等岸段（图2–8）。

图2–8 分布于广西沿岸红树林生物海岸

2）分布特征

常见于入海河口湾和潮汐汊道、港湾内两侧潮间浅滩中上带，岸线多与海湾、汊道海岸一致。

海岸有红树林保护、湾内波浪微弱、潮流流速降低，淤泥质海滩较为发育。

红树林有的连片生长，面积较大，种类较多。如英罗港、丹兜海国家级红树林保护区，总面积达44.24 km²，岸线长约50 km；珍珠湾北部沿岸也是连片分布，面积达10 km²，岸线长约20 km。有的为块状分布，如铁山港、大风江口、防城港港内；有的为沿岸带状分布，如鹿耳环江、金鼓江北仑河口。

2.2.5.2 珊瑚礁海岸

1）分布岸段

珊瑚礁海岸仅见于涠洲岛、斜阳岛海岸（图2–9）。

2）分布特征

分布局限性，分布于北海市的涠洲岛西南部滴水村—竹蔗寮、西岸北部后背塘—北部北海—苏牛角坑、东北部公山背—东部横岭沿岸近岸浅海区，斜阳岛沿岸有零星分布。图 2-9 显示了涠洲岛北岸苏牛角坑近岸浅海区水下珊瑚礁生物海岸特征。

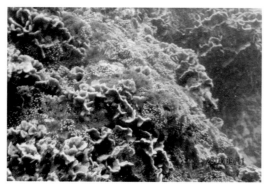

图 2-9　分布于广西涠洲岛北岸水下珊瑚礁生物海岸

2.2.6　河口海岸

2.2.6.1　分布岸段

广西海岸带河口海岸主要分布于南流江、大风江、钦江、茅岭江、防城江、北仑河 6 条主要河流出海口。这类岸段主要为由河口通道、潮滩、河口沙坝、红树林构成的河口海岸地貌格局（图 2-10）。

图 2-10　分布于广西沿岸的河口海岸

2.2.6.2　分布特征

分布于河口湾、溺谷湾顶部入海河口区，如南流江河口分布于廉州湾北部，呈支状河口分布；大风江河口分布于大风江溺谷湾河口湾顶部，呈指状分布；钦江河口分布于茅尾海东北部，呈分叉状分布；茅岭江河口分布于茅尾海西北部，防城江河口分布于防城港湾西湾顶部,北仑河口分布于北仑河口湾西北部,这 3 条河流均呈单一出海口分布。

从海岸构成来看,广西海岸由砂质海岸、粉砂淤泥质海岸、生物海岸、基岩海岸、人工海岸、河口海岸 6 大类型构成。其中人工海岸长度为 1280.21 km,占海岸线总长度 1628.59 km 的 78.61%,其次为砂质海岸,占海岸线总长度的 6.88%,再次为粉砂淤泥质海岸,占海岸线总长度的 6.79%。人工海岸逐步取代了自然岸线,砂质、粉砂淤泥质海岸非常突出,相反,基岩海岸长度只占海岸线总长度的 1.89%。这样的海岸构成很不利于抵御各种诸如风暴潮、海浪、海啸、海平面变化、海岸侵蚀等自然灾害。近年来,受全球气候变化及海平面上升的影响,广西沿海地区各类海洋灾害频发、灾度加大,海洋防灾减灾工作面临越来越大的压力和挑战。

2.3 社会经济 [①]

2.3.1 行政区划与人口分布

广西沿海行政区划主要包括北海市、钦州市、防城港市三市。其中,北海市行政区域面积为 3337 km²;钦州市行政区域面积为 10 800 km²;防城港市行政区域面积为 6222 km²。大陆海岸线总长为 1628.59 km。其中,北海市管辖岸线为 528.16 km,钦州市管辖岸线为 562.64 km,防城港市管辖岸线为 537.79 km。

广西沿海三市的陆域土地面积为 20 361 km²,占广西陆域土地总面积的 8.6%。2019 年,广西沿海三市总人口为 698.28 万人,占广西总人口的 12.3%。其中,北海市总人口为 180.21 万人,钦州市总人口为 417.70 万人,防城港市总人口为 100.37 万人。

2.3.2 海洋经济状况

广西是我国重要的沿海省区之一,海域空间广阔,海洋资源丰富,可开发利用潜力巨大,海洋经济正逐渐成为国民经济新的增长点。2019 年,广西海洋经济总产值为 1664 亿元,比上年增长 13.4%,占广西生产总值的 7.8%,按照三次产业划分,第一产业海洋增加值 263 亿元,第二产业增加值 498 亿元,第三产业增加值 903 亿元,海洋第一、第二、第三产业增加值占海洋生产总值的比重分别为 15.8%、29.9%、54.3%。2019 年,广西主要海洋产业全年实现增加值 874 亿元,比上年增长 15.3%。其中,海洋渔业比重最大,增加值 284 亿元,占 32.5%;第二位是近年来发展较快的滨海旅游业,增加值 274 亿元,占 31.4%,比上年增加 34.3%;第三位是海洋交通运输业,增加值 185 亿元,占 21.2%。海洋科研教育管理服务业增长较快,全年实现增加值 214 亿元,比 2018 年增长 9.7%。海洋

---

① 此部分资料主要来源于广西壮族自治区统计局网站,北海市人民政府国民经济和社会发展统计公报,钦州市、防城港市、北海市人民政府网站等。

相关产业随着主要海洋产业的较快发展增长迅速，全年实现增加值 577 亿元，比 2018 年增长 9.7%。北海市海洋生产总值为 634 亿元，占全区海洋生产总值的 38.1%；钦州市海洋生产总值为 624 亿元，占全区海洋生产总值的 37.5%；防城港市海洋生产总值为 406 亿元，占全区海洋生产总值的 24.4%。

2.3.3　海洋产业布局

广西海洋产业布局加快形成，一批重大海洋产业项目建成投产（图 2–11）。其中，总装机 680×10^4 kW 的 3 个火电厂、中石油 1000×10^4 t 炼油、金桂林浆纸一体化项目、中国电子北海产业园基地项目、防城港钢铁基地项目、芬兰斯道拉恩索林浆纸一体化项目、防城港核电项目等投入运营。

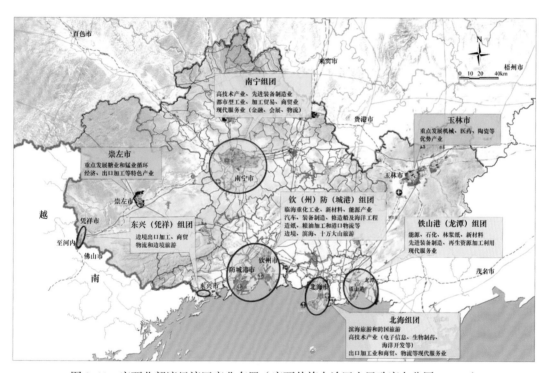

图 2–11　广西北部湾经济区产业布置（广西壮族自治区人民政府办公厅，2014）

防城港：以钢铁、核电、铜镍冶炼、粮油、化工等临港工业为特点，依托大港口，布局磷化工产业、资源加工型企业，形成大西南出口加工基地；依托核电，布局装备工业、机械制造、加工制造、商贸物流等一批新兴的产业集群带；依托钢铁基地，布局大西南地区的矿山设备、特种设备等制造业，发展成为以机械制造、矿山及特种设备制造为主的特色产业园区。

钦州港：以石化、林浆纸、燃煤电、磷化工等临港工业为特点，依托钦州港优势，布局中石油广西石化 1000×10^4 t/ 年炼化项目。项目总投资 410 亿元，年产 30×10^4 t 浆、

23

60×10^4 t 高档纸的林浆纸一体化项目；布局钦州燃煤电厂项目，一期工程 $2 \times 60 \times 10^4$ kW 机组于 2007 年 7 月投产，第 2 台机组于 2007 年 10 月并网发电，二期工程 $2 \times 100 \times 10^4$ kW 机组于 2008 年发电，三期工程发电能力 $4 \times 66 \times 10^4$ kW 机组正在扩建；布局 200×10^4 t 特殊钢厂、200×10^4 t 沥青、250×10^4 t 磷化工、广西东油项目以及广西木薯综合开发产业示范工程项目等。

北海铁山港：以石化产业园区、新材料产业园等临港工业为特点，重点布局石化产业基地，面积约 60 km²，近期建设 34.5 km²，远期建设 26.5 km²，其中，石化码头作业区岸线（作为石油化工基地，建设大型石化泊位）长度约为 10 km，主要以北海石化项目（一期北海炼油异地改造石油化工项目、二期千万吨炼化一体化项目）和中石化广西 500 万方 LNG 项目为主，重点发展丙烯石化产业链、芳烃石化产业链和 LNG 石化产业链；布局新材料产业园，以北海诚德新材料生产项目总投资 120 亿元为核心，项目一期工程 60×10^4 t 镍铬合金 2011 年建成投产，二期、三期工程 2012 年建成投产，项目总产能超过 160×10^4 t。

海洋产业布局集中在沿岸地区，海洋自然灾害对海洋产业的安全影响极大。

第3章　研究区域海岸地貌变化及其驱动因素

3.1　海岸线自然资源变化

广西海岸带环境脆弱性演变经历了由较强、次强到最强的演变历程。从 20 世纪 50 年代到 70 年代，由于开发的盲目性、无序性，海岸、滩涂、红树林以及海草等遭到了严重破坏。海岸线长度急剧减少，曲率变小，岸线平直化现象明显；滩涂面积呈直线递减趋势，海草床、红树林破坏严重。70 年代以后，海岸线长度以及滩涂面积减少趋势虽有所缓解，但问题仍较突出。进入 21 世纪以来，由于开发热度迅速升温，大规模围填海域，自然岸线减少，人工岸线增加。从发展趋势来看，广西海岸线出现平直化现象，天然红树林、海草床和滩涂面积减少，局部海岸或海湾海洋水环境出现严重污染现象，广西北部湾经济区海洋环境脆弱性逐渐增强。

海岸线变化最大的特点是人工岸线增加，自然岸线减少。1990 年广西人工海岸长度为 252.08 km，2010 年为 368.69 km，人工岸线长度增加 116.61 km；自然海岸长度 1990 年为 1001.49 km，2010 年为 716.22 km，自然岸线长度减少 285.27 km。1990—2010 年，广西海岸线总长度减少 168.66 km，年均减少 8.43 km。其中，1990—2000 年，海岸线长度减少 76.38 km，年均减少 7.64 km；2000—2005 年，海岸线长度减少 40.09 km，年均减少 8.02 km；2005—2010 年，海岸线减少 52.19 km，年均减少 10.44 km。1990—2010 年，人工岸线增加与自然岸线减少的主要原因是人为填海及滩涂养殖。2010—2019 年，人工岸线增加 911.52 km，占海岸线总长度 1628.59 km 的 55.97%，年均增加长度 101.28 km。主要原因仍然是人为填海及滩涂养殖。此外，人为乱砍滥伐红树林，也使广西沿海生物岸线减缩将近 85.98 km。自然海岸线减少导致对自然灾害的抗防能力大为减弱。

3.2　浅海滩涂资源变化

广西岸线曲折，海岛密布，港湾众多，滩涂资源丰富，有滩涂面积达 1000 km² 余。其中软质滩地约占 98%，是海岸带综合开发利用的重要场所。沿岸水深 0 ~ 20 m 的浅海面积 6650 km² 余，其中 0 ~ 5 m 浅海面积 1430 km² 余，5 ~ 15 m 浅海面积 5220 km²。近年来，除围垦造地和盐田及临海工业、城镇利用滩涂面积外，滨海旅游业也在利用大量的滩涂资源。

2000—2012 年的 12 年间，广西沿海滩涂面积变化经历了加速递减、增加、再次递减的 3 个阶段。而海水养殖、围垦造地、临海工业和城镇用地面积的增加，则是减少滩涂面积的主要原因。2008—2014 年间，《广西北部湾经济区发展规划》的实施带动了沿海大规模的填海造地运动，这 6 年间沿海滩涂以 7.81 km^2 的速度锐减（覃漉雁等，2016）。2014 年，滩涂总面积为 97 594 hm^2，其中仍具备滩涂属性的潮间带滩涂和旅游娱乐用海滩涂面积共 83 709 hm^2，占比 85.77%。而因填海造地、渔业用海等用途而占用滩涂面积为 13 886 hm^2，占比 14.23%（曹庆先，2016）。目前，广西沿海滩涂利用面积最大的仍为海水滩涂养殖，其次是围垦造地、盐田及临海工业和城镇利用。在广西沿海三市中，北海市沿海滩涂面积最大，开发利用程度却最小，且主要以旅游娱乐开发方式为主，钦州沿海滩涂面积最小，开发利用程度却最大，且以填海造地开发方式为主，钦州市围垦造地、盐田及临海工业和城镇利用滩涂面积接近于北海市与防城港市的总和，这与三市的功能和发展定位有关。总体而言，滩涂资源的变化趋势是面积越来越少。此外，滨海湿地面积也在发生变化，自然红树林面积下降，海草床湿地退化，生态系统功能衰减，这些都与围垦造地、临海工业与城镇、盐田等利用滩涂面积呈现较快的发展趋势有关。

3.3　滨海湿地资源变化

在全球气候变化和人类活动的双重干扰下，滨海湿地资源目前处于显著而持续的退化状态。红树林和海草床湿地资源，是遭受环境压力最大、退化最严重的滨海湿地类型之一。近年来，由于人口压力及经济发展，广西海岸红树林和海草床受干扰程度日趋严重，退化特征明显。

3.3.1　自然红树林面积下降

红树林生态系统退化最显著的变化就是自然红树林面积缩小。受围垦养殖、工农业用地、港口码头建设、海堤修建、房地产开发等影响，自然红树林被非法砍伐或围垦的现象时有发生，造成自然红树林面积减少。广西原有红树林 24 000 hm^2，是目前红树林面积的 3 倍（范航清，2000）。在 20 世纪 50—70 年代，沿海地区大规模的围海造田等活动，导致红树林面积锐减。同时，沿海海水养殖业的快速发展导致一些红树林及其附近海滩遭受围垦，造成了毁灭性的破坏。例如，合浦县山口镇洗米河口的桐花树林及其滩涂大量被围垦，许多地段河道宽度不足 50 m；1998 年丹兜海被人为砍伐红树林，建造虾塘 2.7 hm^2；根据山口红树林保护区统计，保护区建立以来被人为毁灭的红树林面积近 7 hm^2（范航清等，2005）；钦州红树林在新中国成立初期的面积为 3533 hm^2，到 1999 年锐减为 2403 hm^2（刘秀等，2009）；金鼓江口大揽坪原有红树林约 700 hm^2，1963 年这些红树林被砍伐围垦成农用地；北仑河口滩涂在历史上曾生长着 3338 hm² 的红树林，经过 1949 年以前海堤建设毁林、20 世纪 60—70 年代围海造田、1980—1981 年滥砍滥伐和 1997 年以后毁林养虾 4 个破坏高峰期后减少为 1066 hm²，北仑河口我方的原生红树林损失 68% 左右。由于红树林面积锐减，河口我方一侧海岸植被的护岸作用大为降低。在台风、风暴潮和洪水的不断冲刷下，洪汛期河口泥沙搬运路线和堆积地点发生改变，中越国界的北仑河口主航道向我方偏移，造成海洋国土资源流失现象。

3.3.2　海草面积和覆盖度减少

全球气候变化和过度的人类开发活动，导致了海草床生态系统呈现退化趋势。近年来，广西沿岸海草床生态系统正遭受着严重的人为破坏和自然灾害影响，海草床生态系统退化趋势逐渐明显。海岸附近居民在海岸滩涂进行挖沙虫、挖螺、电鱼虾、围海养殖、围网捕鱼和插桩养蚝等生产作业，对海草破坏性极大；台风等自然灾害将海草连根拔起，使其最大程度地丧失恢复能力。据调查，1980 年广西合浦海草床面积为 2970 hm²，2005 年的面积为 540 hm²，海草面积和覆盖度减少引起水体富营养化，例如，合浦沙田码头和石头埠排污口附近，海水水质较差，海草床生态系统周围有色污染物的排放，以及氮和磷的增加引起浮游植物、附生藻类和大型底栖藻类的大面积生长，导致水质变差、水体污浊、透明度下降，降低了海草可利用的光照强度，对海草床造成间接威胁。同时，海草床覆盖度减少后，会很大程度地降低对海岸或者滩涂的保护作用。

3.4　围填海对海岸地貌格局的影响

3.4.1　较大规模围填海活动现状

2008 年以来，随着国家批准《广西北部湾经济区发展规划》（广西壮族自治区人民政府办公厅，2014）实施，广西沿海地区的开放开发迎来了一个前所未有的高潮。大规模利用近岸海域、滩涂建设一批临海（临港）工业，例如，总装机达 600×10⁴ kW 的钦州火电厂、钦州 1000×10⁴ t 炼油、年产 300×10⁴ t 的钦州中石化液化天然气（LNG）项目、钦州华谊新材料、钦州金桂林浆纸、北海炼化、北海斯道拉恩索林浆纸、北海诚德新材料、防城港钢铁基地、中铝生态铝、总装机 600×10⁴ kW 的防城港核电项目、年产 300×10⁴ t 重油沥青项目、防城港企沙半岛 60×10⁴ t 铜冶炼及配套项目等纷纷落户广西沿海。这些项目大部分集中建在海岸，通过直接开发利用海域和滩涂解决项目的用地需求。据统计，2000—2012 年，广西沿海地区利用海域面积达 56.13 km²，主要用海方式为围填海。其中，围填海面积最多的是 2010 年，当年围填海面积约达 16.94 km²。2013 年，整个广西沿海海域围填海面积已超过 60 km²。截至 2017 年，广西沿海经批准使用的围填海规模达到 92.4 km²。2017 年后广西沿海海域围填海面积略有减少。根据《国务院关于广西海洋功能区划（2011—2020 年）的批复》（国函〔2012〕166 号），到 2020 年，广西围填海面积控制在 161 km² 以内。

从填海项目数量或是填海项目面积统计情况来看，广西填海需求呈波浪式增长，2008—2011 年，填海项目数量及面积最多，2012—2013 年表现为回落趋势，2014—2016 年又呈缓慢增长趋势，2016 年后，填海项目数量及面积逐步减少。

从围填海项目数量及面积来看，几乎集中在防城港、钦州港、铁山港 3 个区域（图 3–1 至图 3–3）。

图 3–1　防城港东西湾围填海现状

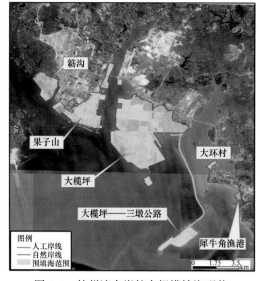

图 3–2　钦州湾东岸较大规模填海现状

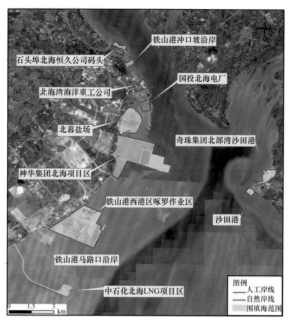

图 3–3　铁山港沿岸海域较大规模填海现状

3.4.2　围填海工程对海岸地貌的影响

最近 20 多年来，广西防城港湾、钦州湾钦州港、钦山港湾部分岸段进行了较大规模围填海工程，开发建设港口码头、仓储、临海工业区、物流加工基地、城镇化等填海工程，均对潮间带滩涂、海湾、海岸、海岛、滨海湿等自然地貌形态变化造成了不同程度的影响，主要表现在：① 潮间带滩涂地貌面积减少，海湾自然属性弱化；② 海岸结构及形态发生变化，人工岸线增加，自然岸线减少；③ 海岛形态发生变化，部分海岛消失；④ 海岸典型滨海湿地减少或消失，自然景观遭到破坏。现就这 4 个方面对海岸自然地貌的影响进行阐述。

3.4.2.1　潮间带滩涂地貌面积减少，海湾自然属性弱化

最近 20 多年以来，防城港湾、钦州湾钦州港、钦山港湾部分岸段开发建设港口码头、仓储、临海工业区、物流加工基地、城镇化等填海工程。如防城港湾中的渔沥半岛（原称"渔沥岛"）据《广西海岛资源综合调查报告》（1996）和《广西海岛志》（1996）记述，其陆域面积为 12.44 km²，经过 20 多年的开发建设大批港口码头、仓储、物流加工基地、城镇化建设工程，已填海造地 18.84 km²，填海面积超过了陆域面积 1 倍多，使现今渔沥半岛陆域面积扩大到 31.28 km²。这就说明通过填海填埋了渔沥半岛西岸—西南岸—东南岸的大片沙泥滩、淤泥滩地貌，原位于半岛西岸中部的小型桃花湾也已消失；又如钦州湾钦州港金鼓江口—大榄坪—鸡丁头—硫磺山岸段填海面积更大，10 多年来，广西钦州大榄坪综合物流加工区和广西钦

州保税港区区域进行了大规模的填海造地工程，填海面积达 24.09 km²，这反映出金鼓江口—大榄坪—鸡丁头—硫磺山岸段较大规模填海工程侵吞了大片沙泥滩、淤泥滩，并使开阔的金鼓江河口湾转变为较为狭窄笔直的金鼓江港口作业区人工航道；又如，铁山港西南岸彬定—淡水口—啄罗岸段铁山港西港区啄罗作业区沿岸填海面积达 6.35 km²，造成了该岸段原来宽阔的大片沙滩地貌永久性消失。

从防城港、钦州湾、铁山港较大规模填海面积统计结果来看，钦州湾减少面积最大，为 38.46 km²；其次为防城港，减少面积为 26.78 km²，再者为铁山港，减少面积为 19.33 km²。按照海湾大小，减少面积所占海湾总面积比例来计算，防城港居首，占海湾总面积的 23.29%；钦州湾第二，占海湾总面积的 10.12%；铁山港最少，占海湾总面积的 5.69%（表 3–1）。显然，海湾大规模围填海在产生巨大社会经济效益的同时，部分地永久性改变了围填海所在海湾的自然属性。同时，防城港湾渔沥半岛和钦州湾金鼓江口—大榄坪—鸡丁头—硫磺山沿岸一带滩涂原是天然的近江牡蛎、泥蚶、裸体方格星虫、文蛤等潮间带底栖生物生长、繁殖的良好场所，铁山港西南岸彬定—淡水口—啄罗村沿岸沙滩是方格星虫（沙虫）、文蛤生长、繁殖的良好场所。因此，较大规模填海工程导致广西沿岸海湾部分岸段海岸自然地貌受到了严重破坏、海湾滩涂、浅海面积及纳潮量减少、海湾自然属性弱化，自然地貌为人工地貌所代替，海洋生物失去栖息地等环境变化问题。

表 3–1　广西主要海湾较大规模填海造成海湾面积减少的比例

序号	海湾名称	海湾总面积 /km²	海湾较大规模填海总面积 /km²	占海湾总面积的比例 /%
1	防城港	115.00	26.78	23.29
2	钦州湾	380.00	38.46	10.12
3	铁山港	340.00	19.33	5.69

3.4.2.2　海岸结构及形态发生变化，人工岸线增加、自然岸线减少

近 20 年来，广西沿海地区港口码头、仓储、物流加工、沿海城镇化发展迅速，开展了大规模围填海工程建设，占据了大量的自然海岸线资源，人工海岸替代了自然海岸，砂质、砂泥质、基岩、生物等自然结构组成的自然海岸转变成为水泥混凝土或钢筋水泥混凝土结构组成的人工海岸，造成人工岸线不断增加，自然海岸线逐年减少或消失（表 3–2 至表 3–4）。

表 3–2　防城港较大规模填海形成的人工岸线及减少的自然岸线统计

序号	围填海较大规模岸段或区域名称	填海后形成人工岸线长度 /km	减少自然岸线长度 /km
1	渔沥半岛沿岸区域	33.482	28.020
2	企沙半岛西南岸大山嘴—炮台一带岸段	10.761	6.408
3	企沙半岛西南岸北部赤沙—樟木沥岸段	3.088	0.865
	合计	47.331	35.293

表 3-3　钦州湾钦州港较大规模填海形成的人工岸线及减少的自然岸线统计

序号	围填海较大规模岸段或区域名称	填海后形成人工岸线长度 /km	减少自然岸线长度 /km
1	金鼓江口—大榄坪—鸡丁头—硫磺山岸段	27.107	7.427
2	果子山—鹰岭岸段	15.418	11.895
3	簕沟作业区沿岸	8.036	5.357
4	犀牛脚镇大环村岸段	2.777	1.897
5	犀牛脚渔港西侧岸段	1.684	0.732
	合计	55.022	27.398

表 3-4　铁山港较大规模填海形成的人工岸线及减少的自然岸线统计

序号	围填海较大规模岸段或区域名称	填海后形成人工岸线长度 /km	减少自然岸线长度 /km
1	兴港镇谢家—新海岸段神华集团北海项目区域	11.029	4.066
2	彬定—淡水口—啄罗岸段铁山港西港区啄罗作业区域	9.745	1.204
3	北暮盐场一带临海工业区域	4.028	2.114
4	铁山港东南岸奇珠集团北部湾沙田港区域	2.920	1.974
5	马路口岸段中石化北海基地码头区域	2.856	0.626
6	石头埠岸段国投北海电厂区域	2.175	0.830
7	铁山港石头埠北部冲口坡沿岸区域	1.839	0.554
8	石头埠北部赤江陶瓷厂岸段北海恒久公司码头区域	1.769	0.967
9	石头埠北部湾海洋重工公司	1.735	0.572
10	沙田港南岸区域	1.656	0.191
	合计	39.752	13.098

防城港湾渔沥半岛沿岸区域、企沙半岛西南岸大山嘴—炮台一带岸段、企沙半岛西南岸北部赤沙—樟木沥岸段 3 处岸段较大规模围填工程形成的人工岸线长度总计 47.331 km，减少自然岸线长度为 35.293 km；钦州湾钦州港金鼓江口—大榄坪—鸡丁头—硫磺山岸段、果子山—鹰岭岸段、簕沟作业区沿岸等 5 处岸段较大规模填海工程形成的人工岸线长度总计 55.022 km，减少自然岸线长度为 27.398 km；铁山港兴港镇谢家—新海岸段神华集团北海项目区域、彬定—淡水口—啄罗岸段铁山港西港区啄罗作业区域、北暮盐场一带临海工业区域等 10 处岸段较大规模填海工程形成的人工岸线长度总计 39.752 km，减少自然岸线长度为 13.098 km。

同时，有的岸段的滨海公路主要是在人工填海造陆基础上建成的，公路建成后，改变了自然的海岸地貌结构，人工海岸地貌—滨海道路成为海洋动力作用的前缘，如北海半岛北岸滨海大道建成后，改变了自然的砂质海岸、海滩地貌结构。有的岸段由于滨海城镇化建设，占据了自然海岸线资源，人工海岸彻底替代了自然海岸（图3-4）。由上述可见，随着北部湾经济区发展规划的实施继续向前推进，广西海陆交错带开发建设力度将会逐渐加大，人工岸线再增加，自然岸线继续减少将不可避免。

图 3-4 人工海岸替代自然砂质海岸状况

3.4.2.3 海岛形态发生变化，部分海岛消失

围填海改变了海岸线形态和海底地形，使自然岸线和潮滩湿地转变为人工岸线和建设用地，导致近海海岛、沙坝、湿地等自然地貌形态消失，沿海自然景观破碎度严重。早在20世纪70年代，由于围填海，防城港市江平镇沿岸京族三岛——巫头岛、沥尾岛、山心岛等海岛陆地化。近20多年来，随着《广西北部湾经济区发展规划》（广西壮族自治区人民政府办公厅，2014）的实施，广西沿海港口运输业、临海工业、滨海城市化迅速发展，大规模填海造地，开山采石，推山填海，破坏了海岛的天然植被，损害了海岛自然地形地貌景观。如防城港湾的渔沥岛演变成渔沥半岛，钦州湾的簕沟岛、仙人岛、果子山岛变成了陆连岛。甚至，部分海岛毁灭消失，海岛数量减少。尤其是钦州港和防城港大规模填海工程，如钦州湾中部东岸海域的鹰岭岛、马口岭岛、虾塘岛、老颜车岛、鲎壳山岛等海岛已被推毁建设成港口码头作业和临海工业区，使这5个海岛已经永久性消失；又如原来的有居民岛—果子山岛已被劈山填海与陆地连成一片，改变了海岛的自然地貌形态；还有原分布在防城港湾西湾东岸海域的长山尾岛，东湾东北海域的葫芦岭岛、大山墩岛、独山岛等已被推毁填海建设成城镇工业区和防城港口码头区。同时，有的海岛虽然未被推毁消失，但通过填海工程连成陆，如图3-5反映出钦州港簕沟墩北部广西钦州市汇海粮油工业基地通过填海与簕沟北岛连成陆地，将导致海岛演变为陆地化，使海岛失去了四周环水的自然地貌特征。

图 3–5 填海造成海岛永久性消失状况

3.4.2.4 海岸滨海湿地减少或消失，自然景观遭到破坏

围填海后，人工景观取代自然景观，很多有价值的海岸景观资源在围填海过程中被破坏。围填海对滨海湿地植被的影响最为显著，导致红树林、海草床、芦苇丛等典型建群植物的大量消失，并使湿地丧失碳固定 / 储存功能。如钦州港籬沟墩北部汇海粮油工业基地工程填埋了一片红树林湿地，失去红树林湿地的自然景观（图 3–6）；又如钦山港西港区玉塘岸段中石化北海 LNG 项目向海建设 5.12 km 长的大坝，填埋了一片沙滩湿地，严重破坏了海岸沙滩湿地自然景观（图 3–7）；还有的围填海工程为了降低工程造价，用于围填海工程的充填材料采取就地取材，开挖岸边山体或岛体的泥石直接作为填海材料，破坏了海岸原始景观，这些被破坏的沿岸景观资源，在很长的一段历史时期内是难以恢复的。

图 3–6 填埋红树林湿地景观

图 3-7   建设大坝填埋沙滩湿地

3.5   海岸地貌变化的影响因素

受全球及海岸带区域环境过程与人类活动的综合影响，海岸线发生剧烈变化，对生态、环境、经济社会的影响不容忽视，海岸线变化相关研究因此得到普遍关注。导致广西现代海岸变化的驱动因素很多，主要可分为两大类：自然驱动因素和人为（人类活动）驱动因素，特别是与人类活动关系更加密切。其中自然因素主要有热带气旋气候灾害（尤其是风暴潮）、海平面上升、海岸的自身性质（地质条件、地貌形态）及水动力条件等因素；人为因素主要有社会经济发展、围填海工程建设（尤其是较为大型或大规模的围填海工程）、人工采挖海砂和河砂、生物入侵、砍伐沿岸沙地防护林等因素。现将自然因素和人为因素分别阐述如下。

3.5.1   自然因素

3.5.1.1   风暴潮发生频次及其对海岸侵蚀作用

全球变暖，热带洋面温度上升，气压下降，热带气旋随之增多，当热带气旋登陆，在海平面升高背景下，极端海水漫溢与洪涝灾害频率、强度增加，海岸将遭受大规模、更强更频繁的侵蚀。气候变暖则构成 20 世纪以来全球及区域海岸（线）变化的重要影响因素。因此，全球变暖，热带洋面温度上升，气压下降，就会增加产生风暴潮的机会。在全球气候变化的影响下，北部湾北部广西沿海地区面临的台风灾害频繁。为了分析影响广西沿海台风频率的变化情况，统计了 1951—2014 年台风中心进入广西沿海海域或海岸并造成较大影响和不同程度的台风灾害次数，共 90 次（图 3-8）。从图 3-8（上幅）中可以看出，60 年来造成较大影响的广西沿岸的台风次数变化情况，显示出 20 世纪 50 年代是台风登陆频率最低的时期，登陆频率平均为 0.5 次 /a，60 年代平均为 1.0 次 /a，70 年代平均为 1.4 次 /a，80

年代平均为 1.0 次 /a，90 年代平均为 1.3 次 /a，2000—2007 年平均为 1.1 次 /a，自 2008 年开始，台风登陆频率大增，2008—2014 年 7 年间即有台风 24 次影响广西沿海，频率高达 3.4 次 /a。总体上显示，自 20 世纪 50 年代以来影响北部湾北部广西沿海地区的台风频率增加，强度增强的趋势。

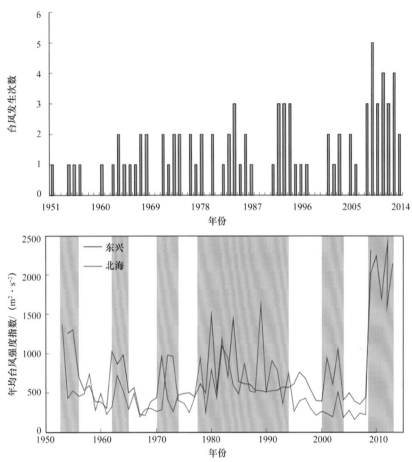

图 3-8　20 世纪 50 年代以来影响广西沿海地区台风次数及强度变化情况（阴影表示台风强度较大时期）

　　台风是引发海岸侵蚀最重要的因素，台风期间的暴风浪能量巨大，可以造成滩面严重下蚀，海岸崩塌、后退，将泥沙搬离近岸，一次强台风所造成的泥沙侵蚀量可超过正常海况下整个季节的冲淤总量，有的超强台风造成的海岸侵蚀甚至在几年乃至十几年之后都难以恢复。同样，由台风诱发的风暴潮增水更是对海岸产生强烈的驱动作用。台风发生时，浅海的增水现象常形成风暴潮灾害，风暴潮灾害虽然是突发性的，但作用力强，破坏性大，对海岸地貌、海底地形和滨海沉积物运移都有较大影响。研究表明：风暴潮灾害虽然作用时间短，但突发性强，破坏性大，对海岸变化产生巨大影响。

　　广西沿海地区受到强台风或超强台风影响期间，几乎都出现风暴潮海浪、大风暴雨、特大暴雨、洪涝等灾害，造成海堤冲垮、房屋建筑物倒塌、农作物失收、人员伤亡等生命财产损失严重局面。尤其是，2014 年 7 月 19—20 日遭受 09 号超强台风"威马逊"影响，广西沿岸出现了 84.0 ~ 250.0 cm 的风暴潮增水，其中北海站最大增水 170.0 cm，钦州站最大增水 250.0 cm，防城站最大增水 286.0 cm，涠洲站最大增水 84.0 cm，由于风速大、海浪高，广西沿海出现较为严重的风暴潮海浪灾害：损毁船只 216 艘，损坏海堤及护岸 49.03 km，作物受灾面积 7530.0 hm^2，养殖设施损失 6100 个，受灾人数 155.43 万人，死亡 9 人，直接经济损失 24.66 亿元。还有 2014 年 9 月 16 日遭受 15 号强台风"海鸥"影响，广西沿岸各验潮站出现 86.0 ~ 161.0 cm 的风暴潮增水；同样由于风速大、海浪高，广西沿海出现不同程度的风暴潮海浪灾害：损毁船只 285 艘，损坏海堤及护岸 18.14 km，作物受灾面积 130.0 hm^2，养殖设施损失 1791 个，农田淹没 3730.0 hm^2，受灾人数 69.35 万人，直接经济损失 3.64 亿元。

3.5.1.2 海平面变化及其对海岸驱动作用

海平面上升通过潮流、波浪和风暴潮作用增强，海岸潮滩和湿地损失，岸滩消浪和抗冲能力减小等途径引起海岸侵蚀加剧。其结果是侵蚀岸段扩大，淤涨岸段减少甚至转为侵蚀，潮间带宽度变窄，坡度加大，从而使沿岸海堤等挡潮工程的标准要相应提高。

根据国家海洋局《2019 年中国海平面公报》，我国沿海海平面变化总体呈波动上升趋势。2019 年，我国沿海海平面较常年（1993—2011 年）高 72.0 mm，较 2018 年高 24.0 mm。与常年相比，其中，渤海、黄海、东海和南海沿海海平面分别升高 74.0 mm、48.0 mm、88.0 mm 和 77.0 mm。与 2018 年相比，东海沿海海平面升幅最大，为 38 mm；南海沿海、黄海沿海和渤海沿海次之，分别升高 21 mm、20.0 mm 和 19.0 mm。与政府间气候变化专门委员会（Intergovernmental Panel on Climate Change，IPCC）公布的不同时段全球海平面上升速率相比，我国沿海海平面上升速率高于全球平均水平。1980—2019 年，中国沿海海平面平均上升速率为 3.4 mm/a，自 20 世纪 90 年代以来，我国沿海海平面变化区域特征明显。

受海平面上升及多种因素共同影响，河北、广西和海南沿海部分岸段海岸侵蚀加剧；辽宁沿海局部地区重度海水入侵范围加大。沿海海平面偏高加剧了风暴潮和滨海城市洪涝的影响程度，其中浙江沿海受影响最大；长江口、钱塘江口和珠江口咸潮入侵总体加重。

1）广西近几十年来海平面变化趋势

在海平面上升的情况下，如果没有充足的外来泥沙供应，随着海岸受到海水浸淹地形高程增加，海滩被淹面积扩大，岸线后退，必然导致海滩上部侵蚀。据莫永杰等（1995）对广西沿海 5 个验潮站潮汐数据的统计，自 20 世纪 60 年代后期至 90 年代，广西沿海海平面变化趋势有升有降，反映了广西沿岸区域地质构造运动的升降差异，其中涠洲岛平均上升速率为 5.94 mm/a，北海为 1.78 mm/a，白龙为 0.49 mm/a，仅石头埠和防城港略有下降。石头埠海平面变化出现负值主要是受到雷州半岛地壳抬升的影响，雷州半岛—石头埠一带地壳垂直形变上升速率较大，为 2.5 ~ 3.0 mm/a。总体上讲，广西沿海海平面变化速率为 0.5 ~ 1.7 mm/a。根据北海市两个潮位站的长期（1966—2010 年）观测记录统计，北海海平面平均上升速率为 1.64 mm/a，涠洲岛海平面平均上升速率为 2.11 mm/a（周雄，2011）。根据《2019 年中国海平面公报》数据，2019 年，广西沿海海平面比常年（1993—2011 年）高 58.0 mm，比 2018 年高 24 mm。预计未来 30 年，广西沿海海平面将上升40 ~ 160 mm。

2）海平面变化对海岸变化驱动作用

海平面上升是一种经过缓慢积累过程而发生的慢性灾害，其长期累积效应造成海岸侵蚀、咸潮、海水入侵与土壤盐渍化等灾害加剧。尤其是，海平面上升加剧了风暴潮灾害。高海平面抬升了风暴潮增水的基础水位，高潮位相应提高，风暴潮致灾程度加大。如 2014 年 7 月 19—20 日登陆广西防城港光坡镇沿海的 09 号超强台风"威马逊"，9 月 16 日横穿涠洲岛海域的 15 号强台风"海鸥"严重影响广西沿海地区，造成广西沿岸分别出现 84.0 ~ 250.0 cm 和 87.0 ~ 161.0 cm 的风暴潮增水，引起海洋动力作用增强、淹没低滩，导致海岸侵蚀，加剧了广西沿海的风暴潮致灾程度。

通过有关海平面上升对广西海岸地貌侵蚀影响分析，根据前述有关广西多年来海平面缓慢上升的数据，可以计算出近 50 年以来，江山半岛东岸的平均海平面上升了 2.5 cm，年均为 0.05 cm/a。这样反映了该处的海岸侵蚀主因显然不是海平面变化。参考广西侵蚀岸段的海滩后滨坡度为 0.04° ~ 0.12° 计算，海平面上升造成的最大海岸后退距离仅为 1.0 ~ 2.5 m，由此可见，海平面上升是缓慢的长期过程，50 年以来的海平面上升对广西海岸地貌侵蚀的影响相对较轻。但其具有长期性、积累性，因此，不能轻视海平面变化对海岸变化驱动作用。

3.5.2　人为因素

3.5.2.1　人口增多造成自然岸线减少

社会因素：社会因素对海岸变化影响较大。其中，人口因素对海岸变化的影响尤其明显。随着区域的社会经济发展、人口增多，人类为满足自身需求，不断改造地表环境，人为活动不可避免地造成区域自然海岸线、自然海岸地貌、滨海湿地面积减少、生态环境质量下降、生态功能减弱等自然海岸退化现象。广西沿海北海、钦州、防城港三市 2006—2015 年 10 年的人口统计数据结果如表 3–5 所示。从表 3–5 可知，广西沿海三市总人口从 2006 年的 572.55 万人增加到 2015 年末的 667.81 万人，净增 95.26 万人，增长了 16.64%。沿海区域人口逐年增加必然表现为对住房、交通和公共设施等方面的需求加强。随着广西沿海港口、临海工业、滨海旅游、城镇化的发展，农村劳动力大量涌入城市，导致城市人口压力增大，促使城镇用地扩张。同时，城市化进程的加快和农村人均住房面积的增加，使沿海地区通过填海造地增加陆地面积，以满足人们的需求，最终导致海岸线变得平直或向海推进，人工海岸增加，自然海岸减少。

表 3–5　广西沿海 3 市 2006—2015 年人口数据统计　　　　　　　　单位：万人

	2006 年	2007 年	2008 年	2009 年	2010 年	2011 年	2012 年	2013 年	2014 年	2015 年
北海市	149.24	152.06	156.32	157.72	160.18	161.75	163.04	164.41	169.31	171.97
钦州市	341.10	348.56	355.99	364.51	371.19	379.11	382.62	385.22	402.00	404.00
防城港市	82.21	83.32	84.76	86.92	86.69	86.01	86.54	87.26	90.80	91.84
合计	572.55	583.94	597.07	609.15	618.06	626.87	632.20	636.89	662.11	667.81

3.5.2.2　围填海造成海岸后退现象

　　广西沿海修筑了很多海岸工程，不合理的海岸建筑和较大规模的围填海工程占据了自然海滩和潮间带及浅海空间面积，破坏了海滩及海域自然状态和自然结构，从而对海滩及近岸浅海的输沙平衡造成很大的影响。在波浪沿岸纵向输沙作用较强的海岸，建设向海凸出的海岸工程如填海造地、围海养殖、港口码头、河口堤坝、拦海堤坝、旅游设施等海岸工程，必然会破坏海岸的输沙平衡，造成海岸输沙的上游岸段淤积、下游岸段侵蚀。目前，由于这类海岸工程数量越来越多，分布越来越广，对海岸地貌变化产生的影响也越来越大。

　　在广西沿海城市发展与经济规模不断扩大，临海工业及港口规模不断扩大建设的过程中，城市、工业、交通、旅游用地需求日益增加，沿岸填海造陆工程为区域经济发展提供了宝贵的土地资源。其中，防城港湾较大规模填海造地面积达 26.783 km²，钦州湾钦州港达 38.456 km²，铁山港达 19.328 km²，三大港湾填海造地面积合计达 84.567 km²，这给沿海三市提供了大量土地资源，同时，大量的自然滩涂、浅海资源随之永久性消失。此外，钦州湾东南部三墩海域为了确保中船修造船、中石油原油储备和 LNG 等一批大型石化、装备制造、大宗液体和干散货项目用海，采用海底泥沙吹填进行较大规模填海工程，例如，自北大陆海岸硫磺山向南至三墩海域填海 10.298 km 长的"大榄坪至三墩公路"大坝工程，这种海底泥沙吹填工程，不仅严重改变了三墩海域海底地貌形态，破坏了已形成的海底环境平衡状态（图 3–9），而且由于向海伸展 10 km 余的吹填工程已引起该海域水动力环境的改变，从而引起新的海底、海岸侵蚀或淤积，主要表现在阻挡了北部鹿茸环江、大灶江的泥沙向南—西南方向输送，导致犀牛脚西南岸外沙东岸段近年产生强烈海岸侵蚀，海岸后退明显。还有，防城港湾渔沥半岛向西南部海域及东湾海域扩展建设港口码头、仓储工程等，大量开挖海底泥沙，进行吹沙填海造地，引起了江山半岛东岸西现—三块石—脯鱼沥—牛头岭一带海岸侵蚀严重，导致海岸后退现象。

图 3-9　钦州湾外湾三墩一带海域抽砂填海工程现状

3.5.2.3　人工采砂造成海岸侵蚀后退

河流输沙是海滩砂的主要来源，它维持了海岸的稳定，或使之向海淤进。广西沿岸陆域 5 km 地区的西部大部分面积为低丘侵蚀剥蚀台地，东部大部分面积为古冲积-洪积平原，为了防止旱涝灾害，发展农业，在广西沿岸陆域地区修建了各式各样的水闸，不同程度上减少了河流向海输送的泥沙量。同时，为满足建设工程需要，大量人工采砂，对河道、海岸侵蚀造成了加剧作用。自 20 世纪 80 年代以来，沿海经济的发展导致人们对建筑用砂的需求越来越大，盲目开挖海滩砂和河道河床采砂现象常有出现。据统计，每年至少从入海河道挖砂数十万吨至上百万吨。除此之外，还大量开挖海砂作为建筑用砂，使沿岸沙堤、沙滩遭到破坏，采挖后造成沙堤、沙滩、海岸形成人工陡坎，部分岸段海岸后退严重（图 3-10）。

图 3-10　涠洲岛西北部后背塘村西岸海滩采砂场现状

由于河流中、上游建设水库或建水闸阻挡了入海河流流域的泥沙向海输送，入海泥沙的减少对海岸侵蚀后退的影响是明显并且直接的。如南流江是广西沿海地区最大的入海河流，在 20 世纪（1954—1999 年）共 46 年统计年平均径流量为 $68.3 \times 10^8 \, \text{m}^3$，年平均输沙量为 118.0×10^4 t，而 21 世纪（2000—2014 年）共 15 年统计年平均径流量为 $50.81 \times 10^8 \, \text{m}^3$，年平

均输沙量为 61.40×10^4 t，无论是年均径流量或年平均输沙量均具明显减少趋势，尤其是
21 世纪年平均输沙量比 20 世纪年平均输沙量减少 48.0%；又如，钦江在 20 世纪（1954—
1999 年）共 46 年统计年平均径流量为 19.6×10^8 m³，年平均输沙量为 31.1×10^4 t，21 世纪
（2000—2014 年）共 15 年统计年平均径流量为 10.56×10^8 m³，年平均输沙量为 17.3×10^4 t；
21 世纪年平均输沙量比 20 世纪年平均输沙量减少 44.0%（表 3-6）。因此，说明入海河流中、
上游建设水库或水闸减少泥沙向海输送量也是引起广西海岸地貌变化的原因之一。

表 3-6　广西沿海南流江、钦江入海年均径流量和年均输沙量减少比例

河流名称	水文站	20 世纪（1954—1999 年）年均输沙量 /10^4 t	21 世纪（2000—2014 年）年均输沙量 /10^4 t	减少比例 /%
南流江	常乐站	118.0	61.40	48.0
钦江	陆屋站	31.1	17.3	44.0

3.5.2.4　砍伐沿岸防护林造成海岸侵蚀后退

广西沿岸沙地防护林主要为木麻黄。木麻黄是广西乃至我国滨海沙地的重要防护树种，
在广西沿海北海沙田、营盘青山头—后塘、玉塘、福成白龙—山塘、大冠沙、白虎头，钦
州犀牛脚三娘胎湾、大环—外沙；防城港市（钦州湾西南岸）沙螺寮—山新—底坡—沙耙
墩、企沙半岛南岸天堂角—天堂坡、赤沙—樟木沔—板辽、江山半岛东南岸大坪坡—西现—
脯鱼沔—牛头岭、江平巫头—沥尾等地沿岸沙堤沙滩均建设良好的木麻黄防护林带。这些
木麻黄防护林带在缓解沿海地区生态环境恶化，弥补海岸带生态脆弱性，抵御自然灾害，
尤其是台风发挥了重要的作用。但近年来由于广西临海工业建设发展迅速，滨海沙地部分
岸段的木麻黄防护林遭受了严重的人为干扰，例如，砍伐木麻黄防护林带、部分沙堤沙滩
岸段开辟为临海工业基地。企沙半岛西南岸赤沙—樟木沔—板辽岸段原有滨海沙堤及其原
有的海岸防护林已全部毁掉，仅在岸边见到零星的树木，人为砍伐残留下的枯死树根和零
星树木树根遭受海浪侵蚀较为严重。尤其是位于企沙半岛西南海岸的赤沙（中电防城港电

图 3-11　防城港市企沙半岛西南部防城港电厂南
侧防护林被砍伐后海岸侵蚀现状

厂南侧）—樟木沔北岸海岸，即防城港电厂
南南侧海岸。该段海岸在 2008 年"我国近
海海洋综合调查与评价"专项海岸第四纪地
质与地貌调查时，原有的海岸防护林生长非
常茂盛，海岸侵蚀微弱。然而，由于中电防
城港电厂建设及其南面樟木沔一带建设武钢
防城港基地，2010 年后，该岸段沿岸生长
茂盛的防护林带几乎被陆续砍伐毁掉，现仅
在靠近电厂附近岸段岸边见到零星、残留的
树木生存，导致海岸侵蚀严重，海岸后退一
般为 1.0～2.0 m，最大达 4.0 m（图 3-11）。

海岸侵蚀形成 1.2 ~ 1.5 m 陡坎。这明显反映出砍伐、毁坏沿岸沙堤沙地防护林是造成海岸侵蚀、后退的原因之一。

3.5.2.5　外来物种入侵造成海岸侵蚀后退

入侵的外来物种会破坏景观的自然性和完整性，摧毁生态系统，危害动植物多样性，影响遗传多样性。近年来，外来物种入侵给我国造成了巨大的经济损失，对生态安全和人类活动也构成了严重的威胁，其中互花米草（*Spartina alterniflora*）是我国引入的典型的海洋生物入侵种，是列入 2003 年我国首批 16 种外来入侵物种名单中唯一的海洋入侵种。20 多年来，互花米草在保滩护岸、促淤造陆、改良土壤、绿化海滩和改善生态系统等方面的功能已被人们所认识，但是互花米草在我国沿海的快速蔓延影响着潮滩的生物多样性，并造成河口航道淤积、与滩涂养殖"争地"等负面影响。因此，互花米草的快速蔓延及其盐沼生态系统的形成被认为是典型的外来种入侵。

自 1979 年广西合浦县引种互花米草于铁山港丹兜海滩涂以来，当地海洋生态受到严重影响，特别是对红树林的危害日趋严重。互花米草生长速度快，较之生长较慢的红树林更易于遍布滩涂。目前，山口红树林保护区范围内一些宜林滩涂已被互花米草侵占，面积超过 100 hm²，部分互花米草还迅速侵占了红树林边缘地域或林间空隙地，与红树林争夺生存空间。

调查发现，广西沿岸东部英罗港附近沿岸一带潮间带滩涂上部均有成片或簇状的互花米草草滩分布（图 3–12），占据了沙泥滩、淤泥滩、红树林滩等自然滩涂空间，破坏了潮间带生物多样性和滩涂养殖生境及湿地地貌景观，造成红树林滩面积退化缩小。互花米草疯长、蔓延、连续成片分布，不仅侵占了贝类养殖滩涂的优良场所，还造成外缘滩涂、人工堤坝严重毁坏。

图 3–12　滩涂互花米草成片连续分布状况

第4章 近70年来影响广西沿海台风暴雨特征分析

4.1 研究台风暴雨意义

4.1.1 台风暴雨灾害影响

台风是一种在热带或副热带洋面上形成的热带气旋,具有暖心结构的强烈低压涡旋。根据《热带气旋等级》(GB/T 19201—2006)国家标准,将台风分成6个等级:热带低压、热带风暴、强热带风暴、台风、强台风和超强台风。

广西位于中国南部,北靠南岭山脉,南邻北部湾,属于亚热带季风气候,特殊的地形分布使登陆华南后进一步穿越广西的台风经常发生路径和环流结构的转变,造成台风进入广西影响区后的路径、强度以及带来的强降水分布复杂多样。另外,在台风过境带来的灾害中,最严重的灾害之一为暴雨,常常会引发山洪暴发、河水上涨,造成建筑物被冲毁、水库桥梁被冲垮,并引发山体滑坡、泥石流等地质灾害,给人民生命财产造成重大损失,严重影响经济社会发展。例如,2014年7月19—20日第9号台风"威马逊"给广西造成了严重的经济损失。超强台风"威马逊"造成广西11市57个县(市、区)出现严重的特大暴雨灾害,18—19日,广西南部沿海和西部山区等地累计降雨量80～180 mm,部分地区200～400 mm,局地超过600 mm。据不完全统计,此次台风给广西带来的经济损失达138.4亿元。受"威马逊"台风影响最为严重的广西沿海的北海市、钦州市、防城港市,有161.12万人受灾,紧急转移安置16.9万人,倒塌房屋1140间,损坏房屋6837间,淹没农田82 864.7 hm²,水产养殖受灾面积13 160.7 hm²,船只损毁216艘,损毁防波堤3.86 km,损毁海堤护岸21.2 km,并使珊瑚礁、红树林、海草床等主要海洋生态系统受损,海洋生态直接或间接损失估值在5亿元以上。因此,加强对台风暴雨灾害性天气的研究是我们的一项重要课题。针对广西台风暴雨频率高、危害大的特点,根据各尺度天气系统原理,分析台风引起的暴雨及其分布特征,探讨不同路径进入广西影响区的台风及其带来的暴雨的影响机制,总结广西台风暴雨类气象灾害特征和规律,同时,结合广西沿海岸线曲折、港湾众多、入海河流交错、沿海地形复杂的特点,研究台风暴雨在特殊地形地貌背景下与潮水叠加产生的灾害影响,为广西风暴潮预报提供可靠的参考。

近年来,受全球气候变化以及海平面上升等因素的影响,台风引发的风暴潮致灾因素更加复杂，灾害也越为严重。所以，开展热带气旋（台风）对风暴潮灾害影响研究具有重要的意义。

4.1.2　台风的分类统计

依据热带气旋的生成地、登陆点以及与降水量的联系对其进行分类统计。

（1）生成地分类：在西北太平洋洋面生成的热带气旋定义为西北太平洋台风；在南海海域洋面上生成的热带气旋或低压定义为南海台风或南海低压。

（2）登陆地段分类：湛江以西沿海登陆（以下称为"西路台风"）；湛江以东至珠江口以西沿海登陆（以下称为"中路台风"）；珠江口以东沿海登陆（以下称为"东路台风"）。

（3）降水量分类：3 站以上日降水量（20 时—20 时）不小于 50 mm 作为有暴雨影响的台风；3 站成片的日降水量不小于 100 mm 或 1 站过程雨量不小于 300 mm，作为有大暴雨影响的台风；日降水量（20 时—20 时）不小于 50 mm 的站数少于 3 站，或者日降水量未达到暴雨的其他低量级降水的站数，作为无强降水的台风。

4.1.3　台风与热带气旋区分

热带气旋（Tropical Cyclone）是发生在热带或副热带洋面上的低压涡旋，是一种强大而深厚的热带天气系统。热带气旋通常在热带地区离赤道平均 3 ~ 5 个纬度外的海面（如西北太平洋、北大西洋、印度洋）上形成，其移动主要受科氏力及其他大尺度天气系统影响，最终在海上消散，或者变性为温带气旋，或在登陆陆地后消散。伴随着热带气旋降临的狂风、巨浪、暴雨、风暴潮等可以造成严重的财产损失或人命伤亡。所以，热带气旋是一种严重的自然灾害（图 4-1）。

图 4-1　热带气旋形成模式

台风（typhoon）是热带气旋的一种，是产生于西太平洋热带洋面上的一种强烈热带气旋（图4-2）。国际上依据热带气旋中心附近最大风力的不同把热带气旋划分为：最大风速达到 6 ~ 7 级（10.8 ~ 17.1 m/s）为热带低压；最大风速达到 8 ~ 9 级（17.2 ~ 24.4 m/s）为热带风暴。两者的区别可分为以下几个方面。

一是概念区别：台风是一种单独的地理现象，而热带气旋则是这一系列现象的集合；二是级别不同：一般风速小于 80 km/h 的风暴只能够称之为热带气旋。一旦超过 80 km/h，达到了暴风级别，则称之为热带风暴。当风暴中心附近的风力达到了 12 级（32.7 ~ 36.9 m/s），即可称之为台风；三是区域差异：一般台风多指活跃于西太平洋附近的风暴。而美国西海岸和孟加拉地区则称之为飓风。

根据热带气旋的强度不同可划分为热带风暴和台风两种。热带气旋加强到一定程度就是热带风暴，而热带风暴再加强就会成为台风，强度较小的热带气旋往往形成不了台风。

图 4-2　台风形成模式

在气象学上，按世界气象组织定义，热带气旋中心持续风速达到 12 级（即 64 节或以上、32.7 m/s 或以上，又或者 118 km/h 或以上）称为台风（Typhoon）或飓风（Hurricane）。世界气象组织及日本气象厅均以此为热带气旋的最高级别，但部分气象部门会按需要而设立更高级别，如我国中央气象台及香港天文台之强台风、超强台风，以及美国联合台风警报中心的超级台风等。

在日本等地，将中心持续风速 17.2 m/s 或以上的热带气旋（包括世界气象组织定义中的热带风暴、强热带风暴和台风）均称为台风。当西北太平洋的热带气旋达到热带风暴的强度，区域专责气象中心（Regional Specialized Meteorological Centre，RSMC）日本气象厅会对其编号及命名，名称由世界气象组织台风委员会的 14 个国家和地区提供。

本节重点讨论的热带气旋泛指"台风",是指其中心进入 18°N 以北,112°E 以西的热带气旋,湛江以西沿海登陆(以下称为"西路台风")的热带气旋,则定义为影响北部湾广西沿海的台风。

4.2　广西台风暴雨的气候特征

4.2.1　统计资料来源与分析方法

本节所使用的数据及资料主要来源于 1949—2016 年近 70 年来进入广西并对其有直接或间接影响的台风。主要来源如下:

(1)广西数字高程模型(Digital Elevation Mode,DEM)数据,下载自地理空间数据云(http://www.gscloud.cn),空间分辨率为 30 m。在处理软件中对其拼接、投影变换。

(2)台风、降水量、暴雨时间、大暴雨时间等气象数据由广西气候中心提供。

(3)2015 年 5 月 18—20 日的形势场、流场等数据来源于欧洲数值预报中心产品。

(4)卫星云图、站点雨量、雷达资料数据来自广西气象台。

统计分析方法主要使用了合成分析、气候趋势估计方法、相关分析方法等。

4.2.2　影响广西沿海的台风及年降水分布特征

对 1949—2016 年有记录的台风进行分类,影响广西的热带气旋共有 359 个,平均每年有 5 个左右的热带气旋对广西有直接或者间接的影响。其中热带气旋影响偏多的时期分别是 20 世纪 50 年代、70 年代、90 年代及 2010 年之后。4 个峰值分别在 1952 年、1974 年、1994 年、2013 年,周期约为 20 年。进入广西影响区的热带气旋最多是在 1952 年和 1974 年(多达 9 个),热带气旋影响偏少的年份分别是 1969 年、1997 年、2004 年、2015 年,只有 1 ~ 2 个热带气旋进入广西影响区,特别是 2004 年,无热带气旋进入广西影响区(图 4–3)。

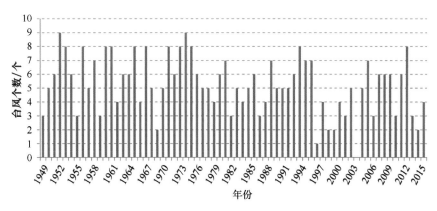

图 4–3　历年影响广西的台风年代际分布特征

　　以 1987—2016 年 30 年的实测资料进行统计分析，发现进入广西沿海影响区的台风产生暴雨及以上的台风个数比较多（图 4-4），有 96 个，约占总数的 70%，而无明显降水的台风有 41 个，约占 30%。暴雨及以上大峰值出现在 20 世纪 90 年代中期，1994 年产生强降水的台风有 7 个，其中产生大暴雨的台风有 5 个之多；1995 年产生暴雨的台风达 4 个，是影响最严重的两年。21 世纪初期是产生强降水的低谷期，平均每年产生强降水的台风个数有两个左右，2010 年之后，影响广西的台风有所增加，随之而来产生的强降水又有了一个上升期，其中在 2013 年，产生强降水的台风一共有 7 个，其中产生暴雨的有 4 个，产生大暴雨的有 3 个，影响非常严重。2014—2016 年进入广西影响区的台风都产生强降水，如 2016 年进入广西影响区的台风有 4 个，都产生了强降水，其中产生暴雨的台风有 3 个，产生大暴雨的台风有 1 个。统计多年的台风资料发现，影响我国的台风主要有两个生成地，分别是西北太平洋和南海海域，下面从两个不同生成源地的台风分析其气候特征以及不同登陆地点对广西暴雨分布的影响[①]。

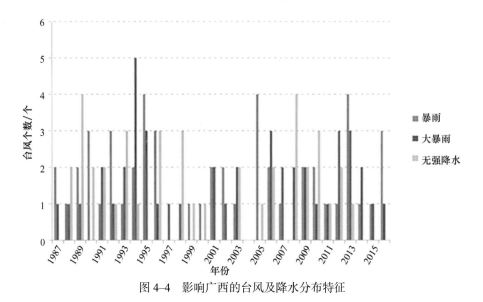

图 4-4　影响广西的台风及降水分布特征

4.3　西北太平洋的台风进入广西沿海的降雨分布特征

　　根据 1987—2016 年记录台风资料统计，生成于西北太平洋的台风发展后进入广西影响区的共有 79 例（图 4-5），其中西路台风有 40 例（50.6%），中路台风有 27 例（34.2%），东路台风仅 12 例（15.2%）。在前 10 年和后 10 年相对广西而言是西北太平洋台风影响的

　　① 所有台风个例中还包括进入影响区的热带低压，经实况对比发现，进入广西影响区的没有国际编号热带低压大多数是在南海生成的，在以下的统计汇总中，没有国际编号热带低压即统一归类在南海台风中分析。

活跃期，21 世纪初期则是西北太平洋台风影响的间歇期。20 世纪 90 年代初期西北太平洋台风影响活跃，平均为 3～5 个 /a，21 世纪初期，西北太平洋台风影响减少，甚至有些年份，如 2002 年、2004 年无西北太平洋台风进入广西影响区，2014—2016 年，西北太平洋台风影响次数呈下降趋势，仅 2 个 /a。由于资料统计年限只有近 30 年，年代际变化规律有待进一步论证。

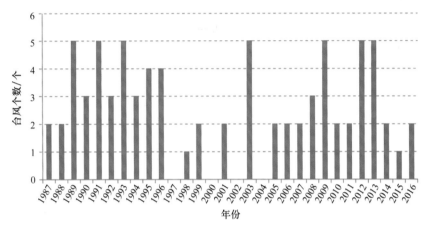

图 4-5　历年影响广西沿海的西北太平洋台风年代际分布特征

图 4-6 给出了 1987—2016 年进入广西沿海影响区的西北太平洋台风的降水情况，从图中可以看到出现暴雨的台风有 25 个（31.6%），大暴雨的有 33 个（41.8%），无强降水的台风有 21 个（26.6%）。大部分台风对广西能产生暴雨及以上的高影响天气，但不同的年份差异较大，如 1989 年和 2008 年，无强降水的台风比暴雨以上的台风多。总体来说，20 世纪末，有暴雨及以上的台风较无强降水的台风略多，但进入 21 世纪后，暴雨及以上的台风个数明显多于无强降水的台风个数，特别是 2013—2016 年，进入广西影响区的台风都产生暴雨及以上的天气。

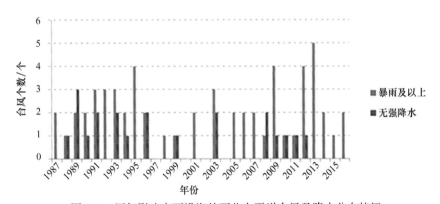

图 4-6　历年影响广西沿海的西北太平洋台风及降水分布特征

47

从各月进入广西影响区的台风引起的降水情况来看,1—5月的台风都是无强降水的台风,11—12月无强降水的台风比产生暴雨及以上的台风稍多,有暴雨及以上的台风占绝大多数的月份分别为10月(85.7%)、6月(83.3%)和9月(81.3%);有暴雨及以上的台风占多数的月份有8月(78.9%)和7月(74.0%)。从月际分析发现(图4–7),进入广西影响区的西北太平洋台风其主要影响月份在7月、8月和9月,占总数的73.4%,其中盛夏7月是多发期,发生23例(占29.1%),其次是8月,发生19例(占24.0%),9月发生16例(占20.3%)。6月发生6例(占7.6%),10月发生7例(占8.9%),1—5月总共只有3例(3.8%),11—12月的台风共有5例(6.3%)

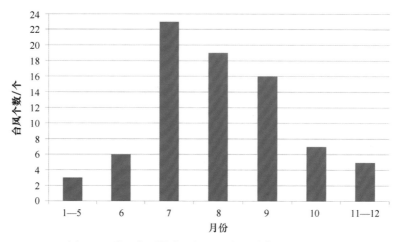

图4–7 进入广西影响区的西北太平洋台风逐月分布

4.4 南海台风进入广西沿海的降水分布特征

在1987—2016年的30年间生成于南海,发展后进入广西影响区的南海台风(含热带低压,下同)共有58例(图4–8)。近30年,进入广西影响区的南海台风有两个峰值,分别在1994年和2006年,各有5例台风,在这两个峰值间有两个谷点,分别在1999年和2003—2004年,这3年没有南海台风进入广西影响区。近10年来进入广西影响区的南海台风发生频率波动大。

图4–9给出了各年进入广西影响区的南海台风强降水的情况,从图中可以看到,出现暴雨的南海台风(含热带低压,下同)有26个(44.8%),出现大暴雨的南海台风有12个(20.7%),无强降水的南海台风有20个(34.5%)。进入广西影响区的南海台风6成以上会给广西造成暴雨及以上的灾害性天气,1987—1993年,南海台风带来的强降水天气过程不多,1994—1996年,突然进入南海台风高发期,且大多数南海台风都伴随有暴雨过程,仅1994年就有5个南海台风进入广西影响区,且每个台风都给广西带来

了暴雨及以上的强降水过程，1998 年、1999 年是南海台风强降水的衰弱期，之后进入广西影响区的南海台风增加，2001—2002 年出现了小高峰，这两年进入广西影响区的所有南海台风都给广西带来了暴雨及以上的强降水过程。近 10 年南海台风带来的降水强弱波动大。

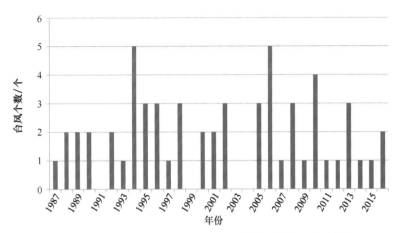

图 4-8　历年影响广西的南海台风和热带低压年代际分布特征

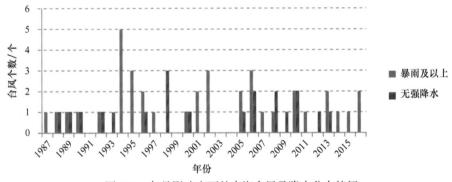

图 4-9　各月影响广西的南海台风及降水分布特征

　　据统计，1987—2016 年间进入广西影响区的 58 例南海台风中，西路台风有 28 例（48.2%），中路台风有 9 例（15.5%），东路台风有 2 例（3.5%）。此外，有 19 例热带低压（32.8%）进入广西影响区，这些热带低压大部分都不在华南沿海登陆，只有很少的部分在湛江以西的华南沿海或越南北部登陆，但这些热带低压仍可能给广西带来强降水天气。从降水量的统计分析发现，进入广西影响区的南海台风（含热带低压）造成广西出现暴雨过程的有 26 个，出现大暴雨过程的有 12 个，无强降水过程的台风有 20 个。

　　从进入广西影响区的南海台风逐月分布（图 4-10）可以看到，南海台风主要出现在 6—9 月，其中 8 月有 16 例（27.6%），7 月和 9 月有 12 例和 13 例（20.7% 和 22.4%），6 月有9例（15.6%），10月有6例（10.3%），1—5月和11—12月的南海台风各只有1个（1.7%）。

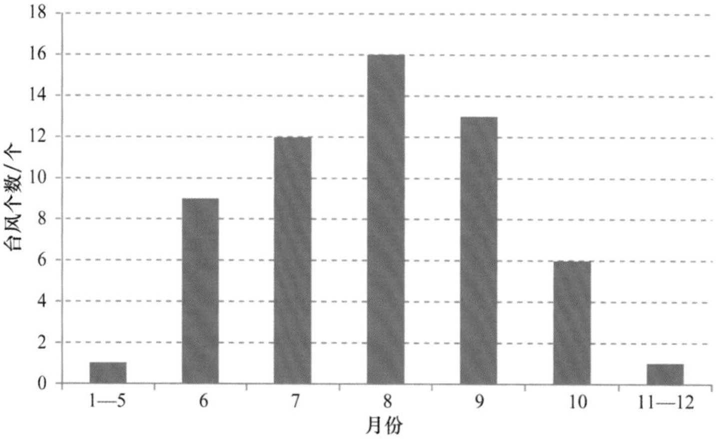

图4-10　进入广西影响区的南海台风其月份分布

4.5　进入广西沿海的台风产生的暴雨引发的灾害影响

4.5.1　台风产生暴雨引发的灾害影响

通过对1949—2016年进入广西影响区的西北太平洋台风和南海台风进行深入的分析得出，绝大部分的热带气旋都伴随着暴雨和特大暴雨的产生，从而造成严重的灾害。

北太平洋台风进入广西影响区的暴雨统计：近30年来进入广西影响区的西北太平洋台风共有79例，有70%的台风会给广西造成暴雨及以上的强降水过程。50.6%的台风以西路路径登陆后西北行，其产生的强降水主要在桂西南，累积降水大，影响大；34.2%的台风以中路路径登陆后西北行，且多数能深入至广西内陆，产生暴雨及以上量级的降水，强降水落区主要分布在桂南，特别是桂东南；15.2%的台风以东路路径登陆后先是向西偏北行，该类台风移动缓慢，在广西滞留时间较长，多数能产生全区性的暴雨天气，其产生的极端强降水多分布在桂东。东路台风个数数量虽然不多，但产生强降水的概率最大（83.3%）。

南海台风进入广西影响区的暴雨统计：近30年来进入广西影响区的南海台风（含热带低压）共有58例，有65%的台风能给广西带来暴雨及以上的强降水过程。南海台风的主要出现在6—9月，8月为南海台风的多发期。西路台风占南海台风的48.2%，多数（78%）能产生暴雨及以上的强降水，其产生的降水主要发生在桂南；15%的台风以中路登陆，多数台风在登陆后向北偏西行移动，从桂东南进入广西，绝大多数的中路南海台风（88.9%）上会产生暴雨及以上的降水，强降水落区主要出现在桂东；东路台风个数少，基本对广西无明显降水影响。进入广西影响区的热带低压占南海台风总数32.7%，其中有42.1%的热带低压给广西带来暴雨及以上的强降水过程。

　　热带气旋带来的暴雨往往产生严重的灾害，特别是在沿海地区，在风力驱动下特大暴雨与潮水叠加产生的风暴潮会对构筑物造成毁灭性的破坏。例如，2014 年 7 月 12 日在西北太平洋上生成"威马逊"台风，7 月 15 日晚上登陆菲律宾中部沿海，7 月 18 日 05 时（北京时间）在南海加强为超强台风，7 月 18 日 15 时 30 分登陆海南省文昌市，登陆时中心附近最大风速为 60 m/s（17 级），7 月 18 日 19 时 30 分以同等强度再次在广东省徐闻县龙塘镇沿海登陆，7 月 19 日 07 时 10 分在广西防城港市光坡镇沿海第三次登陆，登陆时中心附近最大风速为 48 m/s（15 级，强台风级），此后途经广西防城港市港口区、防城区（减弱为台风级）、上思县。据统计，受台风"威马逊"影响最为严重的广西沿海的北海市、钦州市、防城港市，有 82 864.7 hm² 农田被淹没，13 160.7 hm² 水产养殖面积受灾，3.86 km 防波堤被洪水冲毁，21.2 km 护岸海堤损毁。热带气旋产生的暴雨引发的灾害极为严重。

4.5.2　台风产生广西沿海地区特大暴雨的主要原因

4.5.2.1　海陆分布和十万大山地形对降水的影响

　　以台风"威马逊"强降水的影响为例（图 4-11），处于沿海地区的北海、钦州、防城港等市都出现了暴雨到大暴雨，局部特大暴雨，其中降雨量最大的是北海市合浦县常乐镇，达到 552 mm。此外，地处十万大山南侧的防城港市港口区、防城区、东兴市，以及十万大山北侧的崇左市的宁明县、凭祥市，地处左江河谷，上述市县都是大暴雨、特大暴雨集中出现的地区，其中宁明县城的日降雨量（18 日 20 时至 19 日 20 时）达到了184.9 mm，破历史极值。

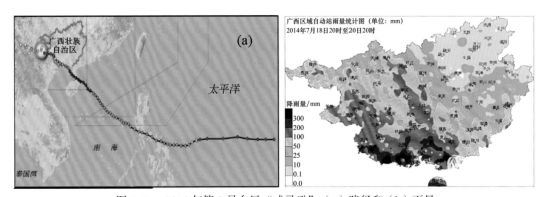

图 4-11　2014 年第 9 号台风"威马逊"（a）路径和（b）雨量

　　为了更为直观地分析地形对台风"威马逊"强降水的影响，这里给出了台风"威马逊"影响广西最主要时段（19 日 05—16 时）的逐小时降水（图 4-12），图中可以清楚地看到，小时雨强达到 20 mm 的中尺度暴雨基本上都出现在沿海地区，而小时雨强达到 30 mm 的中尺度暴雨区大部分都出现在十万大山南侧。由此可见，海陆分布和十万大山等地形对台风"威马逊"的强降水起到重要的作用。

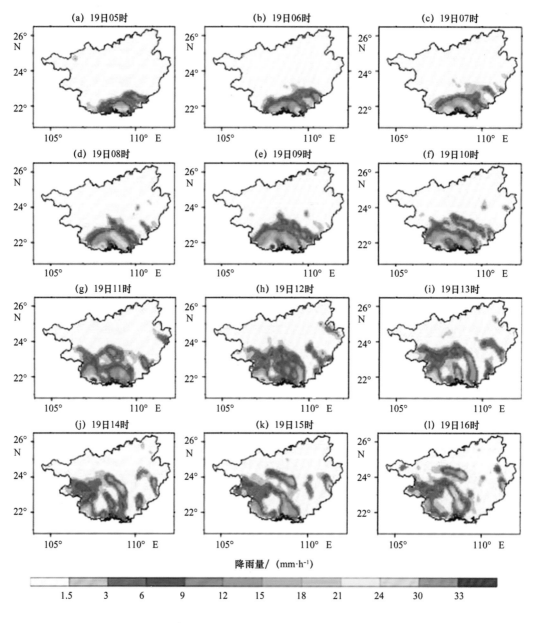

图 4-12　台风"威马逊"19 日 05—16 时逐小时降水分布

4.5.2.2　琼州海峡地形对降水的影响

孔宁谦等（2007）认为，当直径较大、强度较强的热带气旋进入北部湾后，其强度往往容易突然减弱，而当强度较弱、直径较小的热带气旋进入北部湾后，在盆地效应和适宜天气系统配置下，气旋性环流加强，其强度会突然加强。李曾中和贾秀娥（1996）等研究了穿越雷州半岛进入北部湾台风强度变化指出，台风过半岛后强度平均下降24%。琼州海峡东西长约 80 km，南北平均宽 30 km，海峡两侧大多为 100 m以下的台地和平原，平均海拔为 50 m 上下。台风"威马逊"从琼州海峡进入北部湾后，中心风力下降幅度约为 8 m/s，但是仍维持超级台风级。由于地形较低，海峡通道短，台风"威马逊"在经过时摩擦消耗损失较小，这是其在进入北部湾后仍能维持超级台风的重要原因。台风"威马逊"在进入北部湾前和进入北部湾后，中心涡度、散度变化较小，垂直上升速度增大，水汽输送充分，水汽辐合强，是产生特大暴雨的主要原因。同时，受海陆分布以及十万大山等地形对降水具有增幅作用的影响，沿海地区以及十万大山南侧产生大暴雨和特大暴雨。

第5章　历年影响广西沿海的热带气旋及灾害成因分析

热带气旋是广西沿海一种严重的自然灾害。每年伴随着热带气旋降临的大风、大雨、风暴潮等灾害造成沿海地区严重的财产损失或人员伤亡。通过对 1950—2012 年影响广西沿海的热带气旋的统计分析得出，影响广西沿海的热带气旋年际变化大，最多的年份达 9 个，最少的年份为 0 个；季节分布具有明显规律性，每年的 7 月、8 月、9 月 3 个月为影响高峰月，其次为 6 月、10 月。在影响广西沿海的热带气旋中，从菲律宾以东洋面进入南海后穿过海南岛和雷州半岛再次登陆广西沿海的为最多，该类热带气旋引起的风暴潮增水平均值为 111.2 cm，超过非登陆台风增水的 2.6 倍。风暴潮灾害的形成与强台风天气系统、全日大潮、河流下泄洪水直接有关。强台风产生巨浪及降雨，使入海河口水位上升。与暴潮叠加后产生明显的增水，造成巨大的潮灾。

5.1　统计分析所依据的资料

（1）《中国海洋灾害公报》（1986—2012 年）。

（2）广西壮族自治区海洋灾害区划（2009 年 12 月）及有关资料。

5.2　历年影响广西沿海热带气旋的时间分布

本章根据热带气旋环流对广西沿海产生影响的事实，结合几十年来广西广大预报人员的分析结果，当热带气旋中心进入 18° N 以北，112° E 以西时，则定义为热带气旋影响广西沿海。以下分析的所有个例均符合这一条件。

5.2.1　年际分布

表 5-1 统计了 1950—2012 年影响广西沿海热带气旋的数目，从该表可以看出：

（1）在 1950—2012 年的 63 年内，影响广西沿海的热带气旋总数为 305 个，平均每年为 4.84 个。其中以 1970—1979 年为最多，平均每年达 5.9 个；而 2001—2010 年为最少，平均每年仅 3.7 个。从年份上来看，最多的年份达 9 个，而最少的年份为 0 个，影响广西沿海的热带气旋年际变化较大。

（2）从这 63 年的情况来看，影响高峰的年代间隔大约为 20 年，即 20 世纪 50 年代初、70 年代初、90 年代初 3 个时段；而影响最少的年份分别出现在 80 年代初和 2000 年后的 10 年，影响最少的热带气旋出现的年份无明显规律性。

（3）从这 63 年中，影响广西沿海的热带气旋个数在 5 个及以上的有 34 年，约占 54%；3 ～ 4 个的年份有 23 年，约占 36%；2 个或 2 个以下的年份只有 6 年，约占 9.5%；影响个数达 8 ～ 9 个的年份有 6 年，占 9.5%。1952 年、1974 年、1994 年 3 年为影响广西沿海的热带气旋最多的年份，分别达 9 个，2004 年没有热带气旋影响广西沿海。

表 5–1　1950—2012 年影响广西热带气旋数目统计表（18°N 以北，112°E 以西）

年份	个数	年份	个数	年份	个数	年份	个数	年份	个数
1950	5	1963	6	1976	5	1989	4	2002	4
1951	6	1964	6	1977	5	1990	4	2003	5
1952	9	1965	6	1978	5	1991	4	2004	0
1953	7	1966	4	1979	4	1992	5	2005	3
1954	6	1967	8	1980	7	1994	9	2006	6
1955	3	1968	5	1981	7	1995	8	2007	3
1956	6	1969	2	1982	3	1996	6	2008	4
1857	4	1970	5	1983	4	1997	1	2009	4
1958	6	1971	8	1984	4	1998	4	2010	3
1959	3	1972	4	1985	7	1999	2	2011	3
1960	6	1973	7	1986	5	2000	1	2012	3
1961	7	1974	9	1987	1	2001	5		
1962	4	1975	7	1988	3				

5.2.2　季节分布

根据 1950—2012 年影响广西沿海热带气旋的数目统计，影响广西的热带气旋多集中于夏季。台风及热带低压始于 5 月、终于 11 月，12 月至翌年 4 月没有台风和热带低压影响，7—9 月是台风影响的旺季，这 3 个月影响的次数约占全年影响总数的 73%，5 月和 11 月影响的频数最少，仅占全年影响总数的 3% ～ 4%。据 1949 年以来的历年资料统计，桂南沿海地区每年平均有 2 ～ 3 个台风影响，最多的一年有 5 个台风影响（1973 年），其中在沿海地区登陆的台风平均每年有 0.47 个；桂南沿海地区每年平均有 1 ～ 2 个热带低压影响，影响最多的一年达 3 个（1959 年）。热带低压影响以 8—9 月的次数最多，这两个月受热带低压影响的次数约占全年总次数的 59%。与 1949—1998 年影响广西的热带气旋数目（吴兴国，1998）统计进行比较，这 50 年间，从 5—12 月，都有热带气旋影响广西；影响广西最早的是 7102 号热带气旋，于 5 月 3 日影响广西；而最迟的是 7427 号热带气旋，它于 12 月 1 日影响广西；在 5—6 月影响广西的热带气旋有 37 个，占 14.2%；10—12 月的有 34 个，占 13.0%，其余 72.8% 均出现在 7—9 月。影响广西的热带气旋中，热带低压发生在 5—10 月，其中以 6 月、8 月为高峰月；原称之为"南海台风"类的热带气旋在 6—11 月影响广西，也以 8 月为最多；原称之为"西太平洋台风"类热带气旋在 5—12 月均有可能影响广西，其中以 7 月、9 月为影响高峰月，似乎与前两者有较明显的差别。可见，虽然资料统计的年限不同，但热带气旋影响广西沿海的时间分布大体相同，规律明显。

5.3 热带气旋对广西沿海的影响及分析

5.3.1 进入广西沿海的热带气旋

热带气旋生成于赤道辐合带中，赤道辐合带的北侧是强大的副热带高压。热带气旋的移动主要受副热带高压南侧的偏东气流引导，向偏西方向移动，这类热带气旋常会在我国东南沿海至越南沿海登陆。进入广西沿海地区的热带气旋大多发生在北太平洋西部，其猛烈发展的地区主要在菲律宾以东洋面及南海地区。源地随季节有所变动，盛夏主要在南海北部海面上发展，秋季和春季一般在菲律宾东侧洋面，以及南海中部或南部的南沙群岛附近发展。

热带风暴的传播路径十分复杂，一般由本身的强度、结构等内因决定，同时又受周围的气压系统、操纵气流及地转偏向力等作用，所以其路径是毫无规律的。历史上进入广西沿海的热带风暴路径没有一次完全相同，但在大多数情况下，热带风暴在进入广西沿海之前首先在粤西或海南岛登陆，然后再次进入影响和登陆广西沿海，形成广西沿海附近的热带风暴中心移动路径可以归纳以下 4 种类型。

一是西北型：热带风暴进入南海后，先在海南岛万宁市到广东雷州半岛之间登陆，然后进入北部湾，在北部湾向西北方向移动，在 20°N 以北区域再次登陆，影响广西沿海的台风多属此类型。

二是西行型：热带风暴进入南海后，穿过琼州海峡或雷州半岛，向偏西方向移动，在 20°N 以北区域登陆。

三是北行型：热带风暴进入南海后，先向西北或偏西方向移动，然后向偏北方向移动，从雷州半岛以西沿岸登陆。

四是西南行型：热带风暴进入南海后，在琼州海峡以东登陆并继续向西南方向移动，或者热带风暴穿过海南和雷州半岛进入北部湾，最终登陆越南沿岸。

据统计，1961—2018 年登陆北部湾的西太平洋台风有 286 次，平均每年 4.9 次。

其中台风为西北风向路径出现频数最多，达 113 次，占比约 39.5%；西风向路径台风总计 93 次，占比约 32.5%；北风向路径和西南风向路径出现次数较少（图 5–1）（黄鹄等，2020）。

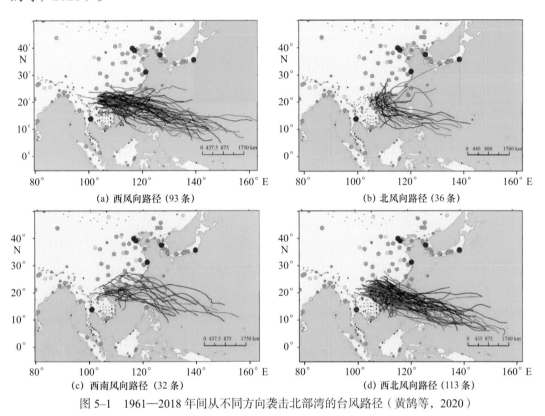

图 5–1　1961—2018 年间从不同方向袭击北部湾的台风路径（黄鹄等，2020）

图 5–2（黄鹄等，2020）展示了 1960—2018 年袭击北部湾的台风路径，可以看出各个年代里西北向的台风占据主导优势，随时间的变化，台风在数量上有减少的趋势，但强度更大、路径更加复杂。

5.3.2　热带气旋引起的风暴潮灾害

如上所述，热带气旋是一种自然灾害，它一旦形成，狂风、暴雨和巨浪的恶劣天气现象就会出现，影响的范围为几十千米到几百千米，所经之处可造成很大危害。热带气旋灾害主要包括大风、暴雨、风暴潮 3 个方面，会造成严重的财产损失或人员伤亡。下面以热带气旋引起的风暴潮最大增水及造成灾害的损失情况进行分析。

5.3.2.1　风暴潮最大增水

广西沿海是常受风暴潮影响的地区之一。据资料统计，平均每年有 2 ~ 3 个台风登陆和影响广西沿海，最多的一年受到 5 个台风影响（1973 年），且大部分的台风伴随着风

57

暴潮的发生。1965—2012年，台风登陆和影响广西沿海引起风暴潮增水0.5～1.0 m的有20次，1 m以上的有12次，超过2 m的有3次。其中，1971年6月2日的7109号台风引起风暴潮最大增水超过2.33 m，1983年7月18日的8303号"莎拉"台风和1996年9月9日的9615号"莎莉"台风最大增水均达到2.00 m，2003年8月24日的0312号"科罗旺"台风最大增水达到1.79 m，几乎每相隔10年就会发生一次最大增水过程（图5-3）。其中直接登陆广西沿海的台风引起的风暴潮增水平均值为111.2 cm，超过非登陆的台风增水2.6倍。这类台风由于登陆的持续时间长、降水量大，往往在增水的同时，恰值天文潮高潮，两者叠加，造成巨大的潮灾。

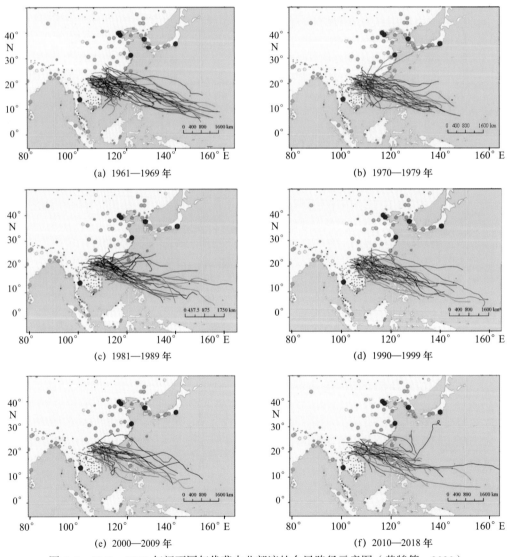

(a) 1961—1969年

(b) 1970—1979年

(c) 1981—1989年

(d) 1990—1999年

(e) 2000—2009年

(f) 2010—2018年

图5-2　1961—2018年间不同年代袭击北部湾的台风路径示意图（黄鹄等，2020）

5.3.2.2 风暴潮造成灾害

热带气旋引起的风暴潮灾害造成严重的财产损失或人员伤亡。据 1986—2012 年统计数字，20 多年间广西沿海风暴潮灾害造成的直接经济损失高达 115.78 亿元，受灾人数 1123.13 万人，死亡（不含失踪）102 人，农业和养殖受灾面积 719×10^3 hm²，房屋损毁 16.29 万间，冲毁海岸工程 520.39 km，损毁船只 1613 艘（表 5–2）。其中，1996 年 9 月 9 日，广西遭受 15 号台风"莎莉"引起的风暴潮袭击，北海市海堤被 3 m 高海浪打坏 372 处，损坏海堤总长 48.28 km，潮水大量涌入。北海市一县三区全部受灾，受灾人口达 111.48 万人，死亡 61 人，失踪 88 人，倒塌房屋 3.47 万间，损坏船只 1099 艘，沉船 173 艘，直接经济损失 25.55 亿元；钦州市倒塌房屋 2 万间，海堤被毁 300 m。2001 年 3 号强热带风暴"榴莲"正面袭击北海市，从 6 月 26 日 08 时到 27 日 07 时 30 分，市区范围内普降暴雨，日降雨量达 425 mm。这场暴雨造成了海潮增水 2 m，市区内大部分道路被毁，街道内涝，民房被淹，短时间降雨之集中属百年未遇。全市受灾人口 50 多万人，受淹人口 15 万人，海堤决口 30 处、200 m；河堤护坡塌方 150 多处，冲毁水陂、水门 16 座，洪水弥漫鱼、虾塘 1.69 万亩[1]，其中冲毁虾塘 950 多亩，农作物受淹 21.92 万亩，道路毁坏 548 km，直接经济损失 17.13 亿元。

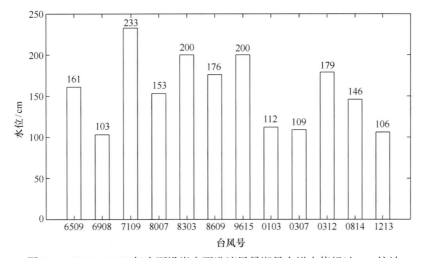

图 5–3　1965—2012 年广西沿岸主要港湾风暴潮最大增水值超过 1 m 统计

风暴潮灾害造成经济损失之大、影响之广、危害之大，其数字是惊心动魄的，也是罕见的。

---

[1]　亩为面积单位，1 亩 $= \dfrac{1}{15}$ hm²。

表 5–2　1986—2012 年广西沿海主要风暴潮及其造成的损失 [①]

发生时间	灾害名称	受灾范围	损失情况	最大增水 /cm
1986 年 7 月 21—22 日	8609 号"莎拉"台风	北海、钦州	损失 3.90 亿元,死亡 37 人	176
1992 年 6 月 28—29 日	9204 号"获安娜"台风	北海、钦州、防城港	损失 0.77 亿元,死亡 1 人	90
1996 年 9 月 9—10 日	9615 号"莎莉"台风	北海、钦州、防城港	损失 25.55 亿元,死亡 63 人	200
2001 年 7 月 2—6 日	0103 号"榴莲"台风	北海、钦州、防城港	损失 17.1293 亿元	112
2002 年 9 月 27—28 日	0220 号"米克拉"台风	北海、钦州	损失 2.931 亿元	58
2003 年 7 月 19—21 日	0307 号"伊布都"台风	钦州、防城港	损失 18.82 亿元	109
2003 年 8 月 24—25 日	0312 号"科罗旺"台风	北海、钦州、防城港	损失 12.361 亿元	179
2005 年 9 月 26—27 日	0518 号"达维"台风	北海、钦州、防城港	损失 0.582 亿元	89
2006 年 8 月 2—3 日	0606 号"派比安"台风	北海、钦州、防城港	损失 7.037 亿元,死亡 1 人	—
2007 年 7 月 2—6 日	0703 号"桃芝"台风	北海 钦州 防城港	损失 0.546 亿元	98
2007 年 9 月 23—26 日	0714 号"范斯高"台风	防城港	损失 2.142 亿元	51
2007 年 10 月 1—5 日	0715 号"利奇马"台风	北海	损失 0.169 亿元	84
2008 年 8 月 5—9 日	0809 号"北冕"台风	北海、钦州、防城港	损失 1.758 亿元	96
2008 年 9 月 23—25 日	0814 号"黑格比"台风	北海、钦州、防城港	损失 13.970 亿元	146
2009 年 9 月 15—16 日	0915 号"巨爵"台风	北海	损失 0.10423 亿元	84
2010 年 7 月 22—23 日	1003 号"灿都"台风	北海、钦州、防城港	损失 1.53 亿元	52
2011 年 9 月 29—30 日	1117 号"纳沙"台风	北海、钦州、防城港	损失 1.15 亿元	77
2012 年 7 月 24—25 日	1208 号"韦森特"台风	北海、钦州	损失 0.44 亿元	48
2012 年 8 月 17—18 日	1213 号"启德"台风	北海、防城港、钦州	损失 4.65 亿元	106
2012 年 10 月 28—29 日	1223 号"山神"台风	北海、防城港、钦州	损失 0.24 亿元	71

5.4　风暴潮灾害形成的原因

风暴潮灾害形成的原因主要有天气系统变化,全日大潮、风暴潮增水与巨浪叠加,河流下泄洪水与风暴潮增水相遇等方面。

5.4.1　天气系统变化

风暴潮的形成与天气系统的变化直接有关。形成于高温、高湿和其他气象条件适宜的热带洋面上的强烈天气系统(也称之为热带气旋)是风暴潮形成的关键因素,当热带气旋的最大风力达到 12 级(风速为 32.7 m/s)的时候,也就形成了台风天气,此时,作用于洋面上的强台风就会产生大浪。例如,2008 年第 14 号强台风"黑格比"于 2008 年

---

① 据《中国海洋灾害公报》(1986—2012 年)统计数据。

9 月 19 日 20 时在菲律宾以东洋面生成，21 日 14 时加强为台风，22 日中午加强为强台风，23 时前后进入南海东北部海面，24 日 06 时 45 分在广东省茂名市电白区陈村镇沿海地区登陆，登陆时中心气压 950 hPa，中心附近最大平均风速 48 m/s（15 级），最大阵风 65 m/s（17 级），12 时从湛江市廉江市移入广西境内，经玉林、北海、钦州、防城港等地一直向西偏北方向移动，14 时减弱为强热带风暴，17 时减弱为热带风暴，25 日 02 时进一步减弱为热带低压，08 时移出广西进入越南北部高平市附近后，在越南北部维持至 26 日。受台风"黑格比"的影响，广西沿岸海域出现 1.5 ~ 2.0 m 浪高，涠洲岛海域浪高达到 3.7 m，各港湾出现不同程度的大范围风暴潮增水，其中，北海港、钦州港、防城港等分别增水约 1.50 m。台风"黑格比"是 1971 年以来进入广西境内最强的台风，是有气象记录以来影响广西西南部时间最长、范围最大、降雨量最多的暴雨过程，造成巨大的经济损失和惨重的人员伤亡。

5.4.2　全日大潮、风暴潮增水与巨浪叠加

风暴潮是否能造成灾害，在很大程度上取决于最大风暴潮是否与天文潮高潮相叠，尤其是与天文大潮的高潮相叠。所谓天文大潮就是太阳和月亮的引潮合力的最大时期（即朔和望时）之潮。由于海洋的滞后作用，海潮的天文大潮一般在朔日和望日之后一天半左右。我们统计了 1986—2010 年 16 次风暴潮增水超过 0.5 m 的情况时，发现每一次风暴潮最大增水值出现时都是正逢北部湾全日潮大潮期，例如，1986 年 7 月 21—22 日正逢农历 6 月 16—17 日的全日潮大潮期，8609 号"莎拉"台风引起的风暴潮增水为 1.76 m；1996 年 9 月 9—10 日正逢农历七月 28—29 日的全日潮大潮期，9615 号"莎莉"台风引起的风暴潮增水高达 2 m；2003 年 8 月 24—25 日同样正逢农历七月 28—29 日的全日潮大潮期，0312 号"科罗旺"台风引起的风暴潮增水达到 1.79 m；2008 年 9 月 23—25 日正逢农历八月 26—27 日的全日潮大潮期，0814 号"黑格比"台风引起的风暴潮增水为 1.46 m。最大增水与全日潮大潮叠加，造成潮水位异常偏高，在强台风天气系统的影响下，产生巨浪和破坏力，尤其是对防潮堤、防潮闸等水工建筑物及船只的损坏严重，也使得灾害损失加重。所以，使得这几次风暴潮灾害造成的经济损失都达到 3 亿元以上。

5.4.3　河流下泄洪水与风暴潮增水相遇

几乎所有的台风影响和登陆广西沿海时，都伴随着大雨或大暴雨的降临，而每一次大范围、高强度的降雨过程都会使广西沿海地区的各入海河流水位上升，入海河流的洪水顺河而下，而下游风暴潮增水逆流而上，二者不期而遇，因而造成河道水位抬高，河水、海水共同蔓延进入农田、村庄、盐厂和企业，给当地人民的生命财产安全和经济造成了严重的损失。例如，2008 年 9 月 24 日 06 时 45 分 0814 号"黑格比"台风在广东省茂名市沿海地区登陆，12 时进入广西并逐渐西移，降雨区域覆盖了整个广西沿海地区。24 日 08

时至 27 日 08 时，累计降雨量超过 500 mm 的有 5 个县（市、区）的 6 个乡镇，其中超过 700 mm 的有 2 个乡镇：防城港市防城区那良镇降雨量为 767.2 mm，防城区峒中镇降雨量为 721.9 mm；沿海 39 个乡镇平均降雨量为 300 ~ 400 mm。这次强降水过程持续了 4 d，范围最大、强度最强、持续时间最长。下泄洪水通过 23 条大小入海河流流入广西沿岸河口港湾，与风暴潮增水相遇，水位急剧骤升，使沿海的铁山港、北海港、钦州港、防城港、珍珠湾等港湾最大增水值达 146 cm，此次风暴潮灾害造成广西沿海的防城港市、钦州市、北海市的直接经济损失达 13.970 亿元。

5.5　小结

（1）影响广西沿海的热带气旋大多发生在北太平洋西部，其猛烈发展的地区主要在菲律宾以东洋面及南海地区。源地随季节有所变动，盛夏主要在南海北部海面上发展，秋季和春季一般在菲律宾东侧洋面以及南海中部或南部的南沙群岛附近发展。每年入侵广西沿海的热带气旋大都来源于这一地区。

（2）形成广西沿海附近的热带风暴中心移动路径有 4 种类型，即西北型、西行型、北行型和西南行型。在以这 4 种路径进入广西沿海的热带风暴中，西北型热带风暴最为严重，这类热带风暴进入南海后，先在海南岛万宁市到广东雷州半岛之间登陆，然后进入北部湾，在北部湾向西北方向移动，在 20°N 以北区域再次登陆后影响广西沿海；其次是西行型；北行型和西南行型最少。

（3）根据 1950—2012 年统计数字，63 年来影响和登陆广西沿海的热带气旋有 300 余次，直接登陆广西沿海的台风引起的风暴潮增水平均值为 111.2 cm，超过非登陆的台风增水 2.6 倍。该类台风持续的时间长、降水量大，往往在增水的同时，与北部湾全日大潮、河流下泄洪水叠加，造成巨大的潮灾。

（4）风暴潮灾害形成的原因主要与强台风天气系统、全日大潮、河流下泄洪水直接有关。强台风在侵袭沿岸产生巨浪的同时，还会引起强降雨过程，使广西沿海地区的各入海河流水位上升。入海河流的洪水顺河而下，而下游风暴潮增水逆流而上，二者不期而遇，因而造成河道水位抬高，最大增水叠加在全日大潮上，造成潮水位异常偏高，在强台风天气系统的作用下，形成了严重的风暴潮灾害。

第6章 广西沿海港湾风暴潮增减水变化的主要影响因素

广西沿海是常受风暴潮影响的地区之一。据资料统计,平均每年约有 2.3 个台风登陆和影响广西沿海,且大部分的台风伴随着风暴潮的发生,而几乎每一次风暴潮的出现都会不同程度地引起港湾水位异常升降。究其原因,主要是强风作用和海区气压骤变。就一般情况而言,风力的影响随水深减少而增大,而气压的影响则随水深减小而减少。也就是说,对于浅海区域而言,气压的作用是微小的,而风力的作用是至关重要的。像广西沿海平均水深不足 20 m 的浅海,风暴潮的主要影响因素显然是风力。如果风暴潮与当地天文大潮相遇,海面水位将超过当地"警戒水位",从而酿成巨大的灾害。

诱发广西沿海增减水的主要因素强台风(热带风暴)大多发生在北太平洋西部,而后在菲律宾以东洋面及南海地区迅速发展升级。热带风暴的移动路径也异常复杂,既受本身的强度、结构等内因制约,又受周围的气压系统、操纵气流及地转偏向力等作用。根据入侵路径,影响广西沿海地区的热带风暴大体可以分为西北型、西行型、北行型和西南行型 4 种类型(见第 5.3.1 节)。以上几种路径传播的台风大部分在进入北部湾前受雷州半岛和海南岛的阻挡,能量消耗很大,风力减弱,气压回升,海面水位升降受到限制。但由于北部湾是一个半封闭式的浅水海湾,海域尺度小,所以,当台风靠近湾顶后,在广西沿海曲折的岸段和众多的港汊的特定地理环境影响下,港湾水位升降异常明显。

6.1 增减水变化特点

广西大陆海岸线东起与广东交界处的白沙半岛高桥镇,西至中越边境的北仑河口,全长 1628 km。拥有面积大于 500 m² 的海岛 651 个,岛屿岸线长 531.2 km。滩涂面积 1005 km²,20 m 以内水深的浅海面积 6650 km²。沿岸岸线蜿蜒曲折,港湾众多,拥有铁山港、廉州湾、钦州湾、龙门港、防城港、珍珠湾等港湾。入海河流主要有南流江、大风江、钦江、茅岭江、防城河和北仑河等,河面弯曲,河口狭窄。广西近海及其各个港湾内水深较浅,平均水深为 5 ~ 12 m,水深最大为龙门港及钦州湾,最大水深达 15 m。水深最浅为廉州湾,平均水深为 3 ~ 5 m,最大水深不足 10 m,且滩面大,退潮时约有 2/3 的面积露出大片沙滩。

除水浅外，港湾海底地形较为复杂，有半封闭型的，也有半圆形的，还有的湾内有湾，如钦州湾内有茅尾海海湾，防城港内分别有东湾和西湾等。由于大多港湾为封闭或半封闭状态，水交换条件较差，容易引起风暴潮增水。所以，当入侵广西沿海地区的台风持续的时间长、降水量大，往往在增水的同时，恰值天文大潮，两者叠加，就会产生高水位，水位变化具有明显的区域特点。

6.1.1　风暴潮增水非常显著

广西沿海是台风的多发区。据统计，1950—2012 年，影响广西沿海的热带气旋总数为 305 个，平均每年约为 4.84 个。影响广西的台风频率在 20 世纪 70 年代达到高峰，其后逐渐减少。2011—2016 年，登陆和影响北部湾北部强台风为 16 个，平均每年仅约 2.67 个。其中，2013 年和 2016 年各 4 个。影响北部湾沿海的热带气旋发生的时间是在每年的 5—11 月，出现高峰为每年的 7 月、8 月、9 月，其出现率达全年的 69.4%，其次是在每年的 6 月，其出现率约占全年的 14.4%。

大多数登陆和影响广西沿海的台风伴随着暴潮的发生。1965—2012 年，登陆和影响广西沿海的台风引起风暴潮增水 0.5 ~ 1.0 m 的有 20 次，超过 1 m 的有 12 次，超过 2 m 的有 3 次。其中，1971 年 6 月 2 日的 7109 号台风引起风暴潮最大增水超过 2.33 m，1983 年 7 月 18 日的 8303 号"莎拉"台风和 1996 年 9 月 9 日的 9615 号"莎莉"台风最大增水分别达到 2.00 m，2003 年 8 月 24 日的 0312 号"科罗旺"台风最大增水达到 1.79 m，2013 年 11 月 11 日的"海燕"台风最大增水达到 2.23 m，2014 年 7 月 19—20 日的"威马逊"台风引起广西沿海各港湾水位升高达到 1.6 m。几乎每相隔 10 年就会发生一次最大增水过程，最大增水超过 2 m。这在其他海区很少见。

6.1.2　增减水出现无规律可寻

（1）在增水前一般出现一次减水过程，然后增水，上升快，过后呈现起伏的波动状态。每次台风诱发增水一般高达 1 m 以上。且广西沿海港湾都为半封闭状态，深入陆域很远，地理环境条件复杂，加之北部湾海区尺度小，广西岸段受越南沿岸反射的回潮波影响较大。因此，增减水过程具有广西港湾自己的特点：在增水前期一般出现一次减水过程，然后迅速增水，增水幅度大、上升快，每次风暴潮诱发增水一般都达 1 m 以上。

（2）减水时间长，下降慢，可以延续 10 ~ 20 h。由于沿岸港湾大多处于半封闭状态，水交换能力较差，水体易进不易出，加上各港湾内都有河流注入。每一次台风影响期间都伴随着不同程度的降雨、洪涝，发生暴潮，河流水位骤升，当下泄的河水在遇到上溯的潮水顶托时，往往会造成减水时间长，下降慢，可以延续 10 ~ 20 h。如 8303 号强台风，使防城港在不到 1 h 内增水 2 m，而减水时间则延续 10 h 以上，有的甚至延续 20 h 以上，几乎无规律可寻（陈波和邱绍芳，2000b），这在其他海域是很少看见的。

（3）增减水出现无规律可寻。水位先减后增的变化往往为人们忽视，带来意想不到的损失。

6.1.3　风暴潮增减水先减后增

广西沿海港湾风暴潮增减水分布趋势是近岸大，离岸递减，增减水曲线受港湾地形效应影响显著。台风在进入沿岸区前由于受到雷州半岛和海南岛的阻挡，强度有所减弱，但当台风进入本岸段时，强度再度得到加强。此外，由于北部湾海区尺度小，本岸段受越南沿岸反射的回潮波影响较大，因此，各港湾的增水多呈起伏扰动形状，即属波动型。在增水前期出现一次减水过程，然后迅速增水，即先减后增，只有个别台风主要表现为减水。例如 2011 年 9 月 29—30 日，"纳沙"台风进入北部湾，广西白龙尾站水位急剧下降，然后又迅速上升，随着台风移走，水位升降起伏（图 6–1）。

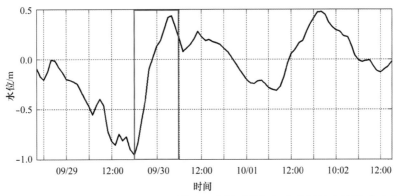

图 6–1　2011 年 9 月 28—30 日 "纳沙" 台风过境期间白龙尾站水位增减过程

表 6–1 是各港湾历年增减水大于 1 m 的特征值统计结果。从表 6–1 中可以看出，各港湾的增减水是相当显著的。沿岸的东西部风暴潮增水值达最大，如 7109 号强台风，使铁山港增水 2.33 m，8303 号强台风，使防城港增水 2 m，增水极值均为历年最高。北海港和涠洲岛增水相对于其他港湾小。但减水分布趋势则不同，减水最大值位于沿岸的中部，如8007 号强台风使龙门港减水 1.67 m，为各港湾减水之最。从风暴潮各级增、减水次数统计情况看，减水达 1 m 以上的出现次数最多的港湾是涠洲岛，为 40 次，其次是铁山港和龙门港，均为 6 次。增水超过 2 m 的港湾只有铁山港和防城港，出现次数均为 1 次。整个沿岸增水分布趋势是沿岸东西部上升幅度大，而靠近沿岸中部水位上升幅度小，而减水分布趋势正好相反，沿岸中部下降幅度大，而沿岸东西部下降幅度小（表 6–2）。广西沿岸港湾风暴潮增减水分布与其他地区港湾明显不同，同一台风作用于同一港湾，所引起的增减水最大值以及增减水位上升与下降的幅度差异很大。

表 6–1 广西沿岸主要港湾风暴潮最大增减水特征值

港湾 增水 /m	最大增水			最大减水			资料年限
	出现时间	台风编号	减水 /m	出现时间	台风编号	减水 /m	
铁山港	2.33	1971–06–02	7109	1.22	1971–10–10	7126	1968—1983 年
北海港	1.61	1965–07–23	6509	—	—	—	1955—1980 年
涠洲岛	1.03	1969–09–02	6908	—	—	—	1960—1980 年
龙门港	1.53	1980–07–23	8007	1.67	1973–10–14	7319	1966—1983 年
防城港	2.00	1983–07–18	8303	1.03	1978–10–04	7818	1977—1983 年
珍珠湾	1.86	1983–07–18	8303	1.07	1970–10–18	7103	1970—1983 年

表 6–2 广西沿岸主要港湾风暴潮各级增减水次数

港湾	各级增减水次数						实测水位 / m	出现时间
	— 1.00 m 以上	— 0.50 ~ 0.49 m	0.50 ~ 0.99 m	1.00 ~ 1.49 m	1.50 ~ 1.99 m	2.00 m 以上		
铁山港	6	29	25	5	—	1	8.33	1972–12–21
北海港	4	18	16	3	1	—	5.55	1972–07–19 1972–12–21
涠洲岛	40	20	27	2	—	—	4.91	1968–12–23
龙门港	6	33	35	11	1	—	6.08	1972–12–21
防城港	2	9	9	2	1	1	5.08	1983–08–13
珍珠湾	1	16	15	6	3	—	7.10	1972–12–21

注：资料统计年限与表 6-1 相同。

6.2 增减水变化的主要影响因素

6.2.1 台风路径的影响

根据沿海气象台站的资料统计，传入广西沿海地区台风的生成源地，主要是西北太平洋的马里亚纳群岛附近，其次是南海中部，在影响广西沿海地区的台风中，前者占 68%，后者占 32%。台风影响以北路台风最为严重，中路次之，南路最少。台风影响和登陆广西沿海地区的时间始于每年的 5 月终于 11 月，其中 7 月受台风影响的概率最大（2 ~ 3 年一遇），8 月次之（3 ~ 5 年一遇），5 月和 11 月最少。从全年来看，涠洲岛、北海、合浦、东兴受台风影响的概率较大，1 ~ 2 年一遇，钦州受台风影响的概率相对较少，2 ~ 3 年一遇。从月份来看，多数月份都涠洲岛受台风影响的机遇最多，北海和合浦次之，钦州和东兴最少（表 6–3）。

表 6–3　沿海各地各月台风重现期　　　　　　　　　　　单位：a

地点	重现期						
	5 月	6 月	7 月	8 月 .	9 月	10 月	年
东兴	—	6	3.5	4.7	14	10	1.8
钦州	—	14	4.7	7	28	28	2.5
合浦	27	14	3.4	5.4	13.5	—	1.8
北海	14	6.8	4.7	4	9.3	27	1.6
涠洲岛	28	7	3	3	5.6	28	1.6

注：广西海洋监测预报中心，1998。

　　台风是直接诱发海面水位异常变化的强迫力。如果强台风作用于广西沿海海域，首先是偏北方向的强风把海水刮离海岸而造成减水，然后风向转向偏南，海水再被刮向海岸造成增水。但不同传入路径的台风在不同的港湾所产生的增水程度是有着明显差异的。

　　如 5.3 节所述，造成广西沿海地区增水的台风路径主要可分为 4 类。其中主要的一类是西北型台风。在粤西沿岸登陆后直接扫过钦州湾地区沿岸或穿过海南岛东北部，进入北部湾海面，然后再次在广西沿海至越南北部沿海一线登陆的台风，该类台风的风向直接指向沿岸，容易引起横向沿岸流，海水向湾内大量输移，水位急剧上升，此类台风引起的增水最为严重。如 8007 号和 8410 号强台风，铁山港、防城港和龙门港增水均超过 1.5 m。二是西行型台风。斜穿海南岛和雷州半岛进入北部湾，在越南东南沿岸登陆，该类台风距广西沿海距离稍远，台风中心风力在向北传播的过程中，由于表面海水摩擦作用，能量降低，气压回升，水位上升较慢，此类台风引起的增水次之。三是北行型台风。横穿海南岛南部或绕过海南岛，从榆林南部海面掠过，在北部湾口左侧的越南沿岸登陆的台风，此类台风引起的广西沿岸港湾增水不甚明显。四是西南行型台风。进入南海后，受地形影响偏向，从西南方向登陆越南，此类台风对广西沿岸影响更小。

　　资料分析表明，当台风中心进入 14° N 以北，118°E 以西海区时，广西沿岸就会出现异常水位，此时主要处于减水阶段。一般地，与台风中心进入 20° N 以北，110°E 以西时，才导致沿岸水位明显变化。因此，可把 20° N，110°E 作为广西沿岸港湾台风增减水的警戒线。当台风中心进入警戒线后，即可对风暴潮进行逐时预报。

6.2.2　风和气压效应的影响

　　风暴潮增水不仅与台风路径有密切的关系，还与台风风向、风时及风速有关。广西沿岸最易形成增水的风向一般为西南至东南偏东方向，此时，风把海水向沿岸输送，致使海水辐聚。当海面吹刮一定时间的西南至东南偏东风，风速越大，风时越长，增水就越明显。如 8007 号和 8105 号强台风过程，风力基本相等。但前者海面吹刮东南偏东大风 10 h 左右，珍珠湾的白龙尾站增水 1.84 m，而后者海面吹刮东北偏东大风 5 h 左右，风速相同，但该站增水只有 0.73 m。由此可知，风向、风速、风时对风暴潮增水有明显影响。除此之外，气压也是制约增水的一个因素。

风和气压是诱发水位异常变化的主导因素。台风风速和气压变化越急剧，广西各港湾台风增减水越明显。研究表明，当北部湾海面风向由东转向南时，风暴潮将由减水阶段逐渐转向增水阶段。最有利于该港增水的风向一般为 SSW—ESE 向，当海面吹刮 6 h 以上的 SSW—ESE 向大风时，如果大风风区和风速较大。再遇上气压急剧变化，各港湾风暴潮的极值增水一般都较大。由于海水本身的黏滞性和地形的影响，港湾极值增水的出现时间与最大风速及最低气压的出现时间并不一致，而是滞后一段时间，当港湾出现最大风速时，极值增水约滞后 10 h；而当最低气压过境前，港湾处于减水阶段，最低气压与极值增水的出现时间间隔 3 ~ 21 h。

6.2.3 地形效应的影响

地形与风暴潮增减水的关系十分密切，同一类台风在不同的岸段所产生的增水有明显差别。广西沿岸东起英罗港西至北仑河口，海岸地形复杂，河口港湾众多，有利于风暴潮增水的形成，造成特大的增水。例如，铁山港、防城港、珍珠湾等，其地理形状近似于一个口袋型，水体易进不易出，所以，上述港湾的风暴潮增水最为严重。下面是 8007 号和 8410 号强台风在不同港湾产生增减水的情况分析。

8007 号强台风是从南海海域穿越琼州海峡及北部湾海域，在越南海防附近登陆的。1980 年 7 月 22—23 日对广西沿海产生影响，沿岸各个港湾增减水差别明显。位于廉州湾内的北海站增水 0.8 m，减水 1.1 m。而位于珍珠湾内的白龙尾站增水 1.25 m，减水 0.7 m。两站增水值相差 0.45 m，减水值相差 0.4 m（图 6–2 及图 6–3）。8410 号强台风在北海至钦州湾沿海登陆，引起东部的铁山港增水 1.5 m，减水 1.4 m。而西部珍珠湾增水 0.8 m，减水 0.6 m。增减水差别较大（图 6–4 及图 6–5）。造成这种现象的主要原因是港湾地形效应的作用。在地理上，铁山港是一个狭长形海湾，海水存在倒灌现象；珍珠湾是一个口袋状海湾，海水易进不易出，但廉州湾是一个近似于半圆形的海湾，西南面朝外海敞开，海湾面积约 190 km²，口门宽约 17 km，自然地理形态为水交换提供了有利条件，湾内的海水通过开阔的湾口离岸流去。而位于沿岸西端的珍珠湾则不同。湾内面积约 92.2 km²，相当于廉州湾面积的 1/2 多，但湾口宽约 3.5 km，仅为廉州湾口的 1/5。这样的海湾形状很不利于海水向外分流。另外，由于白龙半岛由东北向西南偏西插入北部湾，形似堵住湾口的一道长堤，所以，外海水在向湾内推进时受阻，同时，来自珍珠湾内的黄竹江和新绿江以及西端的北仑河等河流径流叠加的沿岸流势很强，造成外进的外海水与内出的冲淡水在狭窄的湾口形成相互顶托的作用，从而引起湾内水位（增水）升高。所以，同一场台风，引起珍珠湾增水要比廉州湾的显著，或是铁山港增水要比珍珠湾的显著等，这都是地形效应缘故。

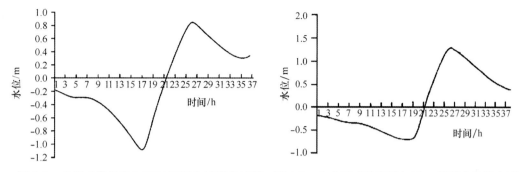

图 6-2　北海（廉州湾）8007 号强台风增水过程　图 6-3　白龙尾（珍珠湾）8007 号强台风增水过程

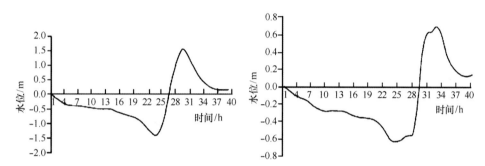

图 6-4　石头埠（铁山港）8410 号强台风增水过程　图 6-5　白龙尾（珍珠湾）8410 号强台风增水过程

6.2.4　天文潮与台风潮叠加的影响

由资料分析得知，除以上所述几个主要因素外，台风登陆的时间相对天文潮的状态也是影响台风潮大小至关重要的因素。当台风登陆成 6 级以上的大风影响广西各港湾时，在各影响因子基本相同的情况下，处于涨潮阶段的极值增水稍大于落潮阶段的极值增水，而且，涨潮期的增水曲线，峰值较陡，落潮期的增水曲线变化平缓。如 7313 号和 7814 号后两场强台风，二者登陆地点都是在东兴及海防之间，7313 号强台风中心每小时移速约 15 km，7814 号强台风则为 16 km，风力影响范围和风速基本相同，但前者登陆时，恰好遇上涨潮阶段，极值增水为 0.84 m，而后者则处于落潮阶段，极值增水仅 0.63 m。虽然，正如前面已谈到的，风暴潮的产生与许多因子有关，这两场台风增水极值的差异，不能笼统地归于潮波的影响，但从这里我们可以粗略地看出，潮汐状况对于风暴潮极值增水是有一定影响的。

6.2.5　大气重力波的影响

水位增减在近岸港湾的强化、分布及极值的出现与大气重力波密切相关。研究发现，即使处在同一侧的同一天气条件下的港湾，台风引起的水位增减变化也有很大差别。我们将台风发生期间，不同港湾连续几天的增水、减水值进行能谱分析发现，能谱最高值对应的频率各不相同，但是最大值出现总是与港湾的固有振荡频率颇为一致。例如，1986年09号强台风，风力不大，但是增水却达 2 m，最大能谱对应的周期为 102 min，与港湾固有的振动周期 99 min 很接近。同样，我们对连续几天气压变化进行能谱分析，也发现如果气压变化的能谱周期与港湾固有振动周期相接近，这时会出现最大增减水。因此，可以认为大气重力波与海湾共振是导致增减水出现最大值的重要原因，近岸港湾中水位的强化、分布直接与其有关。

综上所述，台风路径、风和气压效应、港湾地形是风暴潮增减水的主要影响因素，特别是在广西沿岸半封闭型的海湾内，这种影响作用尤为显著；天文潮和大气重力波对水位增减也有一定的作用。

第 7 章　进入南海北部台风引起广西沿岸增减水变化的研究

7.1　近 50 年来登陆广西沿海台风引起增水及造成的灾害

广西沿岸位于南海北端，地理环境独特，港湾众多，每年登陆的台风引起的风暴潮增水给广西沿海地区造成了严重的灾害。根据研究文献报道（农作烈等，2009；陈宪云等，2013a，2013b），1965—2012 年，广西沿海地区受台风影响共有 90 余次，其中 18 次最严重的是由直接登陆广西沿海台风引起的（图 7-1）。直接登陆的台风引起的沿岸水位变化最为显著，平均增水值为 111.2 cm，超过非登陆台风的增水值 2.6 倍。例如，7109 号强台风，使铁山港增水 2.33 m，使涠洲岛增水 1.03 m；8303 号强台风，使防城港增水 2.00 m，使珍珠湾增水 1.86 m；6509 号强台风，使北海港增水 1.61 m，使龙门港增水 1.53 m。台风登陆期间，广西沿岸主要港湾实测水位为 5.08 ~ 8.33 m，比正常水位高出 2 m 以上（陈波和魏更生，2002；陈波和邱绍芳，2000b；陈波等，2014）。台风登陆期间引起的增水造成的灾害损失极为惨重。据统计（陈波和邱绍芳，2000b；陈波和侍茂崇，2001；陈波和魏更生，2002），1986—2012 年，广西沿海风暴潮灾害造成的直接经济损失高达 115.78 亿元，受灾人数 1 123.13 万人，死亡（不含失踪）102 人，农业和养殖受灾面积 719×10³ hm²，房屋损毁 16.29 万间，冲毁海岸工程 520.39 km，损毁船只 1 613 艘。2011—2014 年，也有 9 个强台风登陆和影响北部湾北部，其中，2011 年仅 1 个，2013 年 4 个，2012 年和 2014 年各 2 个，造成损失最严重的是 2013 年"海燕"台风和 2014 年"威马逊""海鸥"台风。2013 年 1330 号强台风"海燕"，阵风 12 ~ 13 级，日降雨量 100 ~ 230 mm，其中防城港沿海降雨量达到 451 mm。强降雨造成沿海主要入海河口水位上涨 2.23 m。受台风影响，广西沿海地区有 1.2 万人受灾，1 人因灾死亡，直接经济损失数千万元。2014 年第 9 号"威马逊"台风和第 15 号"海鸥"台风是近 20 年来影响广西地区最强的台风，其中，"威马逊"台风中心附近最大风力为 16 级（55 m/s），日降雨量为 200 ~ 400 mm；"海鸥"台风中心风力 13 ~ 15 级，阵风为 16 ~ 17 级，日降雨量为 80 ~ 200 mm。这两个超强台风造成河口港湾水位上涨均超过 2 m。超强台风"威马逊"给广西带来的经济损失达 138.4 亿元，沿海受灾 161.12 万人，转移安置 16.9 万人，倒塌房屋 1140 间，损坏房屋 6837 间，淹没农田 82 864.7 hm²，水产养殖受灾面积 13 160.7 hm²，船只损毁 216 艘，损毁防波堤 3.86 km，损毁海堤护岸 21.2 km；"海鸥"台风造成广西沿海地区 130.46 万人受灾，6 人死亡，6.59 万人转移安置，6507 人急需生活救助，直接经济损失 3.36 亿元。

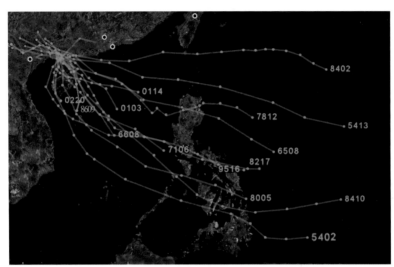

图 7-1　1965—2013 年间登陆广西沿海的台风路径

7.2　进入南海台风引起广西沿岸增减水变化的实例分析

7.2.1　"纳沙"台风影响下广西近岸增减水的变化过程

2011 年 9 月 24 日上午，强台风"纳沙"在西北太平洋洋面上生成，9 月 27 日 07 时在菲律宾吕宋岛东部沿海登陆，29 日 14 时 30 分前后在海南文昌市翁田镇沿海登陆，21 时 15 分左右在广东徐闻角尾乡再次登陆，30 日 11 时 30 分在越南北部广宁沿海登陆（图 7-2）。受台风"纳沙"影响，海南、广西、广东出现强风雨天气。据统计，28 日 20 时至 30 日 14 时，广西防城港市局地降水 332 mm。广西南部沿海出现 11 ～ 14 级大风。

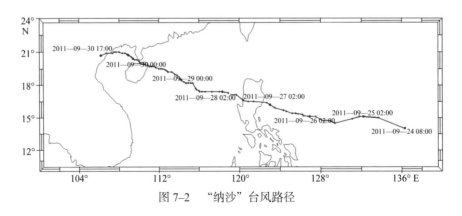

图 7-2　"纳沙"台风路径

2011 年 9 月 29 日，台风"纳沙"影响期间，白龙半岛沿岸海面的风向基本为西北向，
29 日 17—20 时的 4 h 内的平均风速达到 8.0 m/s，方向偏北。30 日 08 时，气旋中心移向西，
进入越南境内。白龙尾附近转为南风（图 7–3）。

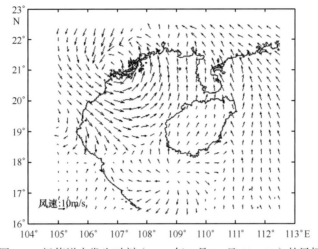

图 7–3　极值增水发生时刻（2011 年 9 月 30 日 08：00）的风场

当白龙尾附近吹北风时，由于离岸风的作用，观测点附近迅速发生减水，到 30 日 02
时，减水达到最大值 –92 cm。随着台风西移，风向逐渐转为偏南向，表层海水流向岸边，
受到海岸阻挡，观测点附近开始增水，到 30 日 10 时，增水达到最大 65 cm（图 7–4），
然后迅速降低。后来又发生多次余振动：第一个余振动增水 45 cm，第二个余振动增水只
有 20 cm。

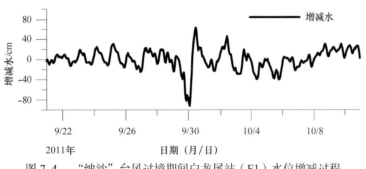

图 7–4　"纳沙"台风过境期间白龙尾站（F1）水位增减过程

7.2.2　"榴莲"台风过境时广西近岸增减水的变化过程

为了进一步深入研究台风登陆广西近岸港湾水位增减的变化过程，我们选取了 2001
年 7 月 1—3 日台风"榴莲"登陆期间铁山港石头埠站（F2）水位增减变化情况进行分析。
铁山港位于广西沿岸的东部，港湾东、西、北面为陆岸所围，南面为开阔海域。台风"榴

莲"运行方向为自东向西行,约在7月2日06时,台风中心越过铁山港(图7-5)。尔后,南风逐渐加强,石头埠附近处于强烈向岸风作用区,台风最大风速为25～30 m/s。

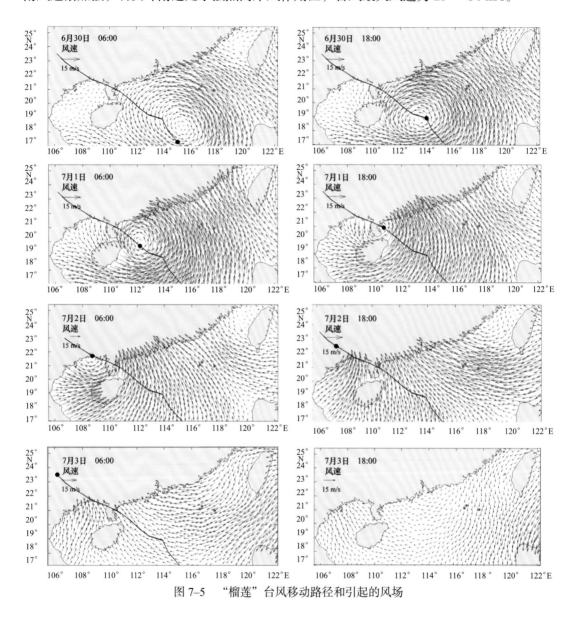

图7-5 "榴莲"台风移动路径和引起的风场

台风过境期间,石头埠附近海域的水位经历先减水后增水的过程,在低压中心从石头埠以东接近石头埠的过程中,石头埠附近开始出现减水,并逐渐增大(-48 cm),最大减水发生在7月2日08时前后,10时左右,石头埠水位处在恢复状态。尔后,南风逐渐加强,石头埠附近进入增水过程(图7-6),最大增水发生在7月2日14—16时之间。强烈的向岸风导致岸边增水达到最高值(140 cm)。随着低压中心的继续西行,风力减弱,水位逐渐恢复。增减水过程伴随台风过程发生，受制于台风场和气压场的分布和变化过程。

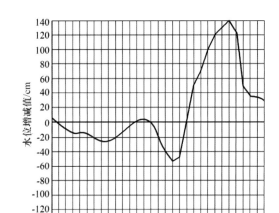

图 7-6　7 月 1—2 日"榴莲"台风过境时铁山港石头埠站水位增减过程

7.3　陆架陷波也可以引起沿岸增减水

关于台风引起南海北岸的陆架陷波的研究，已经引起广泛注意。Ding 等（2012）曾对 2001 年 6 月 30 日"榴莲"台风、7 月 5 日"尤特"台风、7 月 23 日"玉兔"台风登陆广东地区期间的南海北部沿岸水位的变化进行了定量分析，得出的结论是：在台风过境时，水位波动有从东北向西南沿岸传播的趋势，波动信号在台风的影响下十分强烈，随着台风的消失，水位波动的振幅逐渐减小。台风"尤特"引起的波动在南海北部沿岸传播速度为 4.2 ~ 11.4 m/s，当波动传播至海南岛东岸时，可以看到波动的速度明显减小，约为 4.2 m/s。

台风"尤特"引起的陆架陷波，一部分穿过琼州海峡进入北部湾（图 7-7），另一部分可以跨过琼州海峡，被海南岛捕获，然后继续绕岛顺时针传播，进入北部湾。7 月 6 日，台风已在珠江口北岸登陆，可是 7 月 8 日却在广西近海引起 20 cm 以上增水。并且这种增水是涉及整个沿岸的。

"尤特"台风是从珠江口以东登陆的，就可引起广西近海 20 cm 以上增水，那么从粤西登陆的台风，引起的陆架陷波对广西沿海的影响应该更为强烈。

"榴莲"台风在南海内部生成，6 月 30 日晨，在香港南面约 650 km 处以热带低压出现，然后向西北移动，并发展成台风。7 月 2 日 05 时在湛江附近登陆，最大风速为 35 m/s。"榴莲"台风引起的陆架陷波其路径与"尤特"类似，一部分穿过琼州海峡进入北部湾（图 7-8），另一部分跨过琼州海峡，被海南岛捕获后绕岛顺时针传播，进入北部湾。

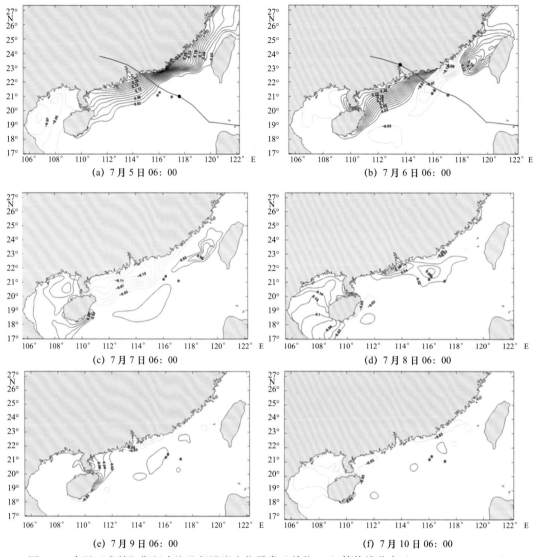

(a) 7月5日06: 00

(b) 7月6日06: 00

(c) 7月7日06: 00

(d) 7月8日06: 00

(e) 7月9日06: 00

(f) 7月10日06: 00

图 7-7 台风"尤特"期间南海北部沿岸水位异常（单位 /m）等值线分布（Ding et al., 2012）

从图 7-4 中我们看出一个非常重要的现象，7 月 2 日 18 时，广西沿岸不仅发生增水现象，还发生很强的西向流。计算发现，其表层地转流流速接近 92 cm/s。这一显著的沿岸西向流将带来巨大的水体输运，对广西近海污染物的扩散、水体更新、环境保护有不可估量的作用。陆架陷波对广西近海的水位和流动的影响，现在尚没有进行更进一步计算和研究，今后这将是我们关注的重要方向。

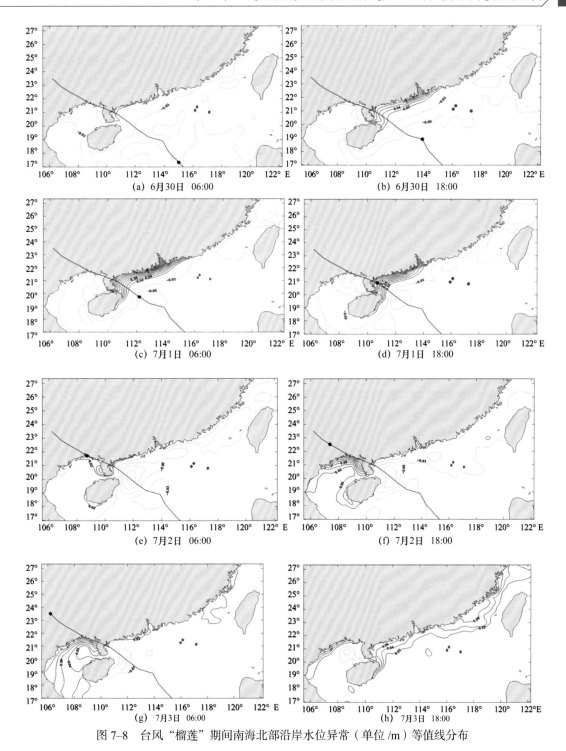

图 7-8 台风"榴莲"期间南海北部沿岸水位异常（单位 /m）等值线分布

7.4 广西近岸增减水多年预测

7.4.1 增水

在广西近岸港湾中，具有长时间序列潮位观测资料且具有代表性的站位当属北海站。因此，我们用北海站 1965—2006 年的资料进行统计计算，其年最大增水值如图 7–9 所示。

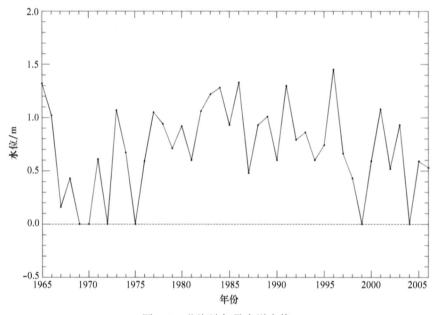

图 7–9　北海站年最大增水值

由图 7–9 中可以看出，最大增水年份发生在 1996 年，水位增加了 1.45 m，还有几个年份无增水事件，如 1969 年、1970 年、1972 年、1975 年、1999 年及 2004 年。42 年期间平均增水值为 0.71 m。

历史多年一遇增水情况如图 7–10 所示。该图为 Gumbel 分布统计结果，其他分布结果如 Weibull、Pearson–Ⅲ 分布与此基本一致，故图略去。

由图 7–10 中可以看出，北海 100 年一遇增水约为 1.78 m。根据白龙尾和北海同步一年潮位观测资料，建立相关方程，求得白龙尾 100 年一遇增水为 1.69 m。

7.4.2 减水

北海站 1965—2006 年的年最大减水值如图 7–11 所示。最大减水年份发生在 1985 年，水位降低了 1.87 m，最小减水年份发生在 1965 年，水位降低了 0.53 m，42 年期间的平均减水为 –1.11 m。

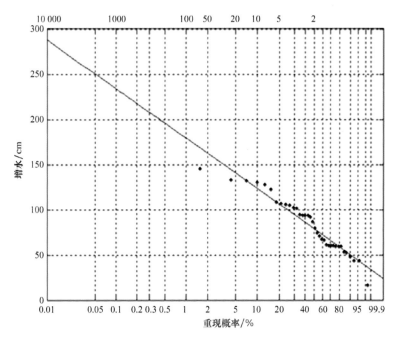

图 7-10　北海站增水极值 Gumbel 分布

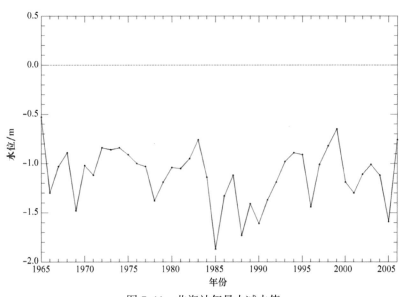

图 7-11　北海站年最大减水值

历史多年一遇减水情况如图 7-12 所示。该图为 Gumbel 分布结果，类似地其他分布如 Weibull、Pearson-Ⅲ 分布结果与此基本一致，故图略去。

由图 7-12 中可以看出，北海 100 年一遇减水值约为 -2.15 m。根据白龙尾和北海同步一年潮位观测资料，建立相关方程，求得白龙尾 100 年一遇减水值为 –1.75 m。

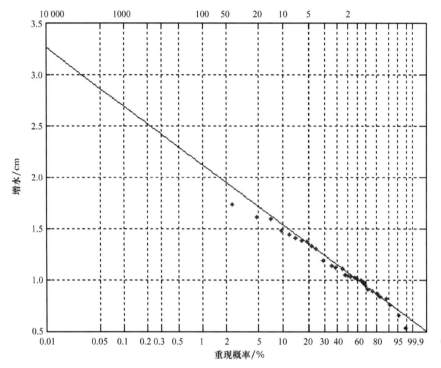

图 7–12　北海站减水极值的 Gumbel 分布

7.5　小结

（1）广西近岸增减水主要是由台风导致的风暴潮所致。以北海站为例，最大增水年份发生在 1996 年，水位增加了 1.45 m，42 年期间的平均增水值为 0.71 m。北海 100 年一遇增水值约为 1.78 m，白龙尾 100 年一遇增水值为 1.69 m；最大减水值发生在 1985 年，水位减低了 1.87 m，最小减水年份发生在 1965 年，水位降低了 0.53 m，42 年期间的平均减水为 –1.11 m。北海 100 年一遇减水值约为 –2.15 m。白龙尾 100 年一遇减水值约为 –1.75 m。受台风走向影响，广西沿海水位，总是先减后增。

（2）引起广西近海增减水的除台风直接作用外，还有广东沿海陆架陷波西传的间接作用。西传有两个渠道：一个直接穿过琼州海峡进入北部湾，另一个绕过海南岛东部和南部，再北向进入北部湾。2001 年 7 月 6 日，台风"尤特"已在珠江口北岸登陆，可是 7 月 8 日却在广西近海普遍引起 20 cm 以上增水。7 月 2 日 18 时，台风"榴莲"已经在广西登陆，但是西传的陆架陷波使广西沿岸发生很强的西向流，表层地转流流速接近 92 cm/s。

第8章 台风登陆期间广西沿岸潮流和余流特征及产生机制

广西沿海是台风的多发区。根据有关文献报道，1950—2012年，影响广西沿海的热带气旋总数为305个；2011—2016年，影响和登陆北部湾北部的台风共有15个。台风登陆北部湾对广西沿岸水位增减变化产生极大的影响，据统计（陈波和邱绍芳，2000a），1965—2012年，台风登陆引起广西沿海水位升高0.5～1.0 m的有20次，1 m以上的有12次，达到2 m及以上的有3次。几乎每相隔10年就会发生一次最大增水过程。2013—2015年，登陆广西沿海引起水位超过1.5 m的也有1次，为2014年7月19—20日登陆广西的超强台风"威马逊"。

但以往对潮流和余流的研究一般都是基于周日连续海流观测结果，缺乏对长序列海流资料的研究，台风期间的海流观测数据更少，而用这些周日连续资料分析潮流和余流，有较多的偶然性和误差，不足以反映水动力时间尺度的变化。另外，之前研究大多对不同季风下的表层流进行探讨，很少对不同深度的流动差异进行分析。本章以"纳沙"台风为例，利用2011年郑斌鑫等在白龙尾南面10 m水深处、距岸约1 km的S1站连续观测一年的海流流速、流向剖面资料，深入分析"纳沙"台风登陆期间广西白龙尾沿岸潮流和余流特征及产生机制，了解台风登陆期间各水层流速、流向的响应情况以及增减水变化规律。关于台风"纳沙"的介绍参见本书7.2.1节。

8.1 观测位置、仪器和方法

8.1.1 调查站位、方法

调查站位S1站位于广西防城港白龙半岛附近（图8–1），离岸约1 km，该站东、南、西三面环海，海图水深约为8 m。观测仪器为AWAC声学多普勒海流剖面仪，采用座底方式向上进行观测（表8–1）。其中流速、流向观测层间距为0.5 m。仪器每1 min发射60个声脉冲，经平均得到整个剖面海流数据，从剖面数据中挑选表、中、底3层数据进行分析，这里的表层是指水面下1 m处，底层是指离海底高度约1.5 m处，中层是指相对于表、底层中间的位置。另外，本章还收集了白龙半岛附近气象观测站F1一年风速、风向资料进行分析；"我国近海海洋综合调查与评价"专项 B08 ~ B14 调查断面的有关数据资料来自厦门大学"908-01-ST09 项目"的 2006 年航次；潮位和波浪观测时间为 2011 年 9 月 1 日至 2012 年 8 月 31 日。

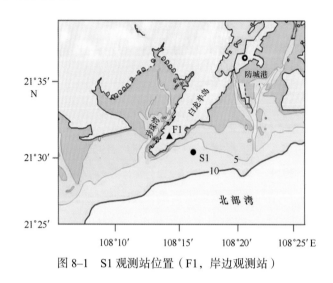

图 8-1 S1 观测站位置（F1，岸边观测站）

表 8-1 观测项目和时段

站位	观测项目	观测起止时间	数据间隔 / min	观测仪器
S1	流速、流向	2011.5.1 至 2012.4.30	30	AWAC 声学多普勒海流剖面仪
F1	风速、风向	2011.9.28 至 2011.10.1	10	EL15-2 型风速风向仪器

8.1.2 资料处理

实测海流资料中包含 3 部分，即高频流 – 噪声部分、潮流 – 周期性分量和定常余流 – 准定常分量。在分析资料时，首先通过 AWAC 海流剖面仪自带软件对流速、流向原始数据进行高频滤波处理，将实测数据中的高频噪声成分基本滤掉，得到潮流和定常余流为主的流动；然后再将上述得到的流动分解成东、北分量进行调和分析，计算出潮流调和常数和椭圆要素，得出实测海流中低频流动的部分，最后将除噪后的流动减去天文潮流得到定常余流。

8.2 结果和讨论

8.2.1 风速、风向

研究区域属亚热带过渡带季风区。对 F1 站 10 m 高度的一年风速、风向进行统计可知：该站年常风向为 NNE 向，其中冬、春两季常风向为 NNE 向，夏季为 SW 向，秋季为 N 向。

年平均风速为 3.20 m/s，以冬季风速最大，为 3.98 m/s，春、夏、秋三季风速分别为 3.02 m/s、2.95 m/s、2.85 m/s。

8.2.2　潮流特征

8.2.2.1　实测流速、流向特征

对 S1 站表、中、底 3 层逐时实测流速、流向进行整年和各季节分级统计，书中只给出整年及夏季 3 层实测流速、流向分级玫瑰图（图 8-2 至图 8-4）。

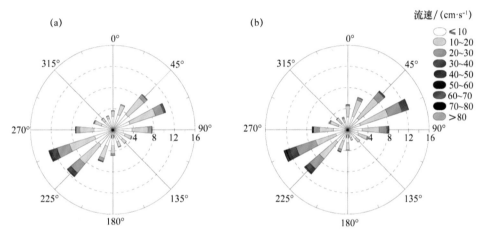

图 8-2　表层实测流速、流向分级玫瑰图
（a）整年；（b）夏季

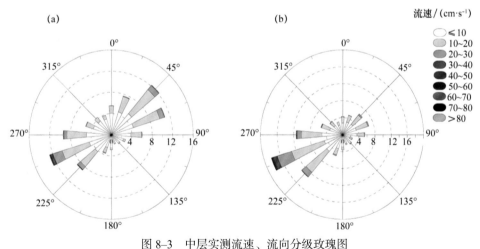

图 8-3　中层实测流速、流向分级玫瑰图
（a）整年；（b）夏季

（1）S1 站年主流向为 NE—E 向和 SSW—WSW 向，从表层往底层，西向流出现频率逐渐减小，东向流出现频率逐渐增大。表层和中层以 WSW 向流动年出现频率最大，分

别为 13.1% 和 12.6%，底层 NE 向流动年出现频率最大，为 14.6%。

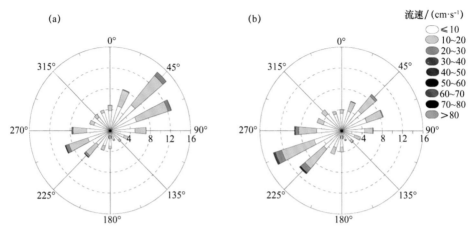

图 8-4   底层实测流速、流向分级玫瑰图

（a）整年；（b）夏季

（2）S1 站流动有明显的季节变化。春季，表层和中层 WSW 向流动出现频率最大，分别为 18% 和 15.5%，底层则为 NE 向，为 12.7%。夏季，表、中、底层均为 WSW 向，出现频率分别为 13.1%、18.2%、14%。秋季，表层为 WSW 向，出现频率为 15.3%，中层和底层则为 NE 向，出现频率分别为 13.6% 和 16.9%。冬季，表层为 ENE 向，出现频率为 12%，中层和底层均为 NE 向，出现频率分别为 18.4% 和 19.7%。

（3）S1 站流速较小，且从表层往底层逐渐减小，表、中、底层的流速平均值分别为 10.8 cm/s、8.6 cm/s、8.4 cm/s。各向中，WSW 向年平均流速最大，表、中、底层平均流速分别为 17.6 cm/s、14.4 cm/s、11.4 cm/s。在正常天气下，观测点各层的实测最大流速一般小于 50 cm/s。

8.2.2.2 潮流调和分析

利用一年的流速、流向数据分析计算得到 S1 站表、中、底 3 层主要分潮椭圆要素（表 8-2）。表中各分潮中下标 a、sa、m、f、1、2、4、6 分别代表分潮的大概周期为 1 年、半年、1 个月、半个月、1 d、1/2 d、1/4 d、1/6 d，椭圆短轴正（负）值表示潮流椭圆逆（顺）时针旋转，倾角是指椭圆长轴与 X 轴（E 向）逆时针旋转的夹角，相位表示格林尼治时对应的相位角。

可以看出：① S1 站潮流很弱，其中主要日潮、半日潮分潮流 O_1、K_1、M_2、S_2 长轴值表层分别为 2.47 cm/s、2.96 cm/s、4.95 cm/s、1.61 cm/s，中层分别为 2.31 cm/s、2.54 cm/s、5.38 cm/s、1.29 cm/s，底层分别为 2.09 cm/s、2.25 cm/s 、4.61 cm/s 、1.09 cm/s。年分潮流 S_a、半年分潮流 S_{sa}、月分潮流 M_m、半月分潮流 M_f 长轴最大值为分别 4.08 cm/s、2.52 cm/s、2.51 cm/s、1.51 cm/s。② 表、中、底 3 层的潮流形态比 F=（K_1+O_1）/M_2 分别 1.10、0.90、0.94，表明 S1 站为不规则半日潮流。③ 表层 O_1、K_1、M_2、S_2 4 个主要分潮

流短轴与长轴的比值，表层分别约为 –0.09、0.28、0、–0.20，中层分别为 0.50、0.43、0.05、0.02，底层分别为 0.29、0.29、0.05、0.05，表明该站表现为略带旋转的往复流性质，且几个主要分潮流一般表现为逆时针旋转。

表 8–2　S1 站各层潮流椭圆要素

分潮		角频率	表层				中层				底层			
			长轴	短轴	倾角	相位	长轴	短轴	倾角	相位	长轴	短轴	倾角	相位
		周 /h	/cm	/cm	/(°)	/(°)	/cm	/cm	/(°)	/(°)	/cm	/cm	/(°)	/(°)
1	S_a	0.000 11	1.64	1.23	33	74	4.08	–0.38	36	352	3.14	–0.29	36	357
2	S_{sa}	0.000 23	2.52	–1.37	34	166	0.85	0.20	37	4	1.00	–0.02	25	2
3	M_m	0.001 51	2.51	0.44	35	304	0.77	–0.01	32	231	0.27	0.13	40	245
4	M_f	0.003 05	1.42	–0.10	37	101	1.51	0.02	19	76	0.89	0.09	32	68
5	Q_1	0.037 22	0.45	0.37	137	176	0.62	0.16	53	99	0.44	0.06	35	54
6	O_1	0.038 73	2.47	–0.22	62	142	2.31	1.15	47	141	2.09	0.60	30	115
7	P_1	0.041 55	0.61	0.26	174	233	0.92	0.20	24	144	1.08	0.15	14	141
8	S_1	0.041 67	1.55	–0.87	103	164	1.41	–0.18	23	59	0.67	–0.22	42	46
9	K_1	0.041 78	2.96	0.82	52	194	2.54	1.08	40	182	2.25	0.66	28	159
10	N_2	0.079 00	0.81	–0.08	46	137	0.73	0.10	56	146	0.52	0.12	21	108
11	M_2	0.080 51	4.95	0.01	39	201	5.38	0.27	35	200	4.61	0.22	34	191
12	S_2	0.083 33	1.61	–0.33	46	284	1.29	0.03	22	265	1.09	0.05	26	262
13	K_2	0.083 56	1.41	0.11	33	264	1.60	0.12	26	269	1.16	0.01	31	267
14	M_4	0.161 02	0.21	–0.05	20	202	0.26	–0.09	24	234	0.18	–0.02	25	219
15	MS_4	0.163 85	0.21	–0.03	155	193	0.28	–0.10	5	339	0.28	0.02	30	262
16	M_6	0.241 53	0.18	–0.09	171	109	0.10	–0.06	9	243	0.14	–0.03	152	85

8.2.2.3　非台风期间潮流与潮汐的关系

挑取 2011 年 5 月期间的中层潮流流速、流向与潮位的过程曲线（图 8–5），可以看出：S1 站潮汐与潮流之间有明显的对应关系。当潮差最小，即日潮最弱时，相应的半日朝最强，此时潮流流速最大；当潮差最大，即日潮最强时，相应的半日朝最弱，潮流流速最小，表现为不规则半日潮流。从潮流流向的变化可以看出 S1 站表现出略带逆时针方向旋转的性质。

8.2.2.4　台风期间潮流特征

2011 年 9 月 24 日上午，强台风"纳沙"在西北太平洋洋面上生成，9 月 27 日 07 时在菲律宾吕宋岛东部沿海登陆，29 日 14 时 30 分前后在海南文昌市翁田镇沿海登陆，21

时 15 分左右在广东徐闻角再次登陆，30 日 11 时 30 分在越南北部广宁沿海登陆。

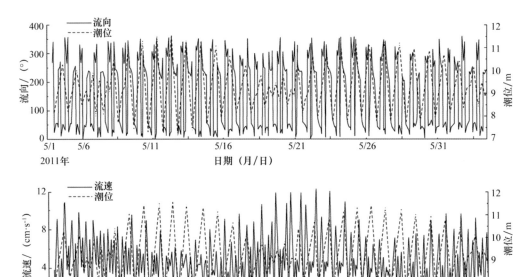

图 8–5　流速、流向与潮位的关系

对 S1 站秋季（2011 年 9—11 月）的表、中、底 3 层流速、流向进行分级统计，结果可以看出：S1 站受白龙半岛的地形走向制约，主流向为 NE—E 向和 SSW—WSW 向，但各层主流向的出现频率不同，从表层往底层，西南向流出现频率逐渐减小，东北向流出现频率逐渐增大。表层出现频率最多的方向为 WSW 向，约为 15.3 %；中层和底层则为 NE 向，频率分别为 13.6 % 和 16.9 %。在正常天气下，观测点各层的实测最大流速一般小于 50 cm/s，但在台风期间，则流速可达平时流速的 2 ~ 3 倍，且风应力对表层流速的影响远大于底层。年最大流速出现在"纳沙"台风期间，表、中、底层最大流速分别为 103.7 cm/s、94.1 cm/s、71.0 cm/s（图 8–6，表 8–3 至表 8–5）。

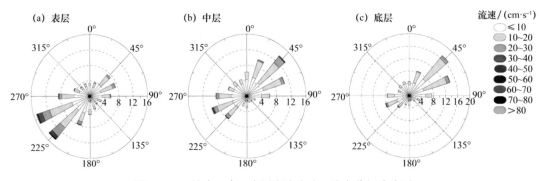

图 8–6　S1 站表、中、底层潮流流速、流向分级玫瑰图

从各季各向流速最大值统计中也同样可以看出，风应力对观测点流速的影响较大，在台风期间，流速远大于平时流速观测值，且风应力对表层流速的影响远大于底层。

表 8–3　各季及各向流速最大值统计（表层）　　　单位：cm/s

季节	N	NNE	NE	ENE	E	ESE	SE	SSE	S	SSW	SW	WSW	W	WNW	NW	NNW
春	18.3	22.8	24.8	34.6	34.8	23.5	19.5	15.7	16.1	29.3	52.6	77.3	33.3	27.8	22.2	14.0
夏	33.2	31.6	40.6	46.4	40.4	39.4	17.3	38.1	24.8	49.0	81.3	89.9	58.7	38.1	22.6	28.4
秋	18.5	27.8	29.5	32.1	31.8	25.6	22.9	27.6	25.8	45.0	103.3	103.7	54.3	31.2	24.7	20.6
冬	15.3	18.6	29.8	28.7	21.8	21.1	19.2	38.0	33.7	40.0	37.9	37.0	20.6	23.5	13.0	12.8
年	33.2	31.6	40.6	46.4	40.4	39.4	22.9	38.1	33.7	49.0	103.3	103.7	58.7	38.1	24.7	28.4

表 8–4　各季及各向流速最大值统计（中层）　　　单位：cm/s

季节	N	NNE	NE	ENE	E	ESE	SE	SSE	S	SSW	SW	WSW	W	WNW	NW	NNW
春	15.2	25.2	29.9	32.8	22.4	19.3	19.2	17.3	12.6	21.1	48.5	59.0	36.8	16.9	19.9	21.0
夏	23.3	22.6	27.4	25.1	23.3	20.2	29.3	15.7	14.4	28.9	31.5	71.5	52.2	33.9	24.4	19.1
秋	18.9	31.2	38.3	33.0	22.5	13.3	21.3	10.5	17.9	19.2	46.5	94.1	31.0	24.3	17.2	18.0
冬	18.9	19.2	28.5	30.8	20.1	17.4	14.6	10.7	12.9	15.3	23.1	25.6	18.5	17.0	13.3	14.9
年	23.3	31.2	38.3	33.0	23.3	20.2	29.3	17.3	17.9	28.9	48.5	94.1	52.2	33.9	24.4	21.0

表 8–5　各季及各向流速最大值统计（底层）　　　单位：cm/s

季节	N	NNE	NE	ENE	E	ESE	SE	SSE	S	SSW	SW	WSW	W	WNW	NW	NNW
春	16.9	29.3	28.5	28.0	23.7	18.0	18.2	19.4	17.6	20.9	30.4	32.2	22.9	13.5	21.1	
夏	22.3	23.4	27.2	27.2	20.9	17.2	21.3	21.3	17.1	19.6	47.8	41.5	18.9	17.6	16.7	
秋	22.2	23.7	27.4	33.8	18.5	17.6	13.1	12.2	15.3	13.1	43.8	71.0	18.5	19.2	15.5	
冬	19.4	19.9	29.8	25.5	25.6	14.6	13.7	14.8	14.2	12.3	16.1	17.4	13.1	15.0	15.5	
年	22.3	29.3	29.8	33.8	25.6	18.0	21.3	21.3	17.6	20.9	47.8	71.0	22.9	19.2	21.1	

8.2.3　余流特征

余流通常指实测海流资料中除去周期性流动（天文潮）之外，剩余的那部分流动。包括潮汐余流、风海流和密度流等非周期性流动。余流直接指示着水体的运移和交换，对海水中悬浮及可溶性物质的稀释、扩散和输运起重要的作用，尤其是在沿岸及港湾，所以研究其运动规律及演变趋势更有意义。

8.2.3.1　正常天气余流特征

正常天气情况下S1站余流流速较小，观测点各层的余流流速一般小于 10 cm/s，表层的余流流速平均值为5.7 cm/s，中层为3.5 cm/s，底层为3.1 cm/s，余流流速从表层往底层有逐渐减小的规律。各向中，WSW向年平均余流流速最大，表、中、底层平均余流流速分别为11.2 cm/s、8.5 cm/s、7.0 cm/s（图8-7）。春季，表层各向平均余流流速最大值出现在WSW向，为10.9 cm/s，中层和底层最大值出现在ENE向和NE向，分别为8.7 cm/s 和7.2 cm/s；夏季，表、中、底层各向平均余流流速最大值均出现在WSW向，分别为14.4 cm/s、8.9 cm/s、6.3 cm/s；秋季，表层各向平均余流流速最大值出现在SW向，为9.4 cm/s，中层最大值出现在WSW向，为8.9 cm/s，底层最大值出现在NE向，为7.5 cm/s；冬季，表层各向平均余流流速最大值出现在SW向，为8.6 cm/s，中层最大值出现在ENE向，为7.7 cm/s，底层最大值出现在NE向，为7.3 cm/s。

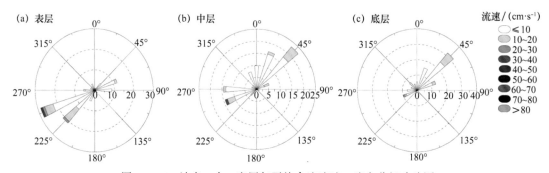

图8-7　S1站表、中、底层年平均余流流速、流向分级玫瑰图

8.2.3.2　台风期间余流特征

2011年9月29日，第17号强台风"纳沙"影响海南、广东、广西等地，海南、广东、广西部分地区出现强风雨天气。据统计，28日20时至30日14时，广西南部沿海出现11～14级大风。2011年9月24日，台风"纳沙"在西北太平洋洋面上生成，9月26日夜间和29日07时，"纳沙"台风二次加强成为强台风。9月27日07时在菲律宾吕宋岛东部沿海登陆，29日14时30分在海南文昌市翁田镇沿海登陆，21时15分在广东徐闻角尾乡再次登陆，30日11时30分在越南北部广宁沿海登陆，20时在越南北部减弱为热带低压。

将2011年9月27日至10月5日"纳沙"台风期间S1站逐时的低频流动绘制成过程曲线（图8-8），图中横轴的时间间隔为1 h。由图8-8可以看出，正常天气期间，各层低频流小于20 cm/s，方向为N向和NE向。台风登陆前后，流速有较大变化。

（1）从9月29日20时起，当台风登陆期间观测点各层流向从NE方向迅速沿顺时针方向转成SW向，很快到最大值，其中表层逐时低频流流速最大值达60.9 cm/s，随着水深的增加，风应力对水体的作用迅速减小，中层低频流流速为47.6 cm/s，底层仅为31.1 cm/s。

（2）从 10 月 1 日以后，台风开始移走，此时观测点各层流速逐渐减小，流向也逐渐恢复到 N 向和 NE 向，但各层恢复的速度不一样，底层恢复快，10 月 1 日 02 时流向就恢复常态。中层与表层相差不大，但表层恢复最慢，10 月 2 日 20 时后流向才转向 NE 向。

（3）从表层往底层，流速最大值出现时间逐渐推迟，底层比表层延时约 2 h。

（4）对每日逐时的低频流流速进行日平均计算，9 月 30 日，表、中、底层余流日平均值分别达 40.0 cm/s、34.2 cm/s、21.7 cm/s。

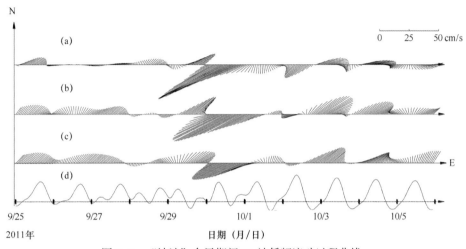

图 8-8 "纳沙"台风期间 S1 站低频流动过程曲线
（a）表层，（b）中层，（c）底层，（d）潮位过程曲线。时间轴节点表示 0 时

与历年登陆广西沿海台风相比，"纳沙"台风的影响不是最强的。但是在"纳沙"台风影响下，原本东北向流，突然变成西南向流，日平均流速表层 40.0 cm/s，中层 34.2 cm/s，底层 21.7 cm/s。表层余流最大流速为 60.9 cm/s，超出正常值 3 倍。这种现象在其他区域是很少见的。

8.2.3.3 台风期间最大波高

9 月 30 日 08—09 时波高最大，实测波高达到 6.3 m，波向 SE 向，然后随着波向向南和西南向移动，风速减弱，波高迅速降低（图 8-9）。

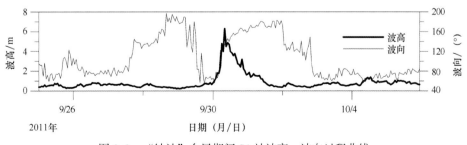

图 8-9 "纳沙"台风期间 S1 站波高、波向过程曲线

8.3 潮流和余流产生机制分析

8.3.1 风的影响

表8-6为防城港气象站观测结果,该站位于观测点东北方向约7 km处。根据表8-6,2011年9月28日,台风登陆前,白龙尾半岛风向主要为NW—NNW向,02—20时平均风速只有2.0 m/s。9月29日,风向开始偏向东北,风速也迅速增大,02时,风速为2.9 m/s,08时和14时风速分别达到6.2 m/s和6.1 m/s,20时,风速达到10.2 m/s,日平均风速为6.4 m/s。9月30日,除02时风速较小外,08时、14时、20时,风速分别为9.1 m/s、7.1 m/s、4.7 m/s,日平均风速最大,达8.5 m/s,风向开始转为SE向。10月1日开始,风速明显减弱,风向逐渐向西偏转,为S—WS向。

表8-6 防城港气象站风速和风向统计

时间 (年—月—日)	02时		08时		14时		20时		平均风速 / (m·s⁻¹)
	风速 / (m·s⁻¹)	风向	风速 / (m·s⁻¹)	风向	风速 / (m·s⁻¹)	风向	风速 / (m·s⁻¹)	风向	
2011-09-28	1.0	W	1.5	NW	4.5	NNW	1.0	N	2.0
2011-09-29	2.9	N	6.2	NW	6.1	N	10.2	EN	6.4
2011-09-30	1.3	SE	9.1	SE	7.1	SE	4.7	SW	8.5
2011-10-01	2.8	S	1.9	S	2.3	WS	1.5	SE	2.1
2011-10-02	1.3	NW	2.8	N	4.1	N	4.1	N	3.1
2011-10-03	6.6	N	6.6	N	7.6	N	6.5	N	6.8
2011-10-04	6.1	N	7.1	N	8.4	N	7.1	N	7.2
各时次平均	4.8	—	5.0	—	5.7	—	5.0	—	5.1

风况变化与岸站(F1)相对应的观测点(S1)余流流速变化基本一致。由此可见,余流大小变化与风的作用有关。

8.3.2 补偿流的影响

对白龙尾的海流观测资料进行滤波后得到余流结果进行分析,由冬季3个月平均的表、中、底层余流矢量玫瑰图(图8-10)可以看出,表层受风的影响,余流流向呈东南向,但中层和底层的余流则指向东北,特别是底层更加明显。这与夏季余流(图8-11)相反,表明这里夏季是气旋式环流,这也与高劲松等(2015)的分析结果一致。冬季是反气旋环流,夏季是气旋式环流。两种不同形式的环流导致温盐分布形式也不同。图8-12是断面B08—B14盐度分布,可以看出,夏季盐度底层明显向浅水(近岸)弯曲,这是上升流引起的;而冬季,近岸盐度曲线则有向岸外弯曲的趋势,这是下降流的盐度典型分布特征(陈波等,2009;高劲松和陈波,2014)。

90

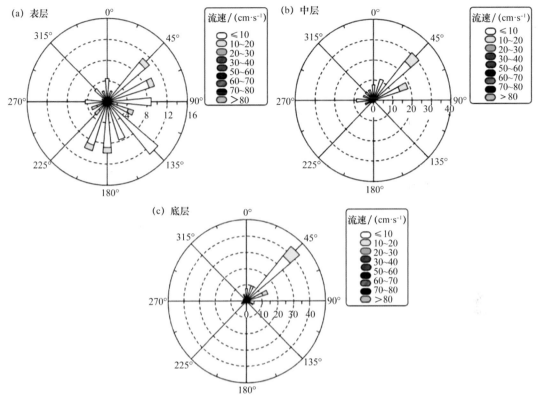

图 8-10　冬季余流流速、流向分级玫瑰图

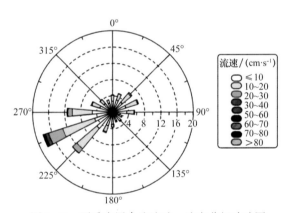

图 8-11　夏季中层余流流速、流向分级玫瑰图

8.3.3　地形的影响

观测点位于北部湾北侧的广西白龙半岛海域，它的东面为防城港湾，西面为珍珠湾。防城港湾被 NE—SW 走向的渔氵万岛分成两部分，湾口东面为企沙半岛，西面为白龙半岛，湾内有防城河注入。珍珠湾呈漏斗状，东部、北部丘陵直逼海湾，西部由沙堤或海堤所围，

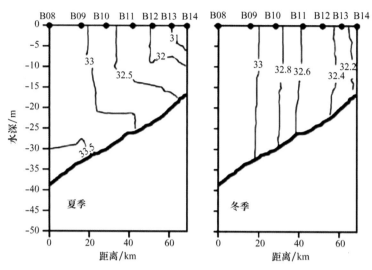

图 8-12 断面 B08—B14 位置示意图及 2006 年冬季和夏季断面盐度分布

仅南面湾口与北部湾相通。口门西面为氵万尾岛，东面为白龙半岛，湾顶有江平江、黄竹江注入。据气象资料统计，观测点冬半年盛行东北季风，风力较强而稳定；夏半年盛行西南季风，东北季风期长于西南季风期。受地理环境条件限制，加之北部湾海区尺度小，广西沿岸海域本身未能形成独立的潮波系统，它主要受制于北部湾的潮波系统。潮汐、波浪、沿岸流、风应力等多种因子使观测点附近海域水动力状况较为复杂。据文献报道（陈波和侍茂崇，2001；陈波和魏更生，2002；陈波和邱绍芳，2000b），广西港湾水位增减过程具有自己的特点：在增水前期一般出现一次减水过程，然后迅速增水，增水幅度大，上升快，每次台风诱发增水一般都达 1 m 以上；而减水时间长，下降慢，可以延续 10 ~ 20 h 甚至更长。在防城港及珍珠湾附近海区，由于白龙半岛向西南插入北部湾，所以，外海水在向白龙半岛移动时受阻。此时，来自沿岸的防城河、江平江、黄竹江入海径流仍然势力很强，并直逼外海水，外海水受到径流冲淡水冲击后，不得不改变原来的流动方向，所以在白龙半岛的西南处构成一个逆时针环流模式，这一环流模式在夏季受到东南季风的作用下在向岸推进的过程中，水深突然变浅，底摩擦作用产生，水质点向前移动的速度减慢，故该环流仍基本维持在白龙半岛以近，向近岸推进的范围不大。所以，在珍珠湾附近海域并未构成独立的环流系统，是由径流冲淡水作为补充的西向风浪流以及白龙半岛深水处的环流联合作用所致。但由于白龙半岛地形的影响，这股混合环流在靠近海岸时主流向发生了改变，从而形成了 NE—SW 向为主的沿岸流。S1 站位的实测流速大小及流向证实了地形的作用，如 2011 年 9 月 29—30 日强台风"纳沙"影响期间，受白龙半岛地形走向的制约，主流向为 NE—E 向和 SSW—WSW 向，从表层往底层，东北向流出现频率逐渐增大，台风"纳沙"影响期间，表层实测流速出现了 103.7 cm/s 的最大流速，而其他方向的流速均较小，一般小于 50 cm/s，SW 向余流流速最大值达 60.9 cm/s。

8.4　小结

（1）根据"纳沙"台风期间广西白龙尾近岸定点 S1 站高分辨率连续的实测海流剖面资料进行初步分析得出：潮汐属于正规全日潮类型，潮流性质则为不规则半日潮流，主要日分潮 K_1 和 O_1 的振幅分别为 87.5 cm 和 94.3 cm。无台风期间，观测点各层的余流流速一般小于 10 cm/s，余流流速从表层往底层有逐渐减小的规律。在台风登陆期间，观测点各层流向从 NE 方向迅速从顺时针方向转成 SW 向，表层最大流速值可达 60.9 cm/s，超出正常值 3 倍。随着水深的增加，风应力对水体的作用迅速减小，底层低频流流速最大值为 31.1 cm/s。台风对余流有重要的影响作用。

（2）与观测点（S1）相近 1 km 岸站（F1）的水位变化比较同样得出，台风登陆期间岸站（F1）水位达最大，而位于观测点的余流值也出现最大，说明余流大小变化与风的作用有关。除此之外，余流最大值与沿岸补偿流及地形也有密切关系。

第9章 广西沿海风暴潮数值计算研究

影响广西沿岸的热带气旋，一般出现在每年的 5—11 月，主要影响时段是夏季（7—9 月）。广西沿岸不同港口的风暴潮增减水位是不一样的：铁山港最大增水 2.33 m，发生在 1971 年 6 月 2 日，最大减水 –1.22 m，则发生在 1971 年 10 月 10 日；钦州湾最大增水 1.53 m，发生在 1980 年 7 月 23 日，最大减水 –1.67 m，则发生在 1973 年 10 月 14 日；防城港最大增水 2.00 m，发生在 1983 年 7 月 18 日，最大减水 –1.40 m，则发生在 1985 年 10 月 21 日。廉州湾主要影响范围为北海市郊区及南流江口一带，由于南流江口门沿岸地势低洼，往往易出现严重风暴潮灾害。据历史记载，1906 年 9 月 20 日一次台风过程，在湛江登陆后转而西进北部湾，在北海市风暴潮增水 2.5 m，仅合浦、北海的死亡人数就超过 1000 人。1964 年 7 月 3 日的 6403 号台风再次袭击廉州湾，增水达到 1.86 m。因此，我们选择影响广西沿海两次最重要的热带气旋 7703 号和 7812 号在北部湾及广西中部廉州湾的增减水过程，研究风暴潮增减水的规律，以便加强对风暴潮的预报，减少风暴潮灾害的巨大损失。

本节采用二维平均流非线性数值模型，模拟了经过北部湾并影响广西沿岸的 7703 号和 7812 号热带气旋所产生的非周期性水位的变化。

9.1 计算区域及计算方程

9.1.1 计算区域

计算区域分为大小两区的嵌套结构：大区为北部湾，范围是 18° 20′—22° 00′ N，105° 30′—110° 05′ E。北部湾南部开口处和东部琼州海峡为水界，其他则为固定边界。大区网格为 1/12 纬度和 1/12 经度，网格间距约 9000 m，计算网格如图 9–1 所示；小区为广西海岸中部南流江出海口三角洲水域，外边界为东从冠头岭、西至钦州湾东缘的大面墩的连线，计算网格间距 500 m，计算区域及边界如图 9–2 所示。由于南流江三角洲地势平缓，涨、落潮滩涂面积变化大，固定边界的计算方法会带来较大误差，因此，小区计算采用变边界模型。小区开边界的诸时水位由大区计算提供。

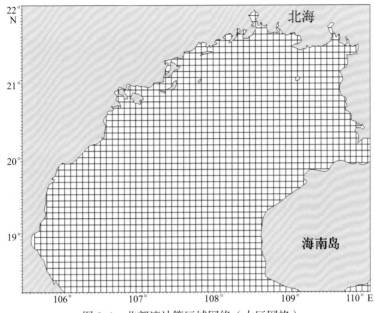

图 9-1　北部湾计算区域网络（大区网格）

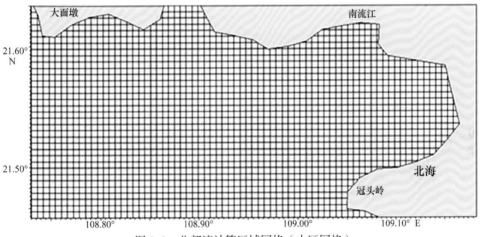

图 9-2　北部湾计算区域网络（小区网格）

9.1.2　风暴潮二维平均流非线性数值模型

$$\frac{\partial U}{\partial t} + U\frac{\partial U}{\partial x} + V\frac{\partial U}{\partial y} - fV + \frac{C_b U\left(U^2 + V^2\right)^{\frac{1}{2}}}{H} + g\frac{\partial \zeta}{\partial x} + \frac{1}{\rho H}\tau_{x,s} = 0 \tag{9-1}$$

$$\frac{\partial V}{\partial t} + U\frac{\partial V}{\partial x} + V\frac{\partial V}{\partial y} + fU + \frac{C_b V\left(U^2 + V^2\right)^{\frac{1}{2}}}{H} + g\frac{\partial \zeta}{\partial x} + \frac{1}{\rho H}\tau_{y,s} = 0 \tag{9-2}$$

$$\frac{\partial \zeta}{\partial t} + \frac{\partial}{\partial x}\left(HU\right) + \frac{\partial}{\partial y}\left(HV\right) = 0 \tag{9-3}$$

式中，ζ 为增水位，$H=h+\zeta$，h 为水深；f 为科氏参数；g 为重力加速度；$\tau_{x,s}$、$\tau_{y,s}$ 分别为 x、y 方向的海面风应力；C_b 为底摩擦应力；$U=\dfrac{1}{h+\zeta}\displaystyle\int_{-h}^{\zeta}u\,\mathrm{d}z$，$V=\dfrac{1}{h+\zeta}\displaystyle\int_{-h}^{\zeta}v\,\mathrm{d}z$ 分别为 x、y 方向的深度平均流速。

上述 3 个方程与相应的海岸边界条件和水边界的辐射边界条件一起，构成了求解风暴增减水和流速的基本方程组。

9.1.3 数值模拟基本思路

（1）采用有限差分半隐半显格式，差分网格为交错网格，边界的干湿判断是根据各网格点的水深和邻近网格点的水位来确定。计算湿点的流速，干点流速不计算，固体边界法向流速为 0。

（2）考虑到覆盖三角洲的风场仅为热带气旋风场的一部分，又不均匀，它不能由实测的资料中获得，故在计算中采用如下模型风场：

$$w=w_{\max}\cdot\left(\frac{r}{R_m}\right)^{1.5}\qquad 当\ 0\leqslant r\leqslant R_m \qquad（9-4）$$

$$W=W_{\max}\cdot\exp[(R_m-r)/\beta]\qquad 当\ r\geqslant R_m \qquad（9-5）$$

式中，W 为计算点风速；$W_{\max}$ 为海面最大风速；R_m 为最大风速半径；r 为计算点到热带气旋中心的距离；β 为风速随着距离的衰减系数。以上各参数可从台风年鉴中取得。在求得计算点风速后，海面风应力可通过下列公式求得：

$$\vec{\tau}_S=C\rho_a\vec{W}|\vec{W}| \qquad（9-6）$$

式中，ρ_a 为空气密度；C 为经验常数，取值 2.6×10^{-3}。

（3）在有限差分中，空间变量采用中差，时间导数采用前差，底摩擦项为半隐半显式。计算顺序是先求出增（减）水高度 ζ，然后再求出平均流速 U 和 V。

（4）小区计算海图为 1∶5 万的高德 6-49-87，滩涂地带地形系 1985 年实测结果。

9.2 典型台风模拟结果分析

9.2.1 7703 号热带气旋引起增减水过程

图 9-3 至图 9-5 是 7703 号热带气旋在广西沿海登陆时，在廉州湾三角洲顶端、涠洲岛和白龙尾引起的风暴潮增减水高度及历经过程。实线是这 3 个区域的潮位站实测资料，虚线是数值计算结果。从图 9-3 至图 9-5 中可以看出，7703 号热带气旋进入广西沿海后，对中西部影响更为显著。计算结果表明，廉州湾极值增水 130 cm，极值减水 –51 cm；白龙尾极值增水 132 cm，极值减水 –28 cm；涠洲岛极值增水 89 cm，极值减水 –57 cm。与这 3 个海域的验潮站实测潮

位资料去掉天文潮水位之后剩余值（通常认为是风暴潮）相比较，其水位变化趋势是一致的，极值增水拟合较好，但是，极值减水相差略大，峰值出现时刻也有几个小时的不同（表 9–1）。

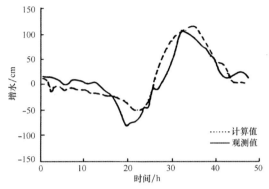

图 9–3　7703 号热带气旋在廉州湾三角洲顶端增水过程曲线

起始时间为 1977 年 7 月 20 日 08:00

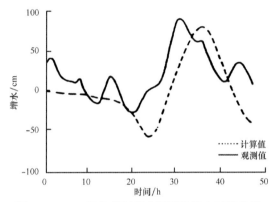

图 9–4　7703 号热带气旋在涠洲岛增水过程曲线

起始时间为 1977 年 7 月 20 日 08:00

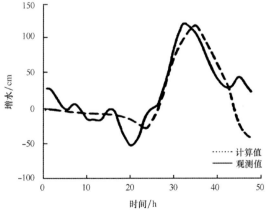

图 9–5　7703 号热带气旋在白龙尾增水过程曲线

起始时间为 1977 年 7 月 20 日 08:00

由图 9–5 中还可以看出，当 7703 号热带气旋还没有进入北部湾时，广西沿岸都吹离岸风，出现大约 20 h 的减水过程；热带气旋进入北部湾之后，沿岸港湾进入增水阶段，持续时间约 10 h；风暴登陆（7 月 18 日 20 时），增水达到最大，然后迅速降低，但是恢复到正常水位，仍需 20 h 左右。

表 9–1　7703 号热带气旋在广西沿海产生的增减水特征值

	极值增水 /cm		极值减水 /cm		极值增水出现时差 /h
	实测值	计算值	实测值	计算值	
涠洲岛	95	89	−29	−57	5.2
廉州湾	127	130	−85	−51	2.6
白龙尾	133	132	−54	−28	2.7

注：极值增减水时差，系计算极值出现时间与实测时间之差，正值表示计算值比实测落后。

9.2.2　7812 号热带气旋引起增减水过程

图 9–6 至图 9–8 是 7812 号热带气旋进入广西沿海之后产生的风暴增减水过程。这是 20 世纪 60 年代之后、90 年代之前影响广西中东部另一个重要的风暴事件。虽然不及 7703 号热带气旋的强度，但是，其增减水趋势也是相当明显的（表 9–2）。

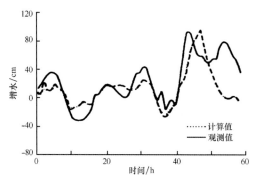

图 9–6　7812 号热带气旋在廉州湾三角洲顶端增水过程曲线

起始时间为 1978 年 8 月 26 日 08:00

从表 9–2 中可以看出，涠洲岛、廉州湾风暴潮增水比 7703 热带气旋增水分别减少 22 cm 和 26 cm（实测值），但是广西西部白龙尾却减少 59 cm，远大于东部减水值。

表 9–2　7812 号热带气旋在广西沿海产生的增减水特征值

	极值增水 /cm		极值减水 /cm		极值增水出现时差 /h	极值减水出现时差 /h
	实测值	计算值	实测值	计算值		
涠洲岛	73	69	/	−9	1	−1.5
廉州湾	101	102	−17	−27	3.6	0
白龙尾	74	69	−24	−5	5.7	1.5

注：极值增减水时差，系计算极值出现时间与实测时间之差，正值表示计算值比实测落后。

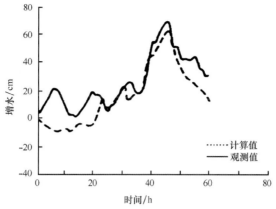

图 9–7 7812 号热带气旋在涠洲岛增水过程曲线

起始时间为 1978 年 8 月 26 日 08:00

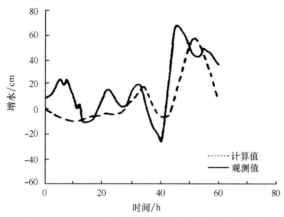

图 9–8 7812 号热带气旋在白龙尾增水过程曲线

起始时间为 1978 年 8 月 26 日 08:00

此外，7812 号热带气旋增减水过程与 7703 号有显著不同：从图 9–6 至图 9–8 中可以看出，7812 号热带气旋进入北部湾之前，在海南岛东、东北部和琼州海峡持续时间约 40 h，因此，广西沿岸增水位变化不大，涠洲岛和白龙尾的增减水幅度只在 0 ~ 20 cm 范围，廉州湾虽比上述两站稍大，也只在 –20 ~ +20 cm 之间变化。进入北部湾之后，仅 5 h 就在北部登陆（8 月 28 日 08 时），引起极值水位出现。

9.3 两次热带气旋路径分析

图 9–9 至图 9–10 中给出 7703 号和 7812 号两个热带气旋影响北部湾海面时风暴潮位分布情况。从图 9–9 至图 9–10 中可以看出，7703 号热带气旋引起的风暴水位，在北部湾中部最小，然后向岸增大，从越南海防至广西北海一带，都在 1 m 以上，白龙尾和廉州湾三角洲都达到

1.3 m 上下。水位梯度也很大。这种分布特点与气旋路径及其旋转风场是一致的。在湾顶处风暴潮增水最大，因为这里水浅，又处于风暴中心的右侧，风速较大。然而，7812 号热带气旋路径显著偏东，风暴潮增水最大值是从北海向东至铁山港一带。所以白龙尾风暴潮增水比 7703 号热带气旋减少 59 cm。但是，不管热带气旋路径偏西还是偏东，对廉州湾三角洲的影响都是显著的。此外，风暴潮流速度也很大，数值计算结果表明流速也超过 1 m（陈波和侍茂崇，2001）。

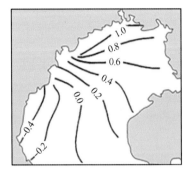 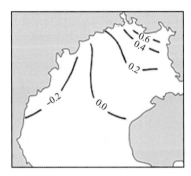

图 9–9　7703 号热带气旋在北部湾的风暴潮潮位分布　　图 9–10　7812 号热带气旋在北部湾的风暴潮潮位分布
1977 年 7 月 20 日 18 时，单位：m　　　　　　　　　　　　1978 年 8 月 28 日 08 时，单位：m

9.4　小结

采用大区与小区嵌套的方法，解决广西沿海开阔水域边界赋值的困难，到达近岸后，用二维变边界数值模型，模拟广西沿岸浅水域风暴潮，结果与实测比较吻合。我们选择 7703 号和 7812 号热带气旋来模拟广西沿海风暴潮是有典型意义的：7703 号热带气旋登陆路径偏西，对北海的廉州湾三角洲、北海西部钦州湾、防城港都有重要影响。而对北海市东部铁山港影响则较小；相反，7812 号热带气旋登陆路径偏东，对廉州湾三角洲及其以东的铁山港影响显著，而对西部钦州湾、防城港影响明显降低。

偏西路径的风暴潮发展过程大致有 3 个阶段：在风暴未进入北部湾之前，广西近岸基本是非周期性减水，但是减水幅度不大，在平均海平面上下变化；热带气旋进入北部湾之后，水位在经历一个短暂的降低之后，迅速上升；风暴登陆之后，增水开始降低，但是一般要 20 h 左右，才归于平静。

偏东路径的风暴潮与偏西基本相同，只是在热带风暴进入北部湾之前，广西沿海增减水呈 2 ~ 3 个周期波动，振幅显著增大，南流江三角洲变幅在 – 40 ~ + 40 cm 范围内。即使远离路径中心的白龙尾，水位变幅也在 –10 ~ +20 cm 范围内变化。

广西沿海风暴潮增水最大值 2 m 上下，如果适值涨潮阶段，天文潮和风暴潮相加，产生高水位，危害甚大，风暴潮是广西沿海重要海洋灾害之一。风暴潮的预报已经成为各个部门关注的课题。

第10章 北部湾近岸风暴射流数值模拟研究

北部湾沿海常年遭受台风活动的影响，频发的台风活动除了造成湾内剧烈的增水变化之外，还会导致在沿岸形成较强的风暴射流，这对北部湾内的物质输运等有着重要影响。

为了进一步探究台风进入北部湾期间风暴射流的产生机制及其对北部湾的影响，本章基于位于北部湾沿海附近的锚定 ADCP 观测数据，并收集位于北部湾沿岸相关的实测水位数据，同时结合 ERA5 等再分析数据，建立了一个北部湾三维风暴潮数值模型，对"纳沙"等 5 种不同进入北部湾路径的台风过程进行了数值模拟，并对所得结果进行验证与分析。

同时也选取了 4 种进入北部湾路径的台风过程进行模拟，借以研究在不同进入北部湾路径的台风下，北部湾湾内的流场与输运变化的不同，以及进一步阐明台风进入北部湾期间琼州海峡西向输运变化与风暴射流的关系。

10.1 引言

北部湾潮汐与潮流主要以全日潮为主，涨落潮引起的潮差，从湾口向湾顶逐渐增加，沿岸平均潮差为 2.42 m，最大潮差为 6.25 m（陈波，2014）。北部湾常年遭受热带气旋及台风活动的影响，据统计，1950—2020 年，对北部湾产生影响的台风总数高达 337 个，年均约 4.74 个（陈宪云等，2013a；2013b）。台风过境可引发广西沿岸发生显著的风暴潮增水。仅 2013—2015 年在广西沿岸风暴潮增水超过 1.5 m 的就有两次，其中一次为超强台风"威马逊"，其在 2014 年 7 月登陆北部湾，引发的增水超过 1.65 m，为历年之最（陈宪云等，2013a；2013b）。登陆广西的台风引起海湾急剧的增减水变化对沿岸生产生活破坏巨大，造成的灾害损失严重，受到了各级政府的高度重视。频发的台风活动除了对北部湾造成严重的自然灾害之外，对北部湾沿海的物质输运、水产养殖、污染物质转移扩散以及生态环境等也有着重要的影响，特别是台风进入北部湾后激发产生的风暴射流，可导致海水流速在较短的时间内增强，与台风登陆引起的水位增减变化一样，同样会对北部湾沿岸的物质输运等有着重要影响。因此，深入探究台风进入北部湾之后激发产生风暴射流的机制以及风暴射流对水体输运的具体影响具有重要的现实意义。

10.1.1　风暴射流研究现状

风暴射流，又称为风暴流或风暴潮流等，是台风过境期间余流突然增强的现象，流速可达 1 m/s 左右，发生区域仅限于近岸一定的宽度（陈波等，2019）。受制于观测资料匮乏，对于近岸风暴射流的研究较为有限，国内外相关报道较少。

Allen（1973）将风生海流与水位梯度所导致的正压流动的共同作用命名为"射流"（jet），但该射流主要指在非台风条件下近海对于瞬时风应力的响应而产生的，通过锋生次级环流、相对涡度埃克曼输运的非线性影响以及次中尺度不稳定性等机制，流速为 0.4 ~ 0.9 m/s，尺度为 60 ~ 100 km（Allen et al.，1991），并且在射流区域内多存在着活跃的上升流与下降流（Koch et al.，2010）。

Hirose 等（2017）基于应用力学研究所（Institute of Applied Mechanics，RIAM）高分辨率海洋模型，发现强风尤其是台风过境，是日本海突然发生较强的沿岸流（称为 Kyucho）的主要原因，1004 号台风"电母"的到来导致沿海水域的表层流速增大为正常情况下的 3 ~ 5 倍；同时，沿岸流与岸线地形间的相互作用是诱发下游涡旋的关键因素，气象干扰激发近惯性运动，然后由惯性圆沿顺时针方向传播，并且在九州海岸线附近经常产生顺时针涡旋；在冬季较浓的混合条件下进行的附加实验表明，在模型研究区域未出现较强的沿岸流，而随着夏季层化加强，表层对气象干扰的响应也逐渐加强，此时将会出现加强的流动，因而季节性分层的存在是表层流强化的必要条件。

黄世昌等（2008）根据实测资料发现，超强台风登陆引起测站旁的风暴潮流流速最大可达 1.4 ~ 2.3 m/s，并且由于超强台风自身的强大风场，在其登陆浙江沿海时会改变当地海域的天文潮流场，使得沿岸更多地显示出风暴海流的流场特点，登陆点附近的海流受风场的驱动呈现出明显的单峰过程，离登陆点较远处的海流较弱，并且还受天文潮的干扰，出现了多峰风暴潮流的形态。

夏华永等（1999）通过建立北部湾三维风暴潮数值模型，并运用该数值模型对 8007 号台风进行耦合模拟，结果表明，当台风进入北部湾海域时，在风应力的作用下，在湾内形成一个气旋型风暴潮流，并且环流随台风中心移动，但环流中心滞后于台风中心的移动路径，同时在气旋式环流的右半侧风暴潮流的流速较大，其表层最大流速可达 1.2 m/s，由于底摩擦的影响，底层流速远小于表层，此外在越南东岸附近还形成了沿岸流，海水据此流向湾外。

张操（2014）通过数值模型结果发现，当台风中心移动进入北部湾后，北部湾北部海域表层余流在台风过境后同样会形成一个强的气旋式环流，并且在该海区内流速最大可达 0.4 m/s，而当台风在中越交界处登陆之后，北部湾沿岸余流仍旧保持较强的流速，其流速最大值可达 1.14 m/s，同时底层余流受表层余流的影响，同样也形成了一个强的气旋式环流，且环流中心相对于表层位置偏西。

10.1.2　琼州海峡西向流

琼州海峡是地处雷州半岛与海南岛之间的一个狭长海峡，是连接粤西海域与北部湾海域的关键通道，同时也是北部湾海域与外海进行水交换的重要通道。Shi 等（2002）、陈波等（2019）以及侍茂崇（2014）都指出，琼州海峡是潮汐相互作用较为活跃的区域之一，同时也存在终年自东向西的水体输运，其全年平均流速达 10 ~ 40 cm/s，同时也阐释了其流量在冬季为 0.2 ~ 0.4 Sv[①]，夏季为 0.1 ~ 0.2 Sv（侍茂崇，2014），动量平衡分析表明，琼州海峡中较强的西向流主要由潮汐潮流与变化的海底地形之间复杂的非线性相互作用所驱动的。

陈波等（2007）通过计算发现，在琼州海峡冬季海水输运都是从东向西，平均流量为 0.055 Sv，并且余流在琼州海峡北部最大，南部最小。严昌天等（2008）的计算分析结果表明，大潮期间琼州海峡向西输运的水体为 0.0484 Sv，小潮期间则为 0.0195 Sv。

此外，陈波等（2020）还通过资料分析发现，琼州海峡存在终年向西的余流，在冬季其余流的最大流速为 20 ~ 40 cm/s，比夏季大 10 ~ 30 cm/s，同时夏季由于降雨量的增多，入海径流也加强，导致粤西沿海海面高度显著升高，由于水平压强梯度力的影响，位于琼州海峡东侧并来源于珠江的高温低盐水向西通过琼州海峡到达北部湾沿岸中部，形成了东部沿岸西南向的沿岸流，同时也有利于位于北部湾北部的气旋式环流增强。

杨士瑛等（2006）通过收集并分析位于琼州海峡东西两侧以及北部湾沿岸附近的温盐观测数据，发现春季和夏季北部湾内的涠洲岛附近的盐度变化情况和琼州海峡中部与东部的基本相似，由此证明了在夏季琼州海峡西向流的存在，这会将琼州海峡东侧的粤西沿海夏季低温高盐水输运进入北部湾。Ding 等（2013）通过分析北部湾的一个锚定海流观测数据，同时结合数值模拟结果分析，发现北部湾在冬季和夏季都具有气旋式环流的特征，由于夏季存在层化现象，夏季北部湾所出现的气旋式环流是潮汐校正后的琼州海峡西向流与风驱动环流后造成的层化相结合的结果，此外，西南季风与入海径流的相互作用能够显著增强近地表的气旋式环流。

俎婷婷（2005）以琼州海峡作为开边界研究时发现，琼州海峡潮余流向西流入北部湾，在地形和岸界的影响下先转向西北而后向南流动，在北部湾南部出现一个反气旋式环流。在琼州海峡内给定流量为 0.1 Sv 的稳定西向流后，在北部湾北部的环流会产生逆时针弯曲，并同时伴随着越南沿岸流增强的现象，此时湾内海水从北部湾南部流出；而在给定流量为 0.1 Sv 的稳定东向流时，在北部湾北部则出现了反气旋式环流，在越南东部沿海海水流动则表现为由南向北流入。这表明，琼州海峡持续稳定的西向输运会促使在北部湾北部沿岸产生一个气旋式环流，而稳定的东向流则易产生反气旋式环流（陈波和侍茂崇，2019）。

---

① Sv 为海洋学使用的流量计量单位，1 Sv = 10^6 m³/s。

这些研究大多集中于季节内的变化，而吕蒙等（2019）计算了 2013 年 6—8 月琼州海峡余流通量，发现在台风登陆前，琼州海峡东西两侧会产生较大的水位梯度差，同时台风过境期间产生了陆架波，使得大量海水在粤西沿岸堆积，进一步造成了琼州海峡较强的西向输运产生。

虽然针对北部湾风暴潮的研究不少，并且风暴射流的出现也并非个例，但国内针对风暴射流这一明确定义并对其动力学进行探讨的相关研究并不多见，主要原因还是相关的观测资料较少，同时，通过数值模型进行的研究主要集中在对潮汐潮流的讨论以及台风登陆后引发的风暴潮造成的水位起伏方面，并未对风暴潮引发的强流甚至是对风暴射流的产生机制进行深入探讨。此外，对于琼州海峡西向流的变化，大多都集中于季节尺度上的变化研究上，并未讨论其在台风登陆期间的瞬时响应变化情况，也未深入探究琼州海峡西向流与风暴射流的内在联系。

本章主要结合"纳沙"台风期间在白龙尾海域的观测资料分析，并通过建立了一套位于北部湾的高精度 FVCOM 流场风暴潮数值模型，首先对 2011 年"纳沙"台风个例进行了数值诊断，揭示了风暴射流时空变化特征，并对北部湾沿岸风暴射流的产生机制、与琼州海峡西向流响应变化的关系进行了初步探讨，之后选取 4 个不同的进入北部湾的典型台风过程，进一步探讨不同台风登陆路径下，琼州海峡西向流响应变化与风暴射流变化的联系。

10.2 FVCOM 介绍

10.2.1 模型特点

本章采用了陈长胜教授领导的美国马萨诸塞大学（UMASSD）海洋科技研究院海洋生态动力学模型实验室与伍兹霍尔海洋研究所（WHOI）联合开发的有限体积海岸海洋数值模型（Finite–Volume Coastal Ocean Model，FVCOM）（Chen et al.，2003；2006）。该模型在数值模拟计算上主要采用了有限体积离散的方法，此方法结合了有限元法与有限差分法的特点对控制方程进行离散。同时，FVCOM 在水平方向上主要基于无结构的三角网格进行离散与数值求解，其最大的优势是能够较好地拟合不规则的岸线与岛屿；FVCOM 在垂直方向上主要采用 σ 坐标，在垂向混合计算上采用了湍流闭合模型，即 Mellor–Yamada 模型，此模型与 σ 坐标相结合，能够更好地模拟底边界情况（宋倩，2014）。此外，FVCOM 还采用了内外模分离计算的方法，其中外模为二维，主要负责水位与平均流速的计算，内膜为三维，主要负责计算三维流速、温盐与湍流系数，采用内外模分离的计算方法大大提高了模型计算的效率（郑淑贤，2015）。基于以上特点，FVCOM 被广泛应用于研究河口和近海陆架区域海岸线不规则、地形复杂的数值计算。

10.2.2　控制方程

10.2.2.1　原始控制方程

FVCOM 原始控制方程主要由下列方程组成（Chen et al., 2003）：

（1）动量方程：

$$\frac{\partial u}{\partial t} + u\frac{\partial u}{\partial x} + v\frac{\partial u}{\partial y} + \omega\frac{\partial u}{\partial z} - fv = -\frac{1}{\rho_0}\frac{\partial P}{\partial x} + \frac{\partial\left(K_m\frac{\partial u}{\partial z}\right)}{\partial z} + F_u \tag{10-1}$$

$$\frac{\partial v}{\partial t} + u\frac{\partial v}{\partial x} + v\frac{\partial v}{\partial y} + \omega\frac{\partial v}{\partial z} + fu = -\frac{1}{\rho_0}\frac{\partial p}{\partial y} + \frac{\partial\left(K_m\frac{\partial v}{\partial z}\right)}{\partial z} + F_v \tag{10-2}$$

$$\frac{\partial p}{\partial z} = -\rho g \tag{10-3}$$

（2）连续方程：

$$\frac{\partial u}{\partial x} + \frac{\partial u}{\partial y} + \frac{\partial u}{\partial z} = 0 \tag{10-4}$$

（3）温度方程：

$$\frac{\partial T}{\partial t} + u\frac{\partial T}{\partial x} + v\frac{\partial T}{\partial y} + \omega\frac{\partial T}{\partial z} = \frac{\partial\left(K_h\frac{\partial T}{\partial z}\right)}{\partial z} + F_T \tag{10-5}$$

（4）盐度方程：

$$\frac{\partial S}{\partial t} + u\frac{\partial S}{\partial x} + v\frac{\partial S}{\partial y} + \omega\frac{\partial S}{\partial z} = \frac{\partial\left(K_h\frac{\partial S}{\partial z}\right)}{\partial z} + F_S \tag{10-6}$$

（5）密度方程：

$$\rho = \rho\left(T, S\right) \tag{10-7}$$

式中，x、y、z 在笛卡尔直角坐标系中分别代表了东、北和竖直坐标轴；u、v、ω 是 x、y、z 方向的速度分量；T 为温度；S 为盐度；ρ 为密度；P 为压强；f 为科氏参量；g 为重力加速度；K_m 为垂直旋转黏性系数；K_h 为热量垂直旋转扩散系数；F_u 与 F_v、F_T、F_S 分别代表了水平动量、热量、盐度的扩散项（Chen et al., 2006）。

10.2.2.2　σ 坐标系下的控制方程

FVCOM 数值模型在垂直方向上主要采用 σ 坐标系，这一做法能够更好地拟合那些不规则变化显著的海底地形（Chen et al., 2006）。其中，σ 坐标的定义如下：

$$\sigma = \frac{z-\zeta}{H+\zeta} = \frac{z-\zeta}{D} \tag{10-8}$$

式中，H 为静止水深，ζ 为海表起伏，D 为这两者之和；σ 的取值范围为 -1（海底）~ 0（表面）。将原始控制方程代入 σ 坐标系内，方程组（10-1）至（10-7）化为

$$\frac{\partial uD}{\partial t}+\frac{\partial u^2 D}{\partial x}+\frac{\partial uvD}{\partial y}+\frac{\partial u\omega}{\partial \sigma}-fvD$$

$$=-gD\frac{\partial \zeta}{\partial x}-\frac{gD}{\rho_0}\left[\frac{\partial}{\partial x}\left(D\int_{\sigma}^{0}\rho d\sigma'\right)+\sigma\rho\frac{\partial D}{\partial x}\right]+\frac{1}{D}\frac{\partial}{\partial \sigma}\left(K_m\frac{\partial u}{\partial \sigma}\right)+DF_x \tag{10--9}$$

$$\frac{\partial vD}{\partial t}+\frac{\partial uvD}{\partial x}+\frac{\partial v^2 D}{\partial y}+\frac{\partial v\omega}{\partial \sigma}+fuD$$

$$=-gD\frac{\partial \zeta}{\partial y}-\frac{gD}{\rho_0}\left[\frac{\partial}{\partial y}\left(D\int_{\sigma}^{0}\rho d\sigma'\right)+\sigma\rho\frac{\partial D}{\partial y}\right]+\frac{1}{D}\frac{\partial}{\partial \sigma}\left(K_m\frac{\partial v}{\partial \sigma}\right)+DF_y \tag{10--10}$$

$$\frac{\partial \zeta}{\partial t}+\frac{\partial Du}{\partial x}+\frac{\partial Dv}{\partial y}+\frac{\partial \omega}{\partial \sigma}=0 \tag{10--11}$$

$$\frac{\partial TD}{\partial t}+\frac{\partial TuD}{\partial x}+\frac{\partial TvD}{\partial y}+\frac{\partial T\omega}{\partial \sigma}=\frac{1}{D}\frac{\partial}{\partial z}\left(K_h\frac{\partial T}{\partial \sigma}\right)+D\widehat{H}+DF_T \tag{10--12}$$

$$\frac{\partial SD}{\partial t}+\frac{\partial SuD}{\partial x}+\frac{\partial SvD}{\partial y}+\frac{\partial S\omega}{\partial \sigma}=\frac{1}{D}\frac{\partial}{\partial z}\left(K_h\frac{\partial S}{\partial \sigma}\right)+DF_S \tag{10--13}$$

$$\rho=\rho(T,S) \tag{10--14}$$

其中，在 σ 坐标系下，水平扩散项 F_x、F_y 定义为

$$DF_x \approx \frac{\partial}{\partial x}\left[2A_mH\frac{\partial u}{\partial x}\right]+\frac{\partial}{\partial y}\left[A_mH\left(\frac{\partial u}{\partial y}+\frac{\partial v}{\partial x}\right)\right] \tag{10--15}$$

$$DF_y \approx \frac{\partial}{\partial x}\left[A_mH\left(\frac{\partial u}{\partial y}+\frac{\partial v}{\partial x}\right)\right]+\frac{\partial}{\partial y}\left[2A_mH\frac{\partial v}{\partial y}\right] \tag{10--16}$$

$$D\left(F_T,F_S,F_{q^2},F_{q^2l}\right)\approx\left[\frac{\partial}{\partial x}\left(A_hH\frac{\partial}{\partial x}\right)+\frac{\partial}{\partial y}\left(A_hH\frac{\partial}{\partial y}\right)\right](T,S,q^2,q^2l) \tag{10--17}$$

式中，A_m 和 A_h 分别为水平旋转系数和热扩散系数。

10.2.2.3 二维垂直积分方程

方程中的海表面起伏可描述为长表面重力波的快速运动（$\sqrt{gD}$）。在显性数值方法中，时间步长的最大值与这些波动的相速度成反比，因此海表面水位升降变化与海水输运梯度大小成正比，并且可以使用垂直积分方程计算，通过在给出海表面上升的条件下也能够求解三维方程。这一数值计算方法通常被称为"模式分解"法，其把水流划分为内膜和外模后，可以采用两种显式的时间步长进行计算（Chen et al.，2006）。

二维垂直积分方程具体如下：

$$\frac{\partial \bar{u}D}{\partial t}+\frac{\partial \bar{u}^3 D}{\partial x}+\frac{\partial \overline{uv}D}{\partial y}-f\bar{v}D=-gD\frac{\partial \zeta}{\partial x}-\frac{gD}{\rho_0}\left[\int_{-1}^{0}\frac{\partial}{\partial x}\left(D\int_{\sigma}^{0}\rho d\sigma'\right)d\sigma+\frac{\partial D}{\partial x}\right]+\frac{\tau_{sx}-\tau_{bx}}{\rho_0}+$$
$$D\widetilde{F}_x+G_x \tag{10--18}$$

$$\frac{\partial \bar{v}D}{\partial t}+\frac{\partial \overline{uv}D}{\partial x}+\frac{\partial \bar{v}^3 D}{\partial y}+f\bar{u}D=-gD\frac{\partial \zeta}{\partial y}-\frac{gD}{\rho_0}\left[\int_{-1}^{0}\frac{\partial}{\partial y}\left(D\int_{\sigma}^{0}\rho d\sigma'\right)d\sigma+\frac{\partial D}{\partial x}\int_{-1}^{0}\sigma\rho d\sigma\right]+$$

$$\frac{\tau_{sy}-\tau_{by}}{\rho_0}+D\widetilde{F}_y+G_y \qquad (10\text{–}19)$$

$$\frac{\partial \zeta}{\partial t}+\frac{\partial(\bar{u}D)}{\partial x}+\frac{\partial(\bar{v}D)}{\partial y}+\frac{\widehat{E}-\widehat{P}}{\rho}+\frac{Q_b}{\Omega}=0 \qquad (10\text{–}20)$$

式中，G_x 和 G_y 可定义为

$$G_x=\frac{\partial \overline{u}^2D}{\partial x}+\frac{\partial \overline{uv}D}{\partial y}-D\widetilde{F}_x-\left[\frac{\partial \overline{u}^2D}{\partial x}+\frac{\partial \overline{uv}D}{\partial y}-D\widetilde{F}_x\right] \qquad (10\text{–}21)$$

$$G_y=\frac{\partial \overline{uv}D}{\partial x}+\frac{\partial \overline{v}^2D}{\partial y}-D\widetilde{F}_y-\left[\frac{\partial \overline{uv}D}{\partial x}+\frac{\partial \overline{v}^2D}{\partial y}-D\widetilde{F}_y\right] \qquad (10\text{–}22)$$

水平扩散项近似为

$$D\widetilde{F}_x\approx\frac{\partial}{\partial x}\left[2\overline{A_m}H\frac{\partial \bar{u}}{\partial x}\right]+\frac{\partial}{\partial y}\left[\overline{A_m}H\left(\frac{\partial \bar{u}}{\partial y}+\frac{\partial \bar{v}}{\partial x}\right)\right] \qquad (10\text{–}23)$$

$$D\widetilde{F}_y\approx\frac{\partial}{\partial x}\left[\overline{A_m}H\left(\frac{\partial \bar{u}}{\partial y}+\frac{\partial \bar{v}}{\partial x}\right)\right]+\frac{\partial}{\partial y}\left[2\overline{A_m}H\frac{\partial \bar{v}}{\partial y}\right] \qquad (10\text{–}24)$$

$$D\widetilde{F}_x\approx\frac{\partial}{\partial x}\overline{2A_m H\frac{\partial u}{\partial x}}+\frac{\partial}{\partial y}\overline{A_m H\left(\frac{\partial u}{\partial y}+\frac{\partial v}{\partial x}\right)} \qquad (10\text{–}25)$$

$$D\widetilde{F}_y\approx\frac{\partial}{\partial x}\overline{A_m H\left(\frac{\partial u}{\partial y}+\frac{\partial v}{\partial x}\right)}+\frac{\partial}{\partial y}\overline{2A_m H\frac{\partial v}{\partial y}} \qquad (10\text{–}26)$$

式中，"——"为垂直积分，以变量 ψ 为例，垂直积分具体形式如下：

$$\overline{\psi}=\int_{-1}^{0}\psi\,\mathrm{d}\sigma \qquad (10\text{–}27)$$

10.2.3　三角网格设计

FVCOM 在进行数值模拟计算时，能将研究海域划分成无规则不重复的三角网格。一个三角网格由 3 个节点、1 个质心以及 3 条边构成，具体结构示意图如图 10–1 所示。

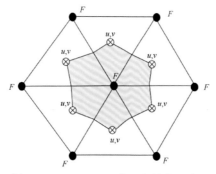

图 10–1　FVCOM 三角网格结构示意图

节点●代表了可通过计算得到的 H、ζ、ω、D、s、θ、q^2、q^2l、A_m、K_h
质心⊗代表了计算得到的流速 u 和 v；F 表示为各种净通量

假设 N 和 M 分别代表计算区域内的三角网格和网格节点总数，则三角网格中心的坐标与网格节点坐标可用以下公式表示：

$$[X(i)，Y(i)]_i, i=1:N \qquad (10\text{–}28)$$

$$[X_n(j)，Y_n(j)]_j, j=1:M \qquad (10\text{–}29)$$

在每个三角网格中，其 3 个节点以积分数 $N_i(\hat{\jmath})$ 来表示，其中 $\hat{\jmath}$ 为顺时针方向从 1 计到 3。有一条共同边的相邻三角形可以 $NBE_i(\hat{\jmath})$ 来表示。在开边界或岸边界上，$NBE_i(\hat{\jmath})$ 等于 0。在每个节点处所包含的三角形网格数表示为 $NT(j)$，并可由积分数 $NB_i(m)$ 计算，m 为沿着顺时针的方向从 1 到 $NT(j)$ 积分。

FVCOM 进行数值计算时是在三角网格不同位置进行的，其中 H、ζ、ω、D、s、θ、q^2、q^2l、A_m、K_h 是在网格节点上计算，u 和 v 则在三角网格中心上计算。在垂直方向上，除了 ω 和湍流变量（如 q^2、q^2l 等）之外，所有模型的变量都位于每个 σ 层的中间（图 10–2）。

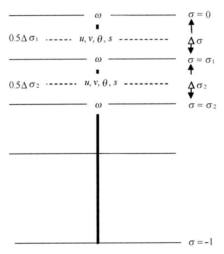

图 10–2 垂直 σ 坐标中模型变量的位置

更多关于 FVCOM 数值模型信息可参考其相关的使用手册（Chen et al.，2006）。

10.3 数据与模型配置

10.3.1 观测资料

本章采用了郑斌鑫等（2015）于 2011 年在白龙尾以南 T5 站处（图 10–3）的 ADCP 声学多普勒海流剖面仪所获得的海流观测数据，并收集了 T5 站附近白龙尾台站潮位仪的水位数据。T5 站位于离岸约 1 km 的防城港湾白龙尾岛附近的海域，该海域东、南、西方向三面环海，平均水深约为 8 m，附近海域由于潮汐、潮流、波浪以及复杂的海底地形与风应力等因素相互间共同影响，导致其水动力情况较为复杂多变（陈波等，2019）。观测所得的流速和流向数据是通过采用座底方式以每分钟发射 60 个脉冲的方式向上观测，每层观测层间距 0.5 m，通过平均后得到整个垂向剖面的原始流速流向数据（郑斌鑫等，2015）。所有数据首先进行了必要的质量控制，之后将实测海流资料用仪器自带软件先进行高频滤波，去掉了原始数据中包含高频噪声的成分；然后将所得海流分解为向东、向北的分量，再通过 Lanczos 余弦滤波器进行截断频率为 1/25 Hz 的低通滤波（陈波等，2019；郑斌鑫等，2015），最后将所得到的海流分量通过 t_tide 对潮流调和分析后得到余流。

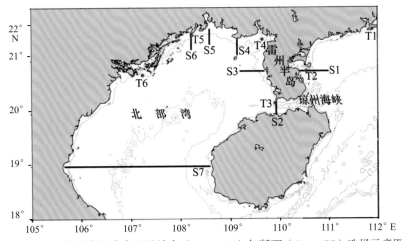

图 10-3　北部湾水深分布以及站点（T1 ~ T6）与断面（S1 ~ S7）选择示意图

10.3.2　台风简介

本章分析了"纳沙""启德""海鸥""莎莉嘉"以及"康森"共 5 个台风进入北部湾后对近岸产生的风暴射流的影响，其中重点分析了台风"纳沙"引起的广西近岸风暴射流的机制，其余台风通过探讨它们之间不同进入北部湾的路径对琼州海峡西向流以及风暴射流产生以及变化的影响。台风信息主要来源于温州台风网与中国天气网，基本信息如表 10-1 所示，进入北部湾的路径如图 10-4 所示。

表 10-1　进入北部湾台风的基本信息

台风	生成时间	进入北部湾时间	停编时间	登陆时风力 / 级	登陆时最大风速 /（m·s⁻¹）	登陆时中心气压 /hPa	移动速度 /（km·h⁻¹）
"纳沙"	2011-09-24 08:00	2011-09-29 22:00	2011-09-30 17:00	12	35	970	15
"启德"	2012-08-12 20:00	2012-08-17 15:00	2012-08-18 17:00	12	33	975	25
"海鸥"	2014-09-12 14:00	2014-09-16 14:00	2014-09-17 17:00	13	40	960	30
"莎莉嘉"	2016-10-13 20:00	2016-10-19 00:00	2016-10-19 20:00	11	30	982	17
"康森"	2010-07-12 08:00	2010-07-17 04:00	2010-07-18 02:00	11	30	980	15

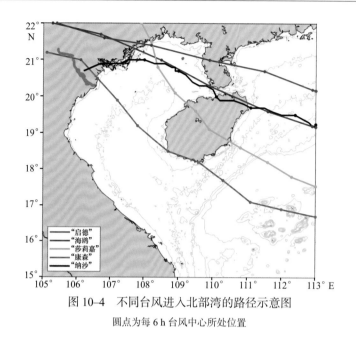

图 10–4　不同台风进入北部湾的路径示意图

圆点为每 6 h 台风中心所处位置

台风"纳沙"于 2011 年 9 月 24 日 08 时在西北太平洋上生成，3 d 后首次在菲律宾登陆，并于 9 月 29 日 14 时 30 分前后以强台风级别首次在我国的海南省文昌市登陆，21 时 15 分前后以台风级别在广东省徐闻县再次登陆，登陆时中心风力 12 级；之后向西移动进入北部湾沿海，并于 9 月 30 日 11 时 30 分在越南北部广宁沿海登陆；9 月 30 日 20 时后在越南北部减弱为热带低压级别，之后强度继续减弱直至完全消散。台风"纳沙"的到来，给广西沿海带来了 11 ~ 14 级大风，造成防城港市局部降水量达 332 mm（陈波等，2019）。

台风"启德"是 2012 年太平洋台风季的第 13 号台风。其于 2012 年 8 月 12 日在西北太平洋洋面上生成，8 月 15 日 04 时前后在菲律宾沿海登陆，登陆时台风中心最大风速为 28 m/s，此后台风"启德"以 20 km/h 的速度一路沿西北方向移动，并且强度逐渐加强，于 8 月 17 日 12 时 30 分在广东省沿海再次登陆我国，登陆时台风中心风力最高达 13 级（38 m/s），台风中心的最低气压为 968 hPa，之后继续沿西北移动并进入北部湾，并于 8 月 17 日 21 时 30 分前后在中越边境交界处沿海登陆，登陆时中心最大风力为 12 级（33 m/s），中心最低气压为 975 hPa。台风"启德"在登陆越南之后强度持续减弱，最终消散（马浩等，2013）。

台风"海鸥"为 2014 年太平洋台风季 15 号台风，9 月 12 日 14 时在菲律宾东侧的海面生成，9 月 14 日 19 时台风"海鸥"登陆菲律宾吕宋岛东北部，之后穿过吕宋岛，逐渐加强并向西北方向移动，并于 9 月 16 日 09 时 40 分在海南省文昌市翁田镇沿海登陆，之后进入到琼州海峡，并于 9 月 16 日 12 时 45 分前后在广东省徐闻县南部沿海再次登陆，登陆时台风中心附近风力最高达 13 级（40 m/s），台风中心的最低气压仅为 960 hPa，9 月 16 日 14 时前后，台风"海鸥"穿过雷州半岛以及琼州海峡后进入北部湾湾内，并且在北部湾海域具有移速快、风雨影响广、近海再加强的特点，最后于 9 月 16 日 23 时前后在越南北部广宁省再次登陆，登陆后台风"海鸥"的强度快速减弱，最后逐渐消散。

台风"莎莉嘉"是 2016 年太平洋台风季第 21 号台风，2016 年 10 月 13 日 20 时在西北太平洋海面生成，之后迅速加强，并于 10 月 16 日 02 时以超强台风级别登陆菲律宾，登陆后，台风"莎莉嘉"减弱为强台风级，并以 20 ~ 25 km/h 的速度向西偏北方向移动，强度再次加强，于 10 月 18 日 09 时 50 分在我国海南省沿海登陆，登陆时台风中心风力最高达 14 级（45 m/s），台风中心的最低气压仅为 955 hPa，之后强度减弱，并穿过海南岛进入到北部湾海域，并于 10 月 19 日 14 时 10 分在广西防城港市沿海附近再次登陆我国，登陆时台风强度已减弱为 10 级，17 时减弱为热带低压级别，之后以 10 km/h 的速度向偏北方向移动，并逐渐减弱消失（黄卓和廖雪萍，2017）。

台风"康森"为 2010 年太平洋台风季第 2 号台风，于 2010 年 7 月 12 日 08 时生成，并于 13 日 08 时达到第一次巅峰，并持续向西移动，7 月 14 日登陆菲律宾并穿越吕宋后进入南海，由于副热带高压脊持续减弱，台风"康森"之后转向西北偏西移动，并且移速减慢，7 月 15 日 08 时起，台风"康森"重新开始增强，并于 7 月 16 日 14 时达到第二次强度巅峰，中心风速达 35 m/s，中心最低气压为 975 hPa，随后台风"康森"以巅峰强度于 7 月 16 日 19 时登陆海南三亚，登陆后台风"康森"强度不断减弱，但仍以台风强度在 7 月 17 日 04 时进入北部湾南部并通过外围风场影响北部湾沿岸，18 日 19 时登陆越南北部，之后逐渐消散。

10.3.3　模型设置

本章的模型计算区域如图 10–5 所示，主要位于南海北部海域（15°—22°N，105°—113°E），模型水平分辨率在北部湾沿岸最高为 300 m，在琼州海峡为 1.5 km，在开边界附近为 18 km。模型计算区域在水平方向共有 35 064 个节点，75 006 个三角形单元，垂向分为 11 个 σ 层，开边界共有 51 个节点，能够满足北部湾区域的高精度计算要求。

模型采用的岸线来自美国国家海洋与大气管理局（National Oceanic and Atmospheric Administration，NOAA），通过网格软件并结合海图资料进行订正调整，得到更为准确的岸线。所使用的水深数据来自 General Bathymetric Chart of the Oceans（GEBCO），并采用了其最新发布的 GEBCO_2020 Grid 全球水深产品[①]。GEBCO_2020 Grid 是一个连续的全球海洋与陆地地形模型，空间分辨率为 15 rad/s，本章选取了其在南海北部的水深数据作为模型水深，并且由于在海南岛东南部为南海水深变化剧烈的大陆坡，同时此处不是本章的重点研究区域，网格也相对较为稀疏，因此对此处的水深进行了 5 次平滑处理，将水深平滑到 1000 m 以内。通过采用以上两种高精度的岸线与水深数据并进行了相应的处理，能够更好地反映模型计算区域的地形分布特征。

① doi：10.5285/a29c5465–b138–234d–e053–6c86abc040b9。

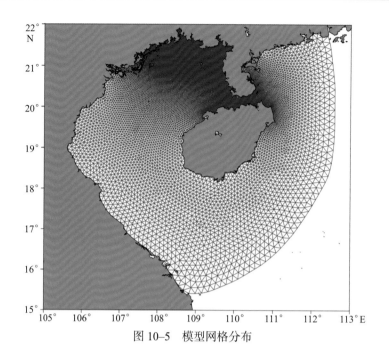

图 10–5 模型网格分布

10.3.4 开边界条件与初始条件设置

模型开边界的调和常数来自 OTIS（Osu Tidal Predicition Software）中的中国海海区数据（Wessel and Smith，1996），通过编程提取了 O_1、P_1、K_1、Q_1、M_2、S_2、N_2、K_2、M_4 9 个分潮的调和常数，在此基础上预报了 2009 年 1 月 1 日 00 时到 2016 年 12 月 31 日 23 时、时间间隔为 1 h 的潮位数据，并将其插值到开边界上。开边界的温盐场与流场采用 HYCOM 2009—2016 年分辨率为（1/12）° 的日均全球同化资料，采用双线性插值的方法将其先插值成 1 h 后再插值到数值模型开边界上。模型初始温盐场采用 HYCOM 2009—2016 年每年 1 月 1 日分辨率为（1/12）° 的全球同化温盐资料，同样采用双线性插值的办法并结合不同实验将资料插值到数值模型网格上。

风场数据与气压场数据来自 ECMWF（European Centre for Medium–Range Weather Forecasting）提供的第五代再分析数据 ERA5 的 10 m 高度风场和海平面气压场（SLP）作为模型的风场和气压场的外强迫，数据的时间分辨率为 1 h，空间分辨率为 0.25°×0.25°，表面热通量主要通过模型计算。径流数据采用高劲松（2013）的广西六大入海河流以及越南红河的气候态径流数据，如表 10–2 所示。之后将所收集的径流数据通过双线性插值将其插值为 2009—2016 年的月均径流量数据，并将其插值到模型网格边缘处。

模型共进行 5 次实验。其中实验 1 仅使用潮汐强迫，主要通过模拟潮汐潮流变化验证模型的准确性。实验 2 为对台风"纳沙"进入北部湾变化的模拟实验，在开边界使用了潮汐与流场强迫，外强迫使用了风场与气压场。实验 3 在实验 2 的基础上，在台风

"纳沙"准备进入北部湾时，即将 9 月 29 日 22 时之后的风场与气压场更换成相同时间的 2009—2016 年气候态平均风场与气压场。实验 4 在实验 2 的基础上封闭琼州海峡东侧口，其余初始条件与配置与实验 2 基本一致。实验 5 为对比分析实验，模拟"康森""启德""海鸥"以及"莎莉嘉"4 个不同台风路径进入北部湾后引起的水文变化，实验 5 与实验 2 采用相同的初始强迫场与网格。模型以冷启动开始运行，输出数据时间间隔均为 1 h，实验 1、实验 3 以及实验 4 的模型运行时间从 2010 年 1 月 1 日 0 时 0 分 0 秒至 2011 年 12 月 31 日 23 时 0 分 0 秒结束，输出 2011 年全年的水位与流速数据。实验 5 又分为 4 步对 4 个不同台风路径进行模拟，具体的模型运行时间与输出数据时间如表 10–3 所示。

表 10–2　北部湾沿岸入海河流的月均径流量

河流	月均径流量 / ($10^8 m^3$)											
	1 月	2 月	3 月	4 月	5 月	6 月	7 月	8 月	9 月	10 月	11 月	12 月
南流江	1.50	1.64	1.91	5.39	6.27	11.5	10.5	14.4	7.30	3.55	2.59	1.71
北仑河	0.62	0.62	1.00	1.66	3.32	4.48	6.54	5.12	2.82	1.78	0.83	0.54
大风江	0.22	0.20	0.28	1.06	1.43	3.42	3.93	4.46	1.79	0.75	0.48	0.28
钦江	0.37	0.33	0.49	1.22	1.67	3.49	3.76	4.27	1.86	0.96	0.71	0.47
茅岭江	1.06	0.90	1.10	2.31	2.65	3.53	4.43	4.93	4.06	2.23	1.04	0.78
防城河	0.34	0.35	0.48	0.78	1.42	2.51	4.11	3.49	2.00	1.08	0.73	0.43
红河	6.53	6.53	6.53	6.53	7.82	16.3	32.6	49.0	42.5	30.0	19.1	11.4

表 10–3　实验 5 模型运行时间与输出数据时间信息

	模型开始时间	模型结束时间	输出数据时间
实验 5–1："康森"	2009–01–01 00:00:00	2010–07–31 23:00:00	2010 年 7 月
实验 5–2："启德"	2011–01–01 00:00:00	2012–08–31 23:00:00	2012 年 8 月
实验 5–3："海鸥"	2013–01–01 00:00:00	2014–09–30 23:00:00	2014 年 9 月
实验 5–4："莎莉嘉"	2015–01–01 00:00:00	2016–10–31 23:00:00	2016 年 10 月

10.4　模型结果验证

10.4.1　潮位检验

本章通过收集验潮站的历史水位数据与潮汐表数据来验证模型模拟结果的可靠性。通过插值的方法在模型网格中得到站点位置处模型所模拟计算出的调和常数。通过对模型在实验 1 模拟计算得到的水位进行调和分析，得到各分潮的振幅与迟角。由于在北部湾，M_2、O_1、K_1 分潮引起的潮流能量变化主要占总数的 80% ~ 90%，同时又因为 K_1 和 O_1 分潮其振幅与迟角接近，因此在本章中全日潮由 K_1 和 O_1 分潮的平均 $m_1=(K_1+O_1)/2$ 来表示，并主要分析对 M_2、m_1 分潮的调和常数的模拟值与观测值的误差大小。表 10–4 为 M_2、m_1 分潮的振幅与迟角模拟值与观测值的误差。

表 10–4　北部湾各验潮站调和常数与模型结果对比

站点	地理位置		m_1		M_2	
	纬度	经度	ΔH/cm	Δg/(°)	ΔH/cm	Δg/(°)
北海	21.48°N	109.08°E	−3.80	9.67	−8.18	22.67
东方	19.10°N	108.62°E	−5.22	0.36	1.91	11.47
海口	20.02°N	110.28°E	−8.87	−9.04	2.67	16.71
闸坡	21.58°N	111.83°E	−0.56	−1.26	−0.95	−0.42
钦州	21.68°N	108.62°E	−5.35	12.25	−7.73	20.27
涠洲岛	21.02°N	109.12°E	−3.82	3.69	−1.12	16.12
白龙尾	21.50°N	108.23°E	−3.70	4.94	−2.71	16.87
防城港	21.60°N	108.33°E	−8.43	5.71	−8.19	14.50
炮台角	21.57°N	108.38°E	−4.21	4.46	−3.75	15.21
铁山港	21.60°N	109.58°E	−5.96	12.54	−17.37	34.42
平均误差			−5.30	4.33	−4.54	17.04

对比收集到的 10 个站点的调和常数后（表 10–4），可以发现，模拟得到的 m_1 分潮与 M_2 分潮的调和常数与观测相比整体结果较好。m_1 分潮的振幅和迟角的平均误差为 −5.30 cm 和 4.33°，振幅误差在海口和防城港较大，分别为 −8.87 cm 和 −8.43 cm，迟角差在钦州和铁山港较大，分别为 12.25° 和 12.54°。M_2 分潮的振幅和迟角的平均误差分别为 −4.54 cm 和 17.04°，振幅误差最大为铁山港，达 −17.37 cm，迟角误差同样是在铁山港较大。

根据模型模拟计算所得到的 m_1 和 M_2 分潮调和常数，绘制相应分潮的同潮图。图 10–6 和图 10–7 分别为模型模拟计算得到的 m_1 和 M_2 分潮的同潮图（红色虚线为振幅，蓝色实线为迟角）。图 10–6 中，m_1 分潮的最大振幅出现在铁山港附近海域，而在北部湾西南部振幅较小，同时在越南顺化附近存在一个无潮点，无潮点的位置分布与附近的同潮实线分布结果与徐振华（2006）、Fang 等（1999）、宋倩（2014）的结果相似。从图 10–7 中可以看出，振幅从西向东增强，在铁山港附近海域最大，为 40 cm 以上，在粤西沿岸附近振幅相对较大，最大可达 90 cm，与宋倩（2014）、徐振华（2006）相比结果偏大，因而在 M_2 分潮上振幅误差相对较大。

虽然模型在部分近海港口附近的模拟结果误差相对较大，但在整个北部湾海域模型模拟的整体结果良好，模型能够较好地模拟出北部湾潮汐特征。

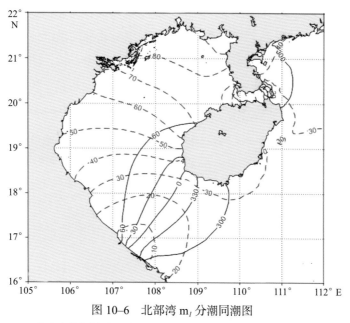

图 10–6　北部湾 m₁ 分潮同潮图

红色虚线代表振幅，单位为 cm；蓝色实线代表迟角，单位为°

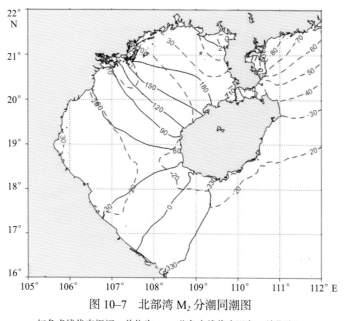

图 10–7　北部湾 M₂ 分潮同潮图

红色虚线代表振幅，单位为 cm；蓝色实线代表迟角，单位为°

10.4.2　潮流验证

　　图 10–8 和图 10–9 里分别为计算区域里涨急、落急时刻的潮流流场分布。从涨急流场可以看出，海水从外海通过琼州海峡与北部湾南部进入湾内，位于琼州海峡与海南岛西侧为

流速最大的海域，琼州海峡西向流在峡口处向西北方向弯曲，流速达到 70 cm/s。在落急时刻的流场中，北部湾湾内的海水主要从琼州海峡东侧以及北部湾南部流出，同样也是在海南岛西侧与琼州海峡内海水流动的速度最大，流速同样达到 70 cm/s，同时在琼州海峡东口处东向流呈现放射状。涨落流场的分布结果与郑淑贤（2015）、宋倩（2014）和徐振华（2006）等的结果相似。

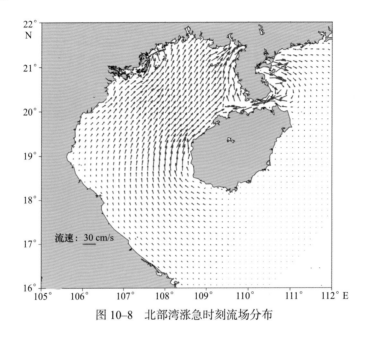

图 10-8　北部湾涨急时刻流场分布

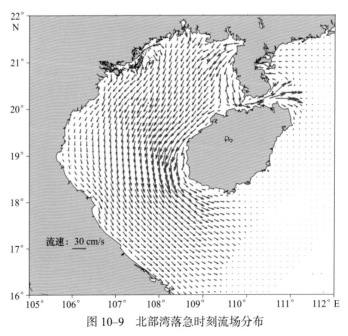

图 10-9　北部湾落急时刻流场分布

图 10–10 和图 10–11 分别为模型模拟的北部湾 m_1 和 M_2 分潮潮流表层的潮流椭圆分布图。从图 10–10 和图 10–11 中可以看到，m_1 分潮的椭圆长轴明显比 M_2 分潮长。在 m_1 分潮流中，最大潮流流速主要位于琼州海峡内，其次位于海南岛西侧处，而在北部湾北部沿海

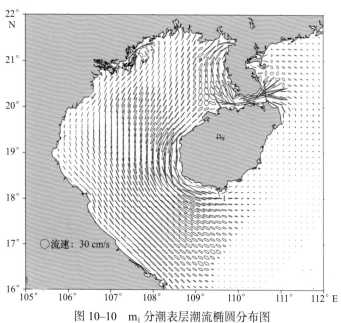

图 10–10　m_1 分潮表层潮流椭圆分布图

蓝色为顺时针旋转方向，红色为逆时针旋转方向

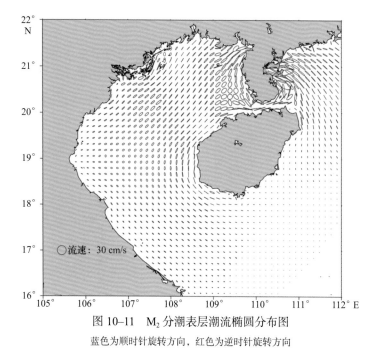

图 10–11　M_2 分潮表层潮流椭圆分布图

蓝色为顺时针旋转方向，红色为逆时针旋转方向

附近潮流流速较小，并且在北部湾内基本为往复流，在琼州海峡和海南岛西侧旋转性较强，这些结果与宋倩（2014）、郑淑贤（2015）的结果相比，m_1分潮潮流椭圆除了长轴偏长一些，其具体分布变化基本类似。而M_2分潮流中，其椭圆长半轴平行于岸线，最大潮流流速主要集中在雷州半岛东侧，其次在琼州海峡内，在北部湾内表现为由东向西的往复流，在粤西沿岸旋转性最强，这些变化与宋倩（2014）、郑淑贤（2015）的结果相比同样基本一致。

通过对比分析模型模拟的m_1分潮流和M_2分潮流的涨落急流场分布结果与潮流流场分布情况，可以表明模型结果与Fang等（1999）、宋倩（2014）、郑淑贤（2015）等的结果较为一致，因此本章所建立的北部湾数值模型能够较好模拟北部湾的潮流变化分布特征。

10.4.3 风暴潮增减水验证

台风"纳沙"的到来，不仅造成了雷州半岛与海南岛东侧增水显著，同样也让北部湾沿岸水位产生了急剧的变化。9月29日06时，T5站（图10-3）开始出现减水，一直到30日02时，减水达到最大，为92 cm，之后产生快速增水，于30日10时就达到了最大增水65 cm（图10-12）。随后，水位还发生了几次余振动，第一次余振动增水较大，为45 cm，之后余振动增水幅度越来越小（陈波等，2019）。

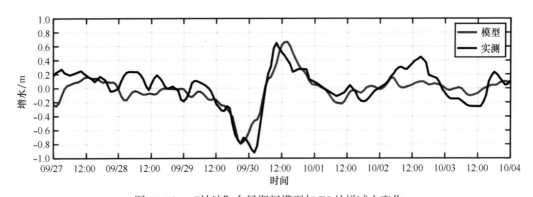

图10-12　"纳沙"台风期间模型与T5站增减水变化

从图10-12中可以看出，模型结果在增减水变化显著的时间段与观测结果趋于一致，减水过程同样较为缓慢，在增水时水位也同样迅速增加。然而，在具体的增减水时间与水位变化上，仍存在不少差异。例如，模型模拟的减水极值仅为79 cm，小于观测结果，并且出现最小减水的时间为29日22时，比观测结果提前4 h，最大增水为66 cm，与观测差异不大，但发生在30日16时，迟于观测时间6 h；此外，观测水位在最大增水后还会出现余振动，而模型结果则迅速减小，余振动不显著。造成这些差异的原因，张操（2014）认为，这与模型采用的风场与实际风场存在的差异有关，实际风场由于副热带高压的存在，导致台风过后仍存在着较强的偏北风，因此会出现水位的余振动。

虽然模型模拟的增减水变化与观测水位数据存在一些差异，但两者水位的变化趋势趋于一致，模型对于台风过程引发的增减水变化与实测结果基本相似，因此模型可以再现台风"纳沙"期间北部湾沿岸的水位变化。

10.4.4　风暴射流验证

根据 T5 站实测曲线（图 10–13）可知，在无台风的情况下，各层流速很小，几乎都小于 20 cm/s。当台风"纳沙"进入北部湾后，各层低频流流向于 29 日 20 时起由东北向转为西南向，并且流速迅速达到最大，此时各层流速最大值分别为 60.9 cm/s、47.6 cm/s 和 31.1 cm/s，同时出现了向西的风暴射流（图 10–13）。而到了 9 月 30 日各层低频流动仍然保持着较大的流速，日平均值分别为 40.0 cm/s、34.2 cm/s 和 21.7 cm/s（陈波等，2019）。9 月 30 日之后，随着台风的强度减弱以及逐渐消散，T5 站各层的流速开始减小，流向也逐渐转变回偏北向。

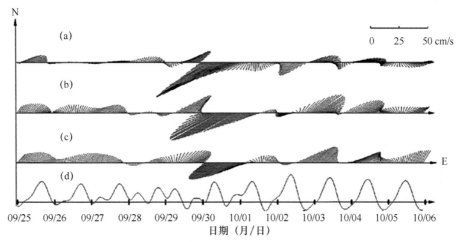

图 10–13　"纳沙"台风期间 T5 站实测低频流动过程曲线

（a）表层；（b）中层；（c）底层；（d）低频水位变化（陈波等，2019）

从图 10–14 中可以看出，模型结果在"纳沙"台风期间与 T5 站的观测结果趋于一致，各层流动流向同样从东北转为西南流向，流速同样出现迅速增大的现象。模型的低频流动流速各层最大流速分别为 55.1 cm/s、53.5 cm/s 和 25.9 cm/s，9 月 30 日各层日平均流速分别为 38.5 cm/s、37.2 cm/s 和 19.0 cm/s，与 T5 站实测结果相比，存在 5 ~ 10 cm/s 的误差，表层与底层流速相对偏小，中层流速偏大。在 9 月 30 日之后，随着台风的影响减弱与消散，模型模拟各层的流速也同样减小，但中层的流速流向恢复最快，最先转变回偏北向，表层与底层的变化则基本保持一致，同样与 10 月 3 日流向转变回偏北向。

综上所述，本章的北部湾数值模型的计算结果与实测较为吻合，能够较好地反映台风进入北部湾期间广西沿岸海域的水位和余流变化特征。

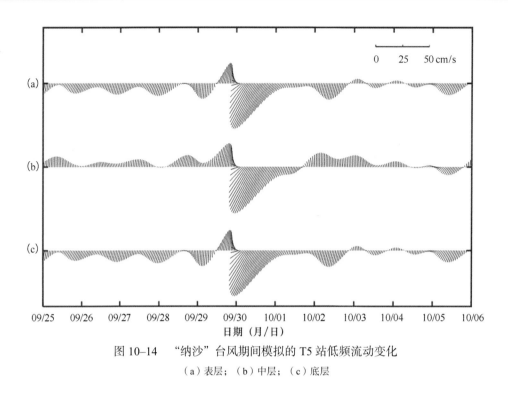

图 10–14　"纳沙"台风期间模拟的 T5 站低频流动变化

（a）表层；（b）中层；（c）底层

10.5　台风进入北部湾期间风暴射流响应产生的机制分析

10.5.1　风场变化的影响

由图 10–15 和图 10–16 可以看到，9 月 30 日之前，台风"纳沙"未进入北部湾之前，湾内余流流速较小，仅为 5 ~ 8 cm/s，同时湾内逐渐开始呈现减水的现象，琼州海峡东侧尤其是粤西海域呈现较高的增水，粤西海域的余流流速也较大，最大可达 1 m/s 以上。9 月 30 日之后台风"纳沙"从琼州海峡移动到北部湾后，琼州海峡西侧附近的余流速度开始增大，随着台风中心不断向西北方向推进，虽然台风的强度在逐渐减弱，但是仍然让北部湾沿岸余流流速突然增大，形成了风暴射流。同时，风暴射流不只出现在白龙尾附近海域，而是分布在整个北部湾沿岸，并且 9 月 30 日 12 时在北部湾内部还开始出现了一个余流流速较大的气旋式环流，并且环流中心位于台风中心右侧。当 9 月 30 日 17 时台风"纳沙"减弱为热带风暴级别之后，湾内气旋式环流仍然维持到 10 月 1 日，但其流速已有所减小，并且环流中心同样沿着台风中心运动的路径向西移动但滞后于台风移动路径，直到 10 月 1 日 12 时之后，产生的气旋式环流才消失，湾内余流流速恢复正常。

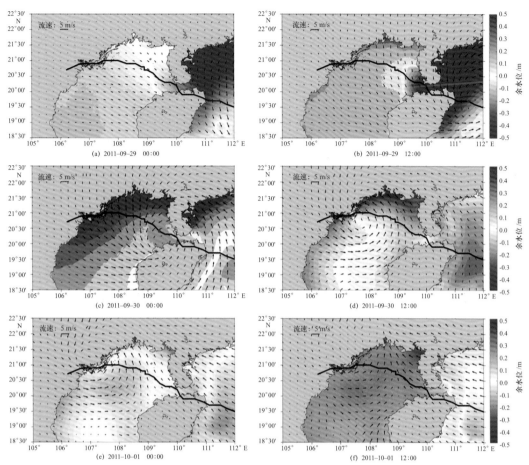

图 10-15　台风"纳沙"进入北部湾前后风场（m/s）和余水位（m）变化

黑色箭头表示风场，黑线表示台风轨迹，红点表示台风中心

　　根据以上现象，我们认为，风尤其是台风是诱发风暴射流产生的直接原因。为了进一步证明台风是否进入北部湾对风暴射流的影响，设计了实验3，在台风"纳沙"登陆海南岛后，将风场与气压场更换成气候态平均，探究在气候态平均的风场与气压场的影响下，北部湾余流场变化。此时，9 月 30 日之后的气候态风场主要以东北风与东风为主，这有利于海水向广西沿岸输运（Chen et al.，2019）。当 9 月 30 日之前，台风未进入北部湾时，图 10-17 中的余流场分布与图 10-16 的类似，而 9 月 30 日之后，虽然风场有利于在广西沿岸的海水向西输运，并且琼州海峡西侧的余流流速同样很强，但是在北部湾沿岸余流流速却很小，并未产生较强的余流，而是维持了原有潮波系统的调控。这表明了，风暴射流的产生主要是对台风到来的一种瞬时响应而不是一种常态变化。当台风"纳沙"进入到北部湾后，引起的风暴潮成为北部湾水位剧烈变化的主导因素，同时位于湾内的台风以较强的风速搅拌着广西沿岸的海水，使得在台风中心右侧的海水在风场的影响下出现流速增大或让来自外海的强流流向改变的现象，再考虑到北部湾内水深较浅，整层海水都易受到风

场与气压场的影响，另外，由于北部湾半封闭弧形海湾这一地形因素的制约，使得在台风
右侧产生的强西向流沿广西沿岸流动，从而形成了沿岸的风暴射流。

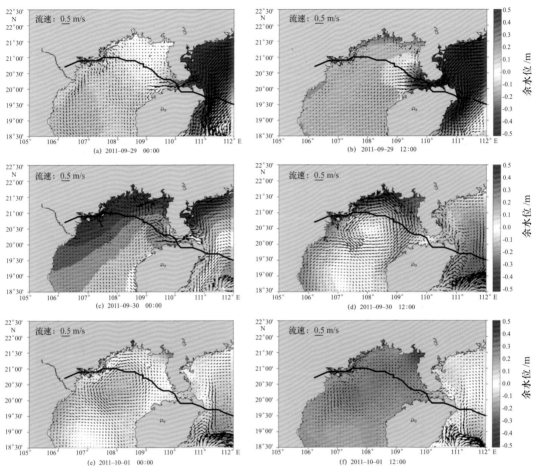

图 10-16　台风"纳沙"进入北部湾前后余流场（m/s）和余水位（m）变化

黑色箭头表示余流，黑线表示台风轨迹，红点表示台风中心

10.5.2　动量平衡分析

通过观测和数值模拟实验表明，台风进入北部湾后，会改变北部湾的环流形态并导致
风暴射流的产生。因此，借助数值模拟的动量平衡分析，选取 T5 站作为主要研究对象，
进一步深入探究台风进入北部湾期间，风暴射流响应风场产生的动力机制。

在纬向与经向的动量平衡方程可以表示为

$$-fv + g\frac{\partial \zeta}{\partial x} + \frac{1}{\rho}\frac{\partial P}{\partial x} + \vec{V} \cdot \Delta u + \omega\frac{\partial u}{\partial z} - \frac{\partial}{\partial z}\left(K_m\frac{\partial u}{\partial z}\right) - F_u + \frac{\partial u}{\partial t} = 0 \qquad (10\text{-}30)$$

$$fu + g\frac{\partial \zeta}{\partial y} + \frac{1}{\rho}\frac{\partial P}{\partial y} + \vec{V} \cdot \Delta v + \omega\frac{\partial v}{\partial z} - \frac{\partial}{\partial z}\left(K_m\frac{\partial v}{\partial z}\right) - F_v + \frac{\partial v}{\partial t} = 0 \qquad (10\text{-}31)$$

式中，f 为科氏力；g 为重力加速度；ζ 为水位起伏；ρ 为海水密度；P 为密度梯度引起的压力；$\overline{V}$ 为速度矢量分量（u，v）；K_m 为垂直黏度系数；F_u 和 F_v 为纬向和经向上的水平扩散项。在动量方程（10–30）和方程（10–31）中从左到右各项分别为科氏力项、正压梯度力项、斜压梯度力项、水平平流项、垂直平流项、垂直扩散项、水平扩散项以及时间变化项。

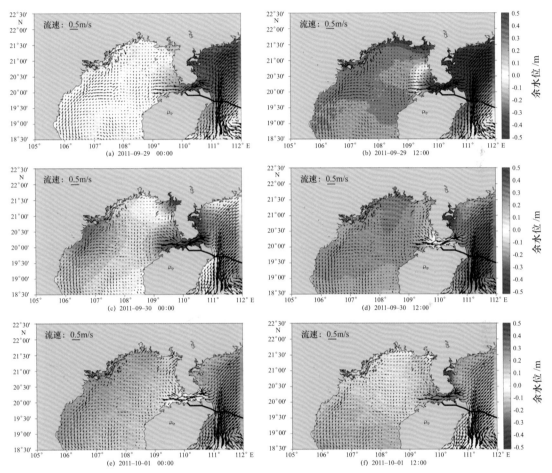

图 10–17　实验 3 条件下北部湾的余流场（m/s）和余水位（m）变化

黑色箭头表示余流，黑线表示台风轨迹，红点表示台风中心

图 10–18 显示了台风"纳沙"进入北部湾前后纬向与经向上的动量平衡时间序列。9 月 29 日前，台风未移动到琼州海峡附近，T5 站纬向和经向上动量平衡各项都很小，在纬向上正压梯度力项、时间变化项占主导地位，其次为水平平流项和垂直扩散项，在经向上主要以垂直扩散项、时间变化项以及正压梯度力项贡献为主，而科氏力项与水平平流项的影响次之。当 9 月 29 日台风移动到琼州海峡附近，并于 9 月 29 日 22 时后进入北部湾后，在纬向上，正压梯度力项迅速增大，而水平平流项也同样迅速呈现负增大，同时垂直扩散

项也呈现负增大，但量值远小于前两项，时间变化项则表现为先负增大后正增大，量值同样小于前面两项。在9月29日台风登陆海南岛时，在经向上，垂直扩散项已呈现较大幅度的正变化，与此同时，正压梯度力项呈现较大的负增长；而在台风进入北部湾后，正压梯度力项和垂直扩散项呈现了反向的变化，正压梯度力项转变为正增大，而垂直扩散项则转变为负增大；与此同时，时间变化项也呈现了正增大，水平平流项也呈现了负增大，但两者随后呈现振荡减小；科氏力项也呈现负增大，但量值小于前面4项。台风消散后，动量平衡各项恢复日常变化情况。

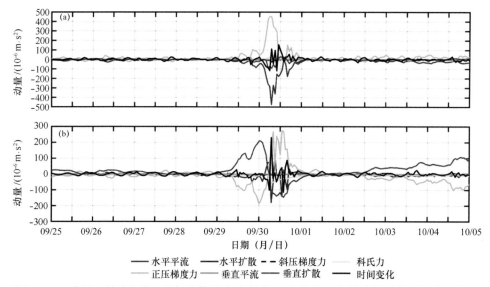

图10-18 台风"纳沙"进入北部湾前后（a）纬向以及（b）经向的动量平衡项的时间序列

台风"纳沙"进入北部湾过程中动量平衡项的变化表明，正压梯度力项、垂直扩散项以及水平平流项起主要作用，表明了风暴射流的产生主要是水位的起伏导致的一种正压变化的响应，与陈波和侍茂崇（2019）的研究结果基本一致。当台风进入北部湾前，受离岸风影响，北部湾湾内各站产生减水，近岸海水由南向外海流出，造成湾内水位降低，因而引起了经向上的正压梯度力项负增大，为了维持方程平衡，经向上海水在垂直方向上减小。而当台风进入到北部湾后，同时也造成了外海海水涌入，近岸水位增高，因而造成了纬向与经向上的正压梯度力项的值呈现正增长、水平平流项负增大，在纬向上水平平流项负增大表明了海水西向运动增强，同时在经向上，科氏力项与垂直扩散项的负增大表明了在T5站的海水除了出现流速增大的情况之外，还发生了流向的转变。整个过程进一步说明，台风进入北部湾前，湾内受离岸风影响，海水向外海流出，近岸水位降低，而当台风进入北部湾后，以向岸风为主，海水从外海向湾内流入，使得北部湾水位也开始升高，为了维持动量方程平衡，水位梯度差产生了驱动力，因而造成了近岸海水流速增大，并在台风风场的作用下，海水在近岸向西运动，最终形成了流速较强的风暴射流，流经广西沿岸。当台风减弱消散后，北部湾湾内水位也基本升高到同一水平线，水位梯度差减小，产生的正压驱动力减弱消失，最终导致了风暴射流也几乎同步减弱消失。

10.5.3　琼州海峡西向流的响应

陈波与侍茂崇通过数值模拟分析后发现，琼州海峡向西的水量输运对北部湾北部环流的影响最大，而风的影响次之，并且琼州海峡西向流与北部湾湾内出现气旋式环流密不可分（陈波和侍茂崇，2019；侍茂崇，2014）。而台风"纳沙"进入北部湾之后，北部湾湾内余流也同样形成了一股气旋式环流，同时也发现琼州海峡内以及琼州海峡西侧口出现余流流速增大的现象（图 10–16）。为了进一步分析"纳沙"台风登陆期间琼州海峡与北部湾输运变化情况，探究琼州海峡西向流与风暴射流的产生的联系，选取了 7 个断面（图 10–3，断面 S1 至断面 S7），分别计算各个断面的余流流量。

计算结果表明［图 10–19（a）］，在 9 月 23 日之前，位于琼州海峡西侧出口的断面 S2 余流存在较弱西向输运，流量小于 0.2 Sv，而当 9 月 23—28 日台风中心逐渐向琼州海峡靠近时，断面 S2 西向余流流量开始缓慢增大，当 9 月 28 日至 30 日台风中心经过琼州海峡时，琼州海峡西向流流量呈现瞬时先减小后增强的变化趋势，最大流量为0.7 Sv。与此同时，断面 S7 向南的余流流量增加，进一步统计表明，此阶段北部湾内的海水主要从断面 S7 处向外海流出，而断面 S2 处的进入北部湾内的海水还相对较少，因此湾内总体产生减水。在台风"纳沙"未进入北部湾时，其外围风场以离岸风（北风）的形式控制着北部湾（图 10–16），使得北部湾沿岸表现为减水，而在雷州半岛东侧则出现大量增水，造成了琼州海峡东西两侧形成了高低水位差［图 10–19（b）］，有利于琼州海峡西向流的增强。当 9 月 30 日台风进入到北部湾后，断面 S2 仍然保持着向湾内输运海水，但余流流量呈现下降。而位于北部湾沿岸的断面 S3 到断面 S6 同时出现余流流量突然增大的现象，断面 S3 到断面 S5 流量从东向西依次增大，由不到 0.05 Sv增大到 0.22 Sv，而到了断面 S6 时，最大流量略微减弱为 0.2 Sv。10 月 1 日后，台风减弱消散，余流流量也逐渐减弱。

俎婷婷（2005）的模拟结果显示，当给定流量为 0.1 Sv 的琼州海峡西向流时，北部湾北部就会出现明显的气旋式环流。而通过琼州海峡进入北部湾后的海水一般可分为两支，一支与湾内向南的流动汇合后沿着海南岛西侧流出北部湾，另一支向北形成沿岸流，沿着广西沿岸流动最终沿着越南岸线流出北部湾（Chen et al.，2019；朱冬琳等，2019）。从图 10–15 和图 10–16 中可以看到，台风在粤西沿海激发了琼州海峡西向流的瞬时增大，而北部湾未受到强风影响时，琼州海峡西向流进入北部湾后，主要与北部湾内的南向流汇合后向南流出外海，此时北部湾沿岸并未产生流动较强的风暴射流［图 10–19（a）］。Wu

等（2008）通过数值分析后发现，琼州海峡西向流增大，会导致更多的正位涡平流进入到北部湾，为了维持位涡守恒，湾内会产生气旋式环流。而当台风进入北部湾后，琼州海峡西侧在台风中心附近偏东南风的作用下，较强的西向流更多进入了北部湾，使正位涡净输入湾内，因此需要负的摩擦力矩来平衡，从而导致更多的琼州海峡西向流在进入北部湾后，产生了气旋式环流，环流中心位于台风中心右侧，并且向台风路径靠拢，但滞后于台风。同时，更多的进入北部湾的琼州海峡西向流处于高水位状态，在北部湾形成了较大的水位梯度，并且在台风风场、岸线与地形的限制下，北部湾近岸附近由水位梯度差驱动，驱动了近岸海水向西运动增强，从而产生了流经广西沿岸的风暴射流（图10-17），与此同时，在北部湾北部出现的气旋式环流有利于风暴射流流速增强。当台风强度逐渐减弱直至消散，琼州海峡西向流强度也减弱，进入湾内的位涡平流也减少，同时近岸的水位梯度差也在减小，并且湾内产生的气旋式环流也随着台风的变化逐渐消散，因此风暴射流也逐渐减弱消失。这表明，台风登陆过程引起的外海对北部湾位涡输入变化，也是激发风暴射流产生的重要因素之一，下一章将重点分析与讨论。

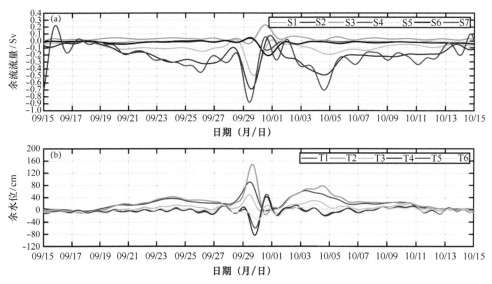

图10-19　2011年台风"纳沙"期间7个断面（a）余流流量变化（以向东、向北为正）和（b）6个站点余水位变化

琼州海峡西向水体输运量在冬季为0.2 ~ 0.4 Sv，夏季为0.1 ~ 0.2 Sv（Shi et al.，2002），而在台风"纳沙"期间，西向输运量可迅速增大到0.4 Sv以上，最大可达0.7 Sv。进入北部湾后造成湾内较大的水位梯度差，在广西近岸（断面S4至断面S6）产生向西的水体输运，流量从日均小于0.05 Sv突然增大到0.2 Sv左右而之后又恢复为日均0.05 Sv左右。这有利于琼州海峡海水及营养盐向北部湾输运，同时也有利于北部湾近岸产生的营养盐以及污染物向西甚至向外海输运（Shi et al.，2002）。

10.5.4　陆架陷波的作用

台风"纳沙"到来前后，琼州海峡两侧存在较大的水位差，有利于东西方向的水体输运，这一过程与台风激发的陆架陷波有关（吕蒙等，2019）。同样，文先华等（2017）通过 FVCOM 进行模拟后发现，台风登陆过程在粤西海域陆架上激发了向西南传播的陆架陷波，并且陆架陷波引起的余流流速可达 1 m/s，符合产生风暴射流的条件。

为了探究台风"纳沙"期间陆架陷波与风暴射流的关系，选取了南海北部 6 个站点（图 10-3，T1 站至 T6 站），并且对水位进行了 25 h 的低通滤波，得到各个站点的余水位变化［图 10-19（b）］。从余水位曲线中可以看到，台风"纳沙"到来前，T1 站与T2 站逐渐产生了高水位，这是由于台风的外围风场以北向风控制为主，与再加上地形的作用，驱动海水向岸运动，使得粤西沿岸与琼州海峡东侧水位堆积，尤其是在 T2 站水位异常增高可达 1.5 m。这表明台风的沿岸风分量激发的陆架陷波与局地风暴潮增水的相互作用，会使得沿岸水位进一步增大（丁扬，2015）。同时，水位的增高有利于琼州海峡西向水体输运的增强，高水位也对应着较高的余流流量（图 10-19），意味着陆架陷波的传播会促进琼州海峡西向输运的增强。

丁扬（2015）通过数值模拟发现，陆架陷波在琼州海峡处会分成两支：一支通过琼州海峡从东往西进入北部湾；另一支顺时针绕海南岛形成绕岛波。当台风 9 月 29 日登陆海南岛后，粤西沿岸风向转变为东南向风，此时产生的沿西南方向的埃克曼输运，这对低频波动信号产生了阻碍（夏华永等，1999），同时风速减弱，对琼州海峡的影响也随之减弱，因而在 T3 站并未产生像 T2 站如此高的水位。从图 10-19（b）中，T3 站到T6 站在 9 月 29 日至 10 月 1 日的水位峰值变化可以看出，T3 站的波动信号北上沿着雷州半岛西侧传到了广西沿岸。这表明当台风从陆地进入到北部湾海面后，台风会再次增强，风速增大，在琼州海峡西侧附近海面会再一次激发陆架陷波的信号，并在风场与地形的作用下促进波动信号沿着雷州半岛西侧传到广西沿岸，造成了广西沿岸从铁山港到白龙尾由东向西开始增水。同时，高水位也对应着较强的余流流速与流量，也有利于在广西近岸形成较大的水位梯度驱动力。因此，陆架陷波的传播同样也可能会导致较大的水位梯度，其在广西近岸传播方向以向西为主，这也有利于驱动近岸海水向西运动增强，从而导致风暴射流的产生。

10.6　不同台风路径对风暴射流的影响

据陈波等（2014）统计，影响广西台风移动路径可分为西北型、西行型、北行型共 3种类型，其中以西北型次数最多，其次为西行型，最少为北行型。而张操（2014）则将影响北部湾的台风为两类：一类是直接进入北部湾的台风，这也是研究北部湾风暴潮的最常见的一类；另一类则是台风中心不经过北部湾海域，而通过其外围风场对北部湾造成影响，从而引发北部湾湾内风暴潮的产生，并且这一类台风有两种路径：第一种是先在雷州半岛及广东沿海登陆（例如，台风"启德"），之后持续向西北方向移动从而进入广西境内，第二种是经过海南岛以南并最终在越南沿海登陆。

为了进一步分析不同台风路径对风暴射流的影响并探究琼州海峡西向流是如何响应台风路径变化的，结合黄子眉等（2019）。根据资料分析得出对北部湾风暴潮影响具有代表性的台风过程，从中选取了4个路径不同的历史台风：以先在粤西沿海登陆而后进入广西沿海的台风"启德"；与台风"纳沙"路径相似的，从琼州海峡穿过后进入北部湾的台风"海鸥"；先在海南岛东南角登陆，而后转向北上进入北部湾的台风"莎莉嘉"；经过海南岛南部之后在越南南部登陆，通过外围风场影响北部湾的台风"康森"。4种台风的移动路径示意图如图10-4所示。通过分析不同台风登陆路径前后水文变化，并结合台风登陆时的强度以及风场变化，探究不同台风登陆路径造成的风暴射流对北部湾输运变化的影响，进一步阐明在不同路径的台风期间琼州海峡西向流与风暴射流产生的关系。

10.6.1 水位验证

采用黄子眉等（2019）收集的观测站水位结果对模型结果进行初步验证。图10-20为在不同台风进入北部湾后造成的模型和观测增减水变化。图10-20（a）显示，在台风"莎莉嘉"进入北部湾前，北海、钦州、防城港3站观测水位都先出现了超过80 cm的减水，在台风"莎莉嘉"登陆后，3个观测站出现增水，其中以钦州站增水最大，为83 cm，其次是北海站，最大增水67 cm，防城港站最大增水46 cm，3个观测站平均最大增水为65 cm。模型结果与观测相比，减水过程与观测相比偏小，北部湾3个观测站平均最大减水为66 cm，而最大增水平均为66 cm，与观测站相比误差较小，模型对台风"莎莉嘉"引起的风暴潮增水模拟较好。

图10-20（b）为在台风"启德"进入北部湾期间模型与观测增减水的变化。图中显示，3个观测站在台风"启德"登陆前的减水过程差异较大：北海站最大减水仅为27 cm，而钦州站最大减水则为113 cm，防城港站最大减水为57 cm，同样最大增水也呈现相似的分布，钦州站的增水最多，最大增水为107 cm，其次是防城港站的87 cm，最少为北海站的68 cm。而模型与观测相比存在不小的差异，在3个站点模型模拟的最大减水平均为33 cm，且分布均匀，3个站点并未呈现较大的差异，并且增水过程也相对较弱，平均最大增水为48 cm，与观测相比还存在差距，但模型模拟的水位变化结果的总体变化趋势与实测水位变化类似，依然可以展现台风进入北部湾前后水位的总体变化趋势。

图10-20（c）和图10-20（d）分别为台风"康森"与台风"海鸥"进入北部湾前后模型与观测的增减水变化。在图10-20（c）中，3个观测站的实测水位同样存在略微不同，最大减水都超过了60 cm，但增水极值存在差异，防城港站增水最大，增水峰值为

106 cm。模型对水位变化的趋势模拟得相对较好，同样出现了增减水过程相比观测偏低，并且增水峰值出现的时间相比观测略微推迟 3 ~ 5 h。台风"海鸥"在 4 个台风中强度最强，因而在台风"海鸥"登陆前后造成的增减水幅度最大，实测水位平均最大减水为 63 cm，平均最大增水为 147 cm，最大增水出现在钦州站，达 166 cm。模型在台风"海鸥"期间模拟的结果呈现较好，但也存在着差异，例如平均最大减水为 78 cm，相比实测水位偏大，平均最大增水为 120 cm，增水极值为钦州站的 132 cm，与实测结果相比存在 20 cm 以上的差异。

从图 10–20 整体可以看到，在不同路径的台风进入北部湾之前，观测水位都呈现先减水后增水的特征，并且在台风登陆期间都是钦州站减水最为剧烈，最大减水都超过 80 cm，其次为防城港站，减水变化最小为北海站，增水变化同样也类似。这与钦州站、防城港站所处的港湾地形较为复杂，容易发生发水倒灌现象有关（陈波和邱绍芳，2000b），因此在台风登陆之际容易造成较大的风暴潮增减水。在 4 种不同路径的台风中，观测站与台风中心的距离以及台风的强度也是影响增减水程度的因素。例如，台风"海鸥"进入北部湾时［图 10–20（d）］，风力达 13 级，并且台风中心沿西北方向在北部湾海域移动，台风中心距离 3 个观测站距离相对较近，因此造成的水位波动变化最为剧烈，最大增水都超过了 1 m。以此类推，其次分别为台风"启德"与台风"莎莉嘉"，增水的峰值都超过 80 cm，最小为台风"康森"，由于台风中心离广西沿岸较远，但是受其外围风场的作用，北部湾仍有超过 40 cm 的增水。

与观测站数据相比，模型模拟的水位在台风进入北部湾之际，都出现不同程度的差异。例如，在图 10–20（a）中，台风"莎莉嘉"进入北部湾前后，模型模拟的最大增减水变化与观测相比明显偏小，同时峰值出现的时间相对推迟两三个小时。模型模拟其余台风也部分存在类似的结果，推测这些差异与所选取的 ERA5 风场与真实风场强度存在的差异有关，同时也与当时各个站点所处的具体地形与模型存在的差异有关。但总体而言，模型大体能够较好地模拟 4 种不同路径的台风进入北部湾前后广西沿岸的各站点增减水的趋势变化，因而可对模型模拟的水文结果进行进一步分析。

10.6.2　风暴射流的垂直结构特征

为了进一步分析风暴射流的垂直结构特征，选取了位于北部湾沿岸的断面 S4 至断面 S6（图 10–3），并着重分析台风进入北部湾后一天内每小时各个断面的余流在垂直方向变化情况。

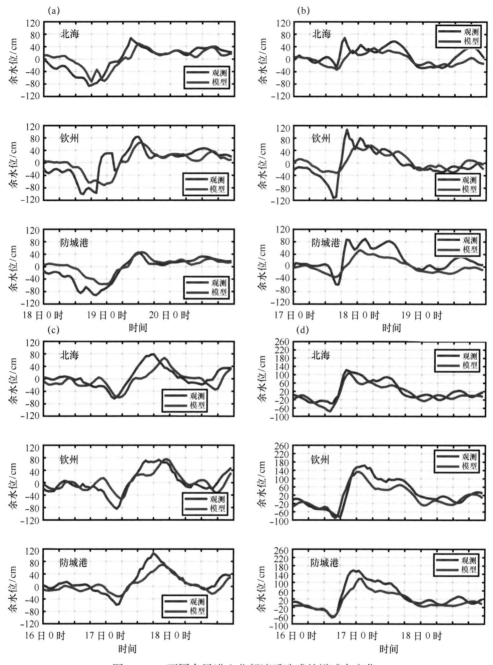

图 10–20　不同台风进入北部湾后造成的增减水变化

（a）台风"莎莉嘉"；（b）台风"启德"；（c）台风"康森"；（d）台风"海鸥"

在断面 S4 中（图 10–21），5 种不同台风在进入北部湾后，流经断面 S4 的余流基本都呈现了先转向偏东后转为西向，并且流速迅速增大，最大可达 1 m/s 以上。风暴射流核心一般主要集中在距离岸边界 0～5 km，而风暴射流的范围随着水深的增加而减少，其最大范围可超过 20 km 甚至达 35 km 以上，并且强流速核心一般处于 0 ～ 10 m 的水深范围内，最深不超过 13 m。当台风远离断面 S4 后，流经断面的风暴射流流速减弱，流核基本消失，但其流向仍然维持向西，这意味着产生的瞬时风暴射流已减弱或已流向西向下游。

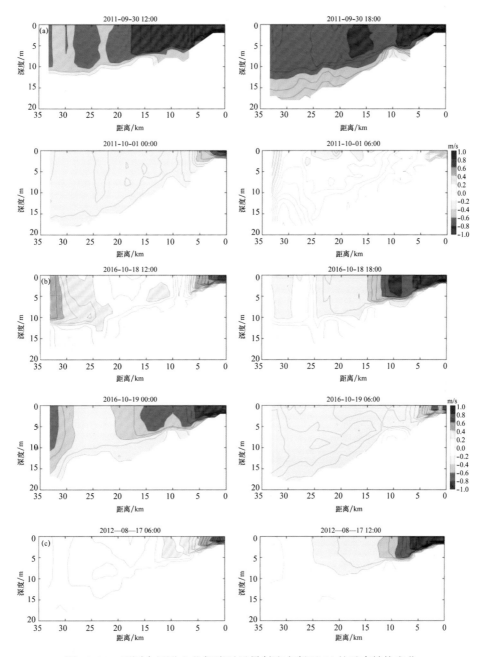

图 10–21　不同台风进入北部湾后风暴射流在断面 S4 的垂直结构变化

（a）台风"纳沙"；（b）台风"莎莉嘉"；（c）台风"启德"；（d）台风"康森"；（e）台风"海鸥"，以向东为正方向

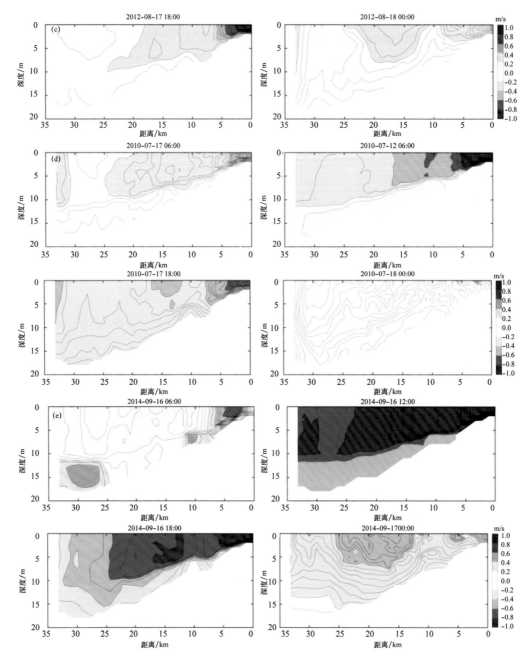

图 10-21　不同台风进入北部湾后风暴射流在断面 S4 的垂直结构变化（续图）

（a）台风"纳沙"；（b）台风"莎莉嘉"；（c）台风"启德"；（d）台风"康森"；（e）台风"海鸥"，以向东为正方向

　　断面 S5 的风暴射流的变化情况（图 10-22）与断面 S4 基本相似，但其出现及减弱的变化情况在时间上相比于断面 S4 更为推迟，意味着风暴射流从上游断面 S4 或断面 S4 以东产生，之后沿广西沿岸向西流动。同时，在断面 S5 的风暴射流流速更大，流速的核心

范围比在断面 S4 的更宽，为 0 ~ 10 km，并且当风暴射流较强时，流速大于 1 m/s 的范围更宽，可超过 35 km，这表明风暴射流流经断面 S5 时，强度得到了加强。风暴射流强流区总位于水深 13 m 内，表层仍然最强。

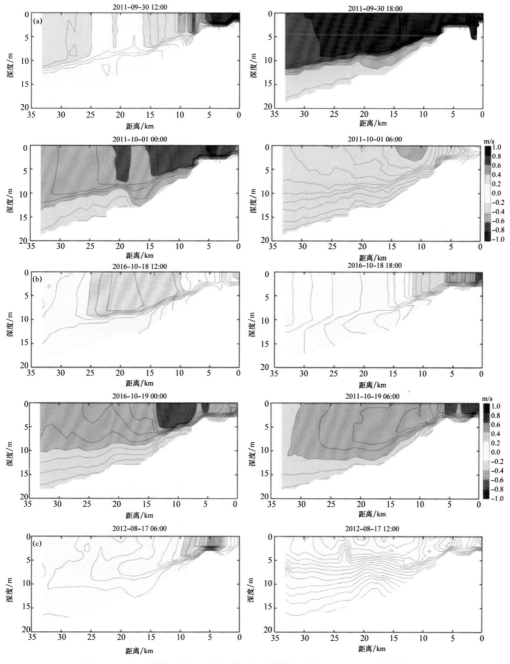

图 10–22　不同台风进入北部湾后风暴射流在断面 S5 的垂直结构变化

（a）台风"纳沙"；（b）台风"莎莉嘉"；（c）台风"启德"；（d）台风"康森"；（e）台风"海鸥"，以向东为正方向

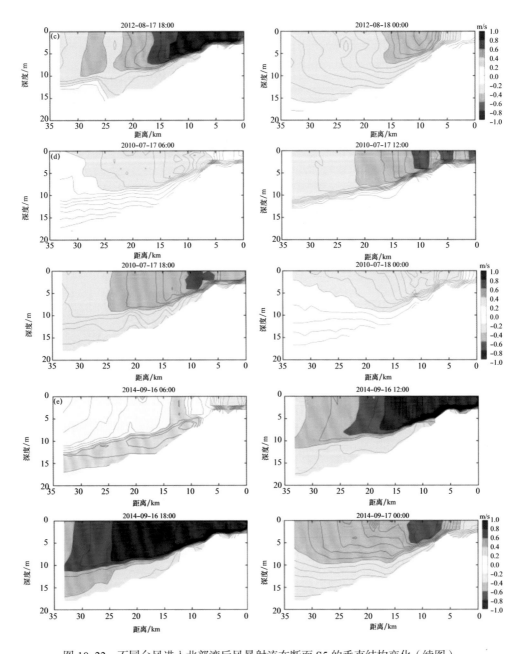

图 10-22　不同台风进入北部湾后风暴射流在断面 S5 的垂直结构变化（续图）

（a）台风"纳沙"；（b）台风"莎莉嘉"；（c）台风"启德"；（d）台风"康森"；（e）台风"海鸥"，以向东为正方向

　　断面 S6 的余流变化（图 10-23）同样与断面 S4 和断面 S5 的情况相似，也是以西向流为主，并且风暴射流出现的时间相比于断面 S4 与断面 S5 更为推迟一些。同样，风暴射流的流核也主要位于离岸 0 ~ 10 km 的范围内，但在断面 S6 内流核的流速已相对减弱，并且流速大于 1 m/s 的范围已经变窄，在垂直方向上风暴射流也同样位于 10 m 水深内，

最大同样不超过 13 m。台风离开后，风暴射流也同样减弱。

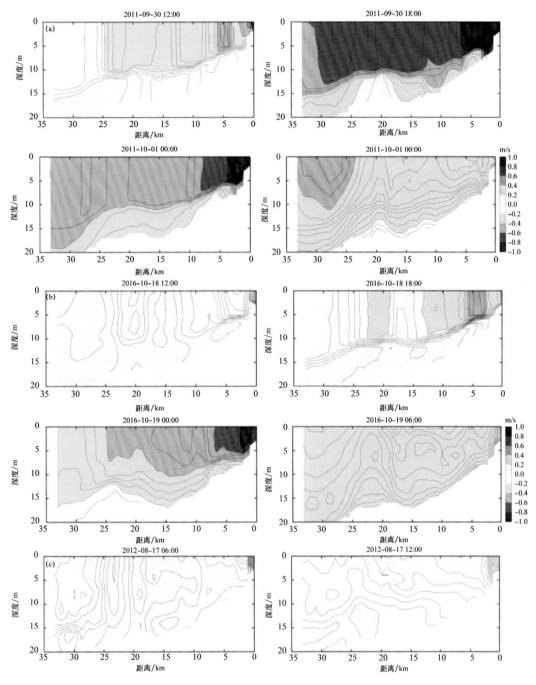

图 10–23　不同台风进入北部湾后风暴射流在断面 S6 的垂直结构变化

（a）台风"纳沙"；（b）台风"莎莉嘉"；（c）台风"启德"；（d）台风"康森"；（e）台风"海鸥"，以向东为正方向

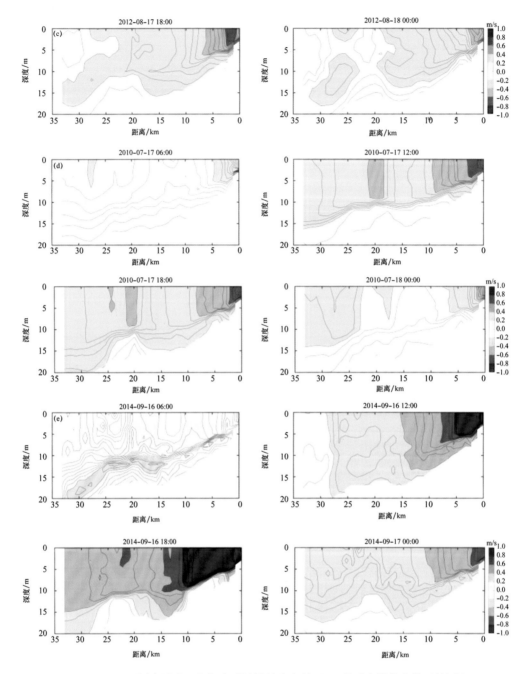

图 10-23　不同台风进入北部湾后风暴射流在断面 S6 的垂直结构变化（续图）

（a）台风"纳沙"；（b）台风"莎莉嘉"；（c）台风"启德"；（d）台风"康森"；（e）台风"海鸥"，以向东为正方向）

　　对比 3 个断面风暴射流的变化情况可以看到，在出现风暴射流前，3 个断面的余流主要先转向北向或偏北向，之后开始持续出现西向流，并且流速迅速增大，表明风暴射流的产生。同时，风暴射流先出现于断面 S4 以东，之后再流经断面 S5，并且流到断面 S5 时强度得到加强，而后流经断面 S6，此时风暴射流的强度已相对减弱。风暴射流的流核主要位于近岸 0 ~ 10 km，而流速大于 50 cm/s 的水平范围最宽可达 35 km 以上，在垂直方向上，风暴射流主要在 0 ~ 13 m 水深范围内，并且主要集中在上表层。在台风离开 3 个断面并且强度减弱后，风暴射流的大于 1 m/s 的流核消失，流速减弱，但仍然维持西向的流动。

10.6.3　水体输运变化分析

本节选取了图 10–3 中的断面 S2、断面 S6、断面 S7，并计算不同台风进入北部湾前后，位于北部湾与外海海水交换处的断面 S2 和断面 S7 以及位于白龙尾附近的断面 S6 的余流流量变化，借以分析不同台风进入北部湾的路径以及强度对北部湾输运变化的影响。

图 10–24 为不同路径台风进入北部湾前后断面 S2、断面 S6、断面 S7 的余流流量变化。从图中可以看出，在无台风时，断面 S6 都一直保持较低的余流流量，基本不超过

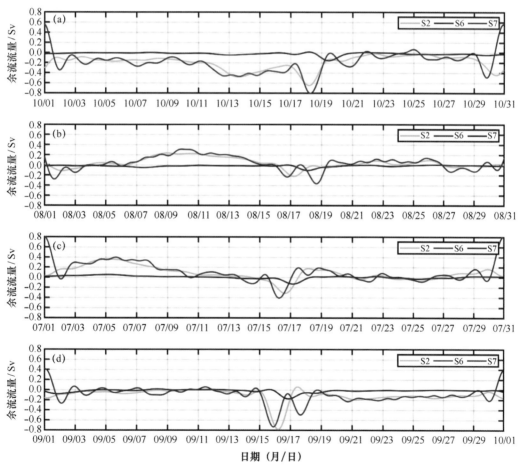

图 10–24　不同台风进入北部湾前后断面 S2、断面 S6、断面 S7 余流流量变化

（a）台风"莎莉嘉"；（b）台风"启德"；（c）台风"康森"；（d）台风"海鸥"；以向东、向北为正

0.05 Sv。当 4 种不同路径的台风进入北部湾之后，断面 S6 都呈现了余流流量瞬时增大的现象，量值都超过了 0.1 Sv，最大则达到了 0.2 Sv。而当台风减弱消散后，断面 S6 的余流流量又迅速恢复正常，量值保持小于 0.05 Sv。这表明了不同路径台风进入北部湾后，即使台风登陆时强度存在差别，但都会造成北部湾湾内余流流量瞬时增大，并且量值都可增大到 0.1 Sv 以上，最大可超过 0.2 Sv，同时也表明在断面 S6 处出现了风暴射流。

在不同路径的台风进入北部湾前，断面 S2 和断面 S7 余流流量比断面 S6 先瞬时增大，并且一般情况下断面 S7 的余流流量大于断面 S2 的，基本上断面 S7 的平均余流流量为 0.5 Sv，最大可达 0.8 Sv，而断面 S2 的平均余流流量为 0.4 Sv，最大同样可达 0.8 Sv。当台风进入北部湾并逐渐减弱消散后，断面 S2 的余流流量迅速减小，经过 1 ~ 2 d 的振荡调整后，基本恢复稳定，而断面 S7 的余流流量则呈现先迅速减小，在断面 S6 余流流量先迅速增大而又迅速减小之后，断面 S7 的余流流量又出现迅速增大的"余震"。这些现象表明了台风未进入北部湾时，北部湾湾内受台风的外围风场影响，主要以离岸风（北风）为主，因此北部湾湾内出现大量减水，并主要通过断面 S7 流出，造成了断面 S7 余流流量的瞬时增大，同时在粤西沿海，以向岸风为主，造成了琼州海峡东西两侧的水位差，有利于产生向西的水体输运，造成了断面 S2 的余流流量增大，海水从琼州海峡流入北部湾。当台风进入北部湾后，此时台风减弱并逐渐消散，对琼州海峡的影响也减弱，因而造成了琼州海峡西向流减弱，外海琼州海峡流入北部湾海域的海水减少，同时由于此前较强的西向流进入北部湾，造成了北部湾湾内增水，之后又通过断面 S7 再次流出外海，造成了断面 S7 余流流量再次增大的现象。

这些现象，与前文台风"纳沙"的结果基本类似。这表明，不同台风路径进入北部湾前后，都会造成琼州海峡西向流增强，有利于外海向北部湾湾内的水体输运，有利于北部湾与外海进行水交换，此时海水主要通过琼州海峡进入北部湾，而通过北部湾南部（断面 S7）流出外海。同时也表明了，在台风进入北部湾后，在广西沿岸尤其是白龙尾 T5 站附近，都会较为稳定地产生瞬时 0.1 Sv 以上向西的水体输运，也从另一方面佐证了不同路径台风进入北部湾，都会诱发在广西沿岸的西向风暴射流出现。当台风减弱并消散后，由于之前台风造成了湾内的大量增水，而之后海水仍然保持想北部湾南部流出的状态，因而导致了北部湾南部余流流量再次出现增大的现象。因此，我们认为，这些现象变化与台风进入北部湾的路径不同无关，而是与琼州海峡西向流的响应变化有关。另外，台风登陆时的强度、风速以及移速等（表 10–1），也会对北部湾水文变化造成潜在的影响，因而造成了在不同台风登陆前后，断面 S2 和断面 S7 的余流流量存在显著差异。

10.6.4 位涡输入变化与风暴射流的关系

不同路径的台风进入北部湾后，除了引起琼州海峡西向流的增强，向北部湾输运更多的水之外，还在湾内引起了一股气旋式环流，并且环流中心略滞后于台风中心移动路径（图

10–25 至图 10–28）。这与台风"纳沙"登陆后北部湾湾内的余流场情况类似，针对这一现象，上节的主要解释为：北部湾内正的位涡输入增大，湾内产生气旋式环流来维持位涡平衡，同时气旋式环流的产生也促进广西近岸西向流运动增强，在台风进一步的作用下形成了流速较强的西向风暴射流流经北部湾沿岸。本节将从不同台风路径登陆前后北部湾位势涡度的输入变化具体展开，从中更为详细地探究位涡输入变化对琼州海峡西向流以及风暴射流的影响。

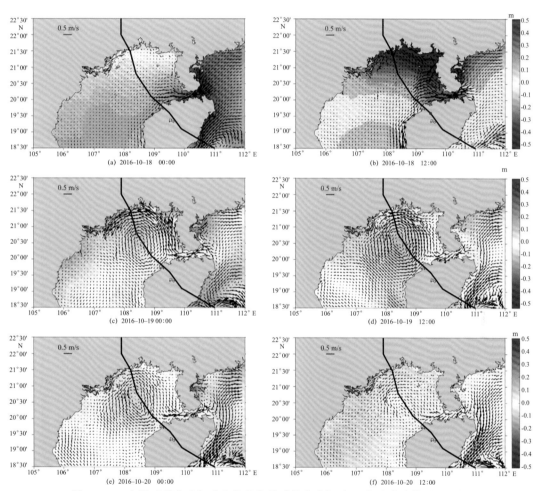

图 10–25　台风"莎莉嘉"进入北部湾前后的余流场（m/s）和余水位（m）变化

黑线为台风轨迹，红点为台风中心，填色为余水位变化

10.6.4.1　位势涡度的积分约束

根据 Yang 和 Price（2000）以及 Wu 等（2008）的工作，对于海洋的等密度面或半封闭海盆中整个水柱（正压），流体微元的位势可由以下等式表示：

$$\frac{\partial \zeta}{\partial t} + \nabla \cdot \left[\vec{u}\left(f + \zeta \right) \right] = F \qquad (10\text{--}32)$$

式中，f 为行星涡度；ζ 为相对涡度；$\vec{u}$ 为速度矢量；F 为摩擦和外力（如风应力）的旋度。从等式（10–32）出发，其面积分可以沿着模型区域内边界 C 的线积分导出（Yang，2005）：

$$\frac{\partial}{\partial t} \oint_C \left(\vec{u}_H \cdot \vec{l} \right) \mathrm{d}s + \oint_C \left(H\vec{u}_H \cdot \vec{n} \right)\left(\frac{f+\zeta}{H} \right) \mathrm{d}s = \iint_A F \mathrm{d}x\mathrm{d}y \qquad (10\text{--}33)$$

式中，$\vec{l}$ 和 $\vec{n}$ 分别为切向和垂直于侧边界 C 的单位向量，H 为水柱深度。Wu 等（2008）认为北部湾流动适应外力的时间尺度较短，因此当粤西沿海的海水向西从琼州海峡流入北部湾后，若流动方向发生改变，很快能够建立稳定的平衡，因此与时间有关的变化可被忽略。同时由于罗斯贝数 $R = \dfrac{U}{fL} \approx 10^{-1}$，相对涡度相比于行星涡度可以忽略不计，再加上切向分量在边界上较小，因此与流入流出相关的相对涡度的积分也可以忽略不计。最后，等式（10–33）化为

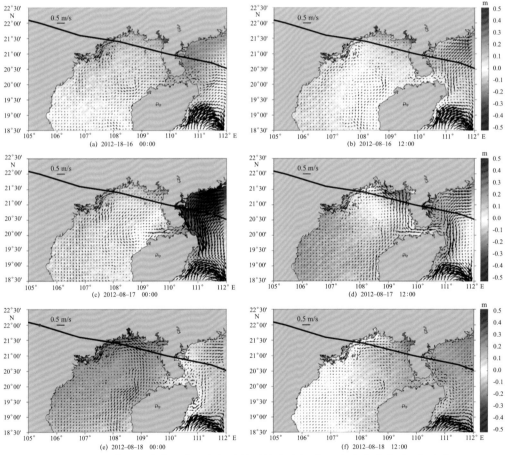

图 10–26　台风"启德"进入北部湾前后的余流场（m/s）和余水位（m）变化

黑色箭头表示余流，黑线为台风轨迹，红点为台风中心

$$\sum_{i=1}^{N} \frac{Q_i f_i}{H_i} = \iint F \mathrm{d}x\mathrm{d}y \qquad (10\text{--}34)$$

对于在北部湾的应用，公式（10–34）可改写为：

$$f\left(\frac{Q_{QZ}}{H_{QZ}} + \frac{Q_S}{H_S}\right) = \iint F \mathrm{d}x\mathrm{d}y \qquad (10\text{--}35)$$

式中，H_{QZ}、H_S 分别为断面 S2 与断面 S7 的水层厚度；Q_{QZ} 和 Q_S 分别为琼州海峡西侧（即图 10–3 中的断面 S2）与北部湾南部（即图 10–3 中的断面 S7）通向外海的输运量，输运量为正表示海水向北部湾湾内输入，输运量为负表示海水从北部湾向外海输出。

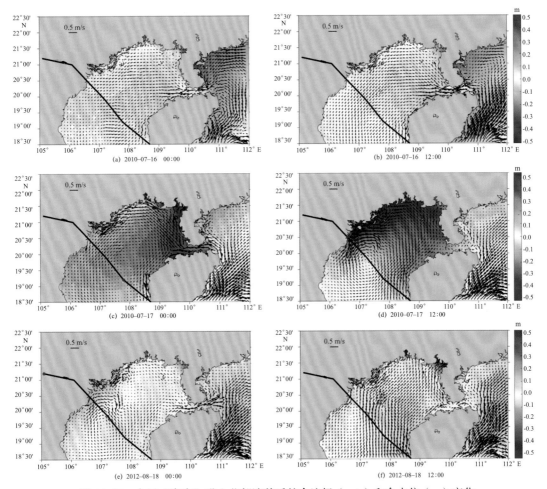

图 10–27　台风"康森"进入北部湾前后的余流场（m/s）和余水位（m）变化

黑色箭头表示余流，黑线为台风轨迹，红点为台风中心

10.6.4.2　位势涡度输入变化

在台风"莎莉嘉"未生成前（2016 年 10 月 13 日前），断面 S2（琼州海峡西侧口）与断

面 S7（北部湾南部）的位涡通量普遍偏小，断面 S2 的位涡通量基本维持在 0.2 ~ 0.4 m²/s²，对北部湾表现为正位涡净输入，而断面 S7 则维持在 –0.4 ~ –0.2 m²/s²，对北部湾主要表现为位涡净输出，二者之和表现为净增加，位涡通量维持在 0 ~ 0.2 m²/s²（图 10–29）。当台风"莎莉嘉"生成并逐渐靠近北部湾时，断面 S2 的位涡通量表现为先增大后减小，最大达到 0.95 m²/s²，而断面 S7 则与断面 S2 相反，位涡通量表现为负增加，二者造成总位涡通量也同样增加，峰值为 0.423 m²/s²。在 10 月 17—19 日，台风"莎莉嘉"靠近并进入北部湾后，使得琼州海峡西向流增强，同时也导致了进一步造成了总位涡通量的增加，最大值可达 0.536 m²/s²。之后，位涡通量变化恢复正常并趋于稳定。

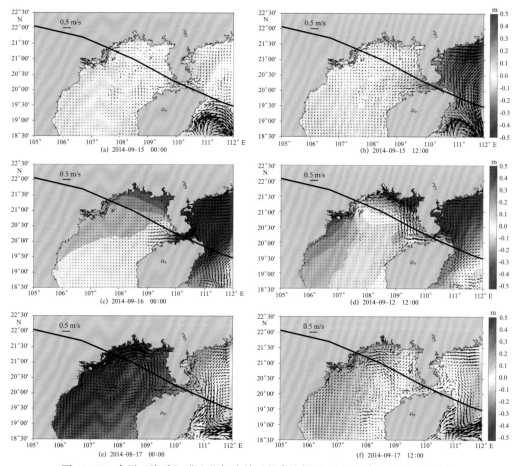

图 10–28　台风"海鸥"进入北部湾前后的余流场（m/s）和余水位（m）变化

黑色箭头表示余流，黑线为台风轨迹，红点为台风中心

与台风"莎莉嘉"的情况相似，台风"启德"进入北部湾时，同样引起了总位涡通量的增加，并且峰值为 0.374 m²/s²（图 10–30）。不同的是，台风"启德"登陆后，总位涡通量达到峰值后，由于断面 S7 的位涡通量增大，导致总位涡通量迅速减少，最低达到

−0.384 m²/s²，之后同样恢复正常。

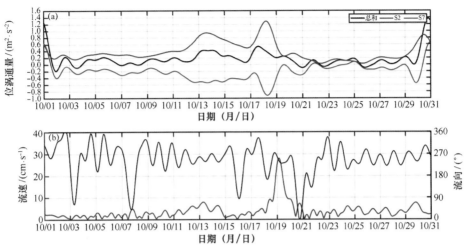

图 10–29　台风"莎莉嘉"进入北部湾前后（a）位涡通量变化和（b）T5 站余流流速流向变化

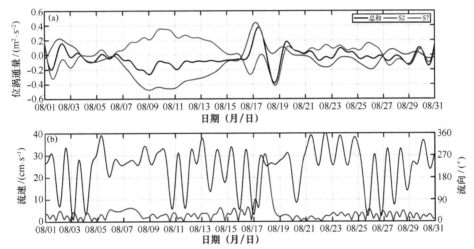

图 10–30　台风"启德"进入北部湾前后（a）位涡通量变化和（b）T5 站余流流速流向变化

　　与前两个台风有很大的不同的是，台风"康森"生成前，断面 S2 主要表现为向外海的输运，因而其位涡输入主要为负，而断面 S7 则与之相反，表现为正位涡净输入。这表明这一时期，海水主要通过北部湾南部进入北部湾，通过琼州海峡流出。当台风"康森"生成并逐渐向北部湾靠近时，台风中心主要位于海南岛东南部和南部，但由于其外围风场在粤西沿海以东风为主，有利于海水向粤西沿岸输运，因而造成了海水的堆积，琼州海峡东西两侧形成了水位差，同时也对断面 S2 造成了显著影响，促使断面 S2 处海水逐渐由从北部湾向外输出转变为从琼州海峡向北部湾输入，因此此时断面

S2 的位涡输入在不断增加，并于 7 月 16 日 16 时达到最大值 0.623 m²/s²，而同一时期断面 S7 与断面 S2 相反，其位涡通量逐渐减小，同样于 7 月 16 日达到最低值 –0.46 m²/s²（图 10–31），表明海水主要从断面 S7 流出。此时总位涡输入也在快速增加，并且在 17 日台风"康森"进入到北部湾后，总位涡输入达到净的最大值 0.446 m²/s²。当台风逐渐减弱并消散后，两个断面的位涡输入也逐渐减小，量值均维持在 –0.2 ~ 0.2 m²/s²，之后趋于常态。

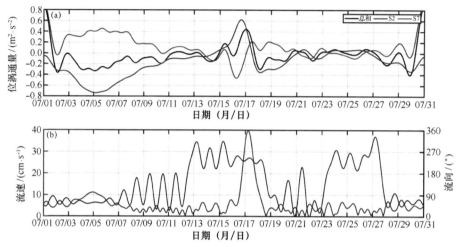

图 10–31　台风"康森"进入北部湾前后（a）位涡通量变化和（b）T5 站余流流速流向变化

台风"海鸥"的路径与台风"纳沙"的基本类似，不同的是台风"海鸥"进入北部湾的强度比台风"纳沙"更强，破坏性更大，对海面的影响也更大。在台风"海鸥"生成前，断面 S2 和断面 S7 的位涡通量维持在 –0.2 ~ 0.2 m²/s²，总位涡通量在附近上下震动（图 10–32）。9 月 15—16 日当台风逐渐向琼州海峡靠近时，引起了粤西沿海的高水位，因此造成了琼州海峡西向流的增强，从外海主要通过琼州海峡向北部湾输运海水，从北部湾南部向外输运海水，同时也导致了断面 S2 的位涡输入增大，断面 S7 的位涡输入减小，但总位涡输入总和为增大。当台风"海鸥"逐渐移动到琼州海峡并进入北部湾后，总位涡输入迅速增大，由于台风"海鸥"是以 13 级的风力进入北部湾，对北部湾影响更大，具体表现为，在此期间断面 S2 的位涡通量增大到 1 m²/s² 以上，最大可达 1.56 m²/s²，总位涡通量最大可达 1.05 m²/s²。当台风"海鸥"风力减弱并逐渐消散后，断面 S2 的位涡通量迅速减小，同时断面 S7 的负位涡通量也减小，因此总位涡通量也呈现迅速较小的现象。9 月 21 日之后，总位涡通量维持在 0 ~ 0.2 m²/s²，基本趋于稳定。

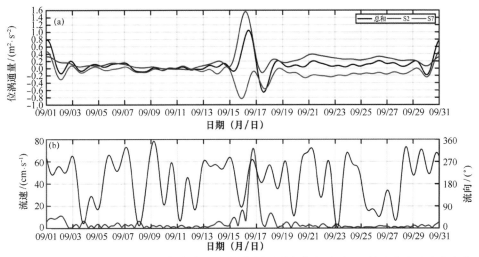

图 10-32　台风"海鸥"进入北部湾前后（a）位涡通量变化和（b）T5 站余流流速流向变化

通过对比 4 种不同路径的台风，可以发现，在台风生成前，除了台风"康森"之外，其余登陆前断面 S2 与断面 S7 的位涡通量维持在 –0.2 ~ 0.2 m²/s²，总通量在 0 m²/s² 附近上下振荡。而当台风生成之后，断面 S2 的位涡通量都从原有状态转变为逐渐增加，断面 S7 的位涡通量则相反从原有状态转变为减少，总位涡通量则表现为较小的增加，当台风逐渐靠近并进入北部湾后，两个断面的位涡通量都迅速增大，同时造成了总位涡通量也迅速增大，表现为对北部湾正的位涡输入，最大值与登陆时台风的风力大小有关。而当进入北部湾后，台风的强度逐渐减弱并消散后，断面 S2 的位涡通量都迅速减小，从而造成了总位涡通量的迅速较小，经过一段时间的振荡调整后，两个断面的位涡通量变化都趋于稳定的常态，基本维持在 –0.2 ~ 0.2 m²/s²。这表明，台风登陆会引起位涡通量的迅速变化，台风到来时，引起的外海水位增高，造成了北部湾与外海的高低水位差，导致了外海向北部湾输运海水，并且主要体现在琼州海峡西向流增强，因而促使从断面 S2 向北部湾输入更多的位涡通量，使得北部湾在台风登陆时更多地表现为净的正位涡输入。

为了进一步探究琼州海峡西向流在台风进入北部湾期间对北部湾位涡输入变化的响应，因此在实验 2 对台风"纳沙"的过程进行模拟的基础上，将琼州海峡东侧封闭，并在此通过台风登陆期间风暴射流变化的情况，进一步阐明台风登陆造成的位涡输入变化对风暴射流的影响。

图 10-33 显示，在台风进入北部湾前，北部湾湾内余流流速较小；当台风"纳沙"接近琼州海峡时，湾内出现减水现象，甚至出现反气旋式环流；当台风进入北部湾后，湾内依然出现了气旋式环流；台风减弱并消散后，气旋式环流存在一段时间后也消失。进一步对比在琼州海峡东侧封闭与未封闭时，台风登陆期间引起的北部湾总位涡通量输入变化图［图 10-34（a）］，发现两种情况的位涡输入变化基本一致，都会产生超过

0.450 m²/s² 的正位涡净输入，并且实验 4 中 T5 站也同样出现了余流流速瞬时增大的现象〔图 10-34（b）〕，从日常不到 5 cm/s 的余流流速迅速增大到 44 cm/s 左右，流向先转为东北向再转为西南向〔图 10-34（c）〕，之后流速迅速减小，恢复为台风未登录北部湾前的状态，同样也出现了风暴射流。

10.6.4.3　对风暴射流的影响

图 10-29（b）至图 10-32（b）的结果表明，不同台风路径进入北部湾前，T5 站的余流流速较小，平均在 5 cm/s 左右，最大不超过 10 cm/s。当台风进入北部湾后，余流流速都出现迅速增大的现象，比平常增大 3 ~ 6 倍，同时在余流流速增大前，T5 站的余流流向先变为东北向，而后又迅速转变为西南流向，并伴随着流速的增大。当台风登陆到越南或广西沿海城市后，流速又迅速较小，并恢复正常。这一现象，与台风"纳沙"登陆后 T5 站余流的变化情况基本相似，说明在台风进入北部湾后，广西沿岸都产生了风暴射流。

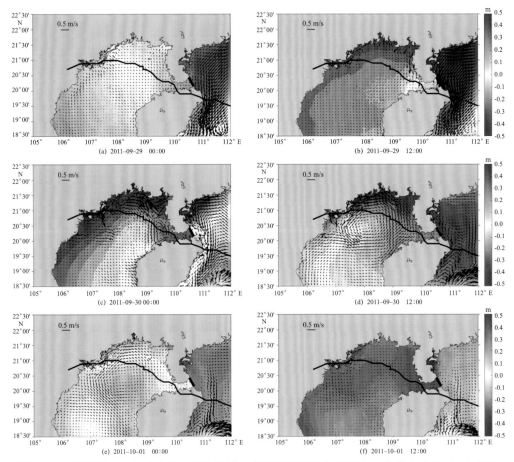

图 10-33　封闭琼州海峡后台风"纳沙"进入北部湾期间的余流场（m/s）和余水位（m）变化

黑色箭头表示余流，黑色细线为台风轨迹，红点为台风中心位置在不同路径的台风进入北部湾后，湾内都出现了气旋式环流（图 10–25 至图 10–28），这同样与台风"纳沙"登陆的情况相似。根据 10.6.2 节的分析可知，台风进入北部湾期间，北部湾湾内先发生减水，琼州海峡东侧增水，造成了水位梯度差，从而引起琼州海峡西向输运增强，余流从琼州海峡流入北部湾，从北部湾南部流出，此时北部湾南部的水深大于琼州海峡的水深，从北部湾南部流出的位涡通量小于从琼州海峡流入的位涡通量，这造成了北部湾输入了更多净的正位涡，根据公式（10–35）可知，为了维持位涡平衡，摩擦力应产生负的位涡促使净摩擦力矩为负，因此导致了北部湾湾内产生了气旋式环流，反之亦然（俎婷婷，2005）。同时，气旋式环流的出现后，导致越南沿岸流转向向南，北部湾向外输出海水增大，北部湾向外输出的位涡也增大，并且此刻琼州海峡西向流在台风强度减弱后其强度也减弱，向北部湾输入的位涡也减弱，导致北部湾正位涡净输入迅速减小，进一步导致之前产生的气旋式环流迅速减弱并迅速消散来维持位涡平衡，因而会出现净的正位涡迅速增大之后又迅速减小，但只产生了气旋式环流的现象。

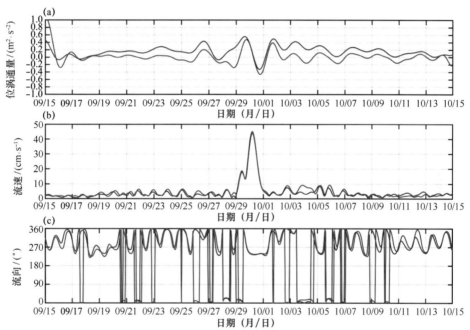

图 10–34　台风"纳沙"进入北部湾期间（a）总位涡通量输入变化，（b）T5 站余流垂直平均流速变化和（c）T5 站余流垂直平均流向变化

红色为封闭琼州海峡东侧，蓝色为未封闭琼州海峡

气旋式环流的出现，促使了广西近岸海水西向流动加强，同时也促使了更多的琼州海峡西向流进入北部湾，使沿岸流流经广西沿岸，客观上促进了西向风暴射流的形成。台风"海鸥"进入北部湾时强度为 13 级，激发的琼州海峡西向流量为 0.75 Sv［图 10–32（d）］，导致在 T5 站的风暴射流最大流速达 71.6 cm/s［图 10–32（b）］；

而台风"启德"虽然登陆时风力为 12 级，但由于琼州海峡西向流流量仅为 0.21 Sv，因而在 T5 站产生的风暴射流最大流速仅为 30.7 cm/s［图 10–32（b）］；台风"莎莉嘉"与台风"康森"进入北部湾时强度为 11 级，激发的琼州海峡西向流流量分别为 0.63 Sv 与 0.28 Sv，造成 T5 站的风暴射流的最大流速分别为 28.0 cm/s 和 39.8 cm/s。这表明台风进入北部湾期间，间接促使琼州海峡西向输运增强，造成对北部湾产生正位涡净输入变化，从而进一步对西向风暴射流的产生与流速大小产生直接的作用。台风中心进入北部湾的路径离琼州海峡越近，造成的琼州海峡西向输运越强，进一步导致正位涡净输入越大，从而引起的广西近岸西向风暴射流的强度也越大。

在琼州海峡东侧封闭后，北部湾只能通过北部湾南部（19°N，106—109°E）与外海进行水交换。可以发现，此时台风进入北部湾期间，通过北部湾南部进入湾内的海水大于流出湾外的，因而外海向北部湾湾内的输运增强，也同样造成了正位涡净输入增加，进一步导致气旋式环流在湾内产生，同时也产生了风暴射流。进一步证明了台风进入北部湾主要通过增强外海向北部湾湾内输运，从而引起正位涡净输入增大，为维持位涡平衡，北部湾湾内产生了气旋式环流，促使从琼州海峡或海南岛西侧进入北部湾的海水北上形成的较强风暴射流流经广西沿岸。

10.7　小结

本章基于 FVCOM 与 ERA5 气象再分析数据，结合白龙尾 T5 站与 S1 站的潮位与海流观测数据，再现了 2011 年台风"纳沙"进入北部湾前后风暴射流产生过程，并且分析了其产生的机制，结果表明：

（1）台风进入北部湾期间所产生的近岸风暴射流是由于水位起伏导致的一种正压变化的响应。根据动量平衡分析，在台风"纳沙"进入北部湾前，会造成雷州半岛东部增水显著，北部湾出现大幅度减水，此时湾内产生较大的水位梯度差，因此产生了驱动力，促使近岸海水流速增大并且向西运动，从而进一步形成流经广西近岸的风暴射流。

（2）当台风"纳沙"逐渐靠近并移动到琼州海峡时，琼州海峡东西两侧也形成高低水位差，有利于琼州海峡产生较强的西向输运，最大输运可达 0.7 Sv，形成了进入到北部湾内的强西向流。当台风"纳沙"进入到北部湾后，位于琼州海峡西口的台风中心风场为偏东风，促使琼州海峡强西向流更多进入北部湾，造成湾内正的位涡输入增大，因而在湾内产生气旋式环流来维持位涡平衡，气旋式环流的产生也有利于广西近岸海水向西运动，进一步造成风暴射流的强度增强。

（3）陆架陷波的传播客观上也有利于风暴射流的产生与增强。台风"纳沙"进入北部湾前，在粤西沿岸激发产生的陆架陷波，在其沿西南方向传播时促进了琼州海峡西向水体输运的增强；当台风登陆海南岛后，风速减弱，对琼州海峡的影响也随之减弱；当台风进入北部湾后，风速再次加强，会在琼州海峡西侧再次激发陆架陷波，同时在陆架陷波传播方向上造成的水位梯度差也有利于产生较强的驱动力，这同样有利于风暴射流的产生。

（4）风暴射流的出现，促使了在广西近岸产生了向西的水体输运，流量从日均小于 0.05 Sv 突然增大到 0.2 Sv 左右，这有利于北部湾近岸的营养盐以及污染物向西甚至向外海输运。

同时，通过使用所建立的北部湾三维风暴潮数值模型，分析不同路径下台风进入北部湾后湾内流场变化，并进一步探讨了在此期间琼州海峡西向流与风暴射流的关系，结果表明：

（1）不同路径的台风进入北部湾后，所激发的近岸风暴射流，主要以西向以及偏西向流为主，并且流核主要位于近岸 0 ~ 10 km，而风暴射流的最大范围可达 35 km 以上。在垂直方向上，风暴射流主要活跃于 0 ~ 13 m 水深范围内，主要集中于表层。当台风远离北部湾沿岸或强度减弱后，风暴射流的流核消失，流速减弱，但流向仍然维持向西。在广西沿岸出现的风暴射流，会产生瞬时 0.1 Sv 以上向西的水体输运。

（2）而当台风进入北部湾后，主要通过增强外海向北部湾湾内输运尤其是增强琼州海峡西向输运，导致北部湾正位涡净输入增多，为了维持位涡平衡，北部湾湾内产生了气旋式环流。气旋式环流的出现，也同样增强了广西近岸海水西向运动的增强，从而也促使了近岸西向风暴射流的产生，同时也导致北部湾沿岸附近输运的改变。

（3）北部湾风暴射流的强度主要与台风引起琼州海峡西向流输运强度有关，台风登陆期间琼州海峡西向输运越大，则在北部湾沿岸产生的风暴射流流速越大。风暴射流的增强，有利于改善北部湾湾内的输运环境，因此将更有利于北部湾内营养盐以及污染物运移与扩散，对北部湾水体产生重要影响。

第 11 章 北部湾水文气象极值参数的数值计算

热带气旋是影响北部湾海区最主要的自然灾害天气系统，北部湾是近海热带气旋活动较为频繁的地区之一，而冬季的寒潮大风在到达北部湾时，其强度已显著减弱，一般在北部湾北部不会产生可与台风相比较的强烈海况。据多年资料统计，平均每年约有 4 次热带气旋影响广西沿海，热带气旋常常伴随着强风、强浪、强流还有风暴潮增减水，给沿海地区人民的生命财产造成巨大损失，也严重制约了广西沿海地区经济发展和对外开放。

关于热带气旋的台风影响研究一直是海洋学家和气象学家所关心的热点话题之一。以往的研究往往局限于单个热带气旋或单个气旋引起的波浪或风暴潮的研究（杨万康等，2016；陈见等，2014）或者对影响单点的或小区域的多个热带气旋及其影响进行数值模拟（江丽芳等，2012；刘月红，2007），即使是关于极值分布场的研究，要素经常局限于风浪场，且往往关注整个南海海域（陈顺楠等，1998；齐义泉等，2003），针对北部湾的侧重研究较少。由于台风期间的海流资料很难获得，因此流和水位的极值分布场的系统研究也比较少。因此，基于前人的工作，对北部湾这一油、气贮藏量丰富的海区进行全面系统的研究，给出各个点的不同海洋要素，包括风、浪、流和水位等的多年一遇工程设计参数，为开展北部湾海区的区域性海洋学研究进行了进一步尝试，对该海区的海上工程建设、油气开发、渔业捕捞等都具有重要的科学指导意义。

本章的研究工作在南海西部北部湾海域开展区域性水文气象工程数值模拟的基础上，针对北部湾进行极值统计分析，给出区域性的研究结果，为工程设计提供有关的水文、气象极值环境参数。

11.1 北部湾波浪的数值计算

11.1.1 SWAN 模型

第三代海浪数值模型 SWAN （Simulation Waves Nearshore）（Booij et al.，1996）用非预定谱型的方向谱表示随机波浪，能真实准确地模拟海浪，是目前国际上最通用的波浪数值模拟程序之一，可用于海岸、湖泊、河口水域的风浪、涌浪及混合浪的计算，得出计算域内的各种波要素。

该模式除了考虑第三代海浪模式共有的特点，它还充分考虑了模式在浅水模拟的各种需要，包括波在计算海域的传播、由于海底地形和流的变化而导致的波的折射和群集、由于流和次网格作用而导致对波的阻挡作用等物理过程。它的优点首先是选用了全隐式的有限差分格式，无条件稳定，使计算空间网格和时间步长上不会受到牵制；其次，在平衡方程的各源项中，除了风输入、四波非线性相互作用、破碎和摩擦项等，还考虑了深度破碎（Depth–induced wave breaking）的作用和非线性三波相互作用。

在笛卡尔坐标系下，谱作用量平衡方程可表示为

$$\frac{\partial}{\partial t}N+\frac{\partial}{\partial t}C_xN+\frac{\partial}{\partial t}C_yN+\frac{\partial}{\partial t}C_{\sigma}N+\frac{\partial}{\partial t}C_{\theta}N=\frac{S}{\sigma} \tag{11-1}$$

式中，方程左边第 1 项表示动谱密度随时间的变化率；第 2 项和第 3 项表示动谱密度在地理坐标空间上的传播；第 4 项表示由于水深和流场所导致的动谱密度随相对频率 σ 的变化，C_{σ} 表示 σ 空间的传播速度；第 5 项表示动谱密度随谱分布方向 θ 的变化，亦表示因水深和流场产生的波浪折射，C_{θ} 表示 θ 空间的传播速度；方程右边的 S 为源汇项，表示因风能输入、底摩擦、白浪、波浪破碎等所产生的能量损耗和波与波之间所产生的非线性相互作用影响。

SWAN 模型充分考虑各种物理过程，例如：风 – 浪间的相互作用；耗散作用（即白帽耗散、底摩擦耗散及深度诱导波破碎所引起的能量耗散）。对于中国大陆架浅海，底摩擦作用非常重要。其表达式为

$$S_{\text{bottom}}\left(\sigma,\theta\right)=-C_{\text{bottom}}\frac{\sigma^2}{g^2\sinh^2\left(kd\right)}E\left(\sigma,\theta\right) \tag{11-2}$$

式中，S_{bottom} 为底摩擦耗散项；σ 为频率；θ 代表方向；C_{bottom} 是底摩擦系数；g 为重力加速度，k 为波数；E 为波浪能量谱。

11.1.2　台风风场

对台风浪的模拟，风场的正确、合理给出十分重要。海浪模式必须给出格点的风场，海浪模式的结果精度，很大程度上依赖于风场模式的质量。一般情况下，由于台风浪的驱动力是海面的台风风场，需要有合适的气压场和台风风场模型。在台风内域气压场常采用藤田公式（Fujita，1952）：

$$\frac{P(r)-P_0}{P_{\infty}-P_0}=1-\frac{1}{1+r/R}, \qquad 0\leqslant r\leqslant\infty \tag{11-3}$$

而在台风外域常采用高桥公式（高桥浩一郎，1939）：

$$\frac{P(r)-P_0}{P_{\infty}-P_0}=1-\frac{1}{\sqrt{1+2(r/R)^2}}, \qquad 0\leqslant r\leqslant\infty \tag{11-4}$$

式中，P_{∞} 为台风外围气压（正常气压）；P_0 为台风中心气压；R 为台风最大风速半径；r 为距离台风中心的距离；$P(r)$ 为距台风中心 r 距离处的气压。

台风风场由两个矢量场叠加而成，其一是相对台风中心对称的风场，其风矢量穿过等压线指向左方，偏入角（流入角）为 20°，风速与梯度风成比例；其二是基本风场，假定其速度 V_{sm} 取决于台风移速，有几种常用的基本风场表示方法，比如 Ueno（1981）公式表示为

$$V_{sm}=V_x \exp\left(-\frac{\pi}{4}\cdot\frac{|r-R|}{R}\right)i+V_y \exp\left(-\frac{\pi}{4}\cdot\frac{|r-R|}{R}\right)j \tag{11-5}$$

式中，V_x 和 V_y 为台风移速在 x 和 y 方向上的分量，i 和 j 分别代表 x 和 y 方向的单位矢量。

若将坐标原点取在固定计算域，当 $0 \leqslant r \leqslant 2R$ 时台风域中的中心对称风场分布计算可以取以下形式：

$$\begin{cases} W_x=C_1V_x\exp\left(-\frac{\pi}{4}\cdot\frac{|r-R|}{R}\right)-C_2\left\{-\frac{f}{2}+\sqrt{\frac{f^2}{4}+10^3\frac{2\Delta P}{\rho_a R^2}\left[1+2\left(\frac{r^2}{R^2}\right)\right]^{-\frac{3}{2}}}\right\} \\ \qquad \cdot\left[(x-x_0)\sin\theta+(y-y_0)\cos\theta\right] \\ W_y=C_1V_y\exp\left(-\frac{\pi}{4}\cdot\frac{|r-R|}{R}\right)+C_2\left\{-\frac{f}{2}+\sqrt{\frac{f^2}{4}+10^3\frac{2\Delta P}{\rho_a R^2}\left[1+2\left(\frac{r^2}{R^2}\right)\right]^{-\frac{3}{2}}}\right\} \\ \qquad \cdot\left[(x-x_0)\cos\theta-(y-y_0)\sin\theta\right] \end{cases} \tag{11-6}$$

当 $2R \leqslant r \leqslant \infty$，台风域中的中心对称风场分布计算取以下形式：

$$\begin{cases} W_x=C_1V_x\exp\left(-\frac{\pi}{4}\cdot\frac{|r-R|}{R}\right)-C_2\left\{-\frac{f}{2}+\sqrt{\frac{f^2}{4}+10^3\frac{\Delta P}{\rho_a(1+r/R)^2 Rr}}\right\} \\ \qquad \cdot\left[(x-x_0)\sin\theta+(y-y_0)\cos\theta\right] \\ W_y=C_1V_y\exp\left(-\frac{\pi}{4}\cdot\frac{|r-R|}{R}\right)+C_2\left\{-\frac{f}{2}+\sqrt{\frac{f^2}{4}+10^3\frac{\Delta P}{\rho_a(1+r/R)^2 Rr}}\right\} \\ \qquad \cdot\left[(x-x_0)\cos\theta-(y-y_0)\sin\theta\right] \end{cases} \tag{11-7}$$

式中，W_x 和 W_y 分别代表风速在 x 和 y 方向上的分量；$\Delta P=P_\infty-P_0$，代表台风中心气压示度；$r=\sqrt{(x-x_c)^2+(y-y_c)^2}$，$x_c$ 和 y_c 其中代表台风中心位置；ρ_a 为空气密度；θ 为流入角；C_1 和 C_2 为常数，$C_1=1.0$，$C_2=0.8$ 是经过大量对比计算后确定的。

此风场已经过大量的比较计算，结果表明所建立的气压场和风场是成功的，并被用于南海石油开发区海上气压场、风场以及浪、流和风暴潮的计算。

11.1.3 模式设定

波浪模拟使用大小区域嵌套计算，大区域：9°—24°N，105°—124°E；小区域：14°—24°N，105°—115°E。地形采用 ETOPO1，近岸采用海图水深进行订正，设定网格步长大区域为 6′×6′，小区域设定为 1′×1′，风场采用 WRF（The Weather Research and

Forecasting Model）后报数据驱动，空间分辨率为 0.1°×0.1°，时间分辨率为 3 h。模型按照 1 h 一次，输出整个北部湾的波浪场。

11.1.4　2005 年台风"达维"期间的波浪验证

2005 年第 18 号台风"达维"（Typhoon Damrey），9 月 24 日凌晨由热带风暴加强成为强烈热带风暴，16 时加强为台风。9 月 26 日 04 时，台风"达维"在海南省万宁市北部沿海地区登陆。17 时左右出海进入北部湾，当晚登陆越南，27 日消散在老挝，其残余其后穿越中南半岛，台风路径及强度如图 11-1 所示。

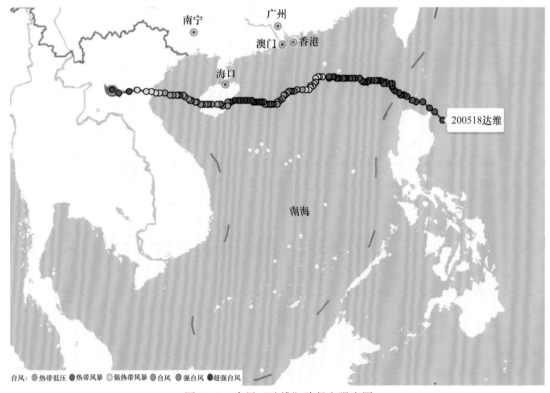

图 11-1　台风"达维"路径和强度图

2005 年 9 月 27 日，台风"达维"经过北部湾时，位于广西白龙尾外的浪流潮浮标（21°29.967′N，108°13.883′E）观测到的百分之一大波波高为 $H_{1/100}$ = 4.89 m，波向 SSE，谱峰周期 T_p= 9.0 s。

为了验证模式计算结果的准确性，针对此次台风过程进行模拟。模拟的风场结果如图 11-2 所示。极值风速为 16.8 m/s，风向向西，和实测风速 15.9 m/s 结果非常接近，波高场如图 11-3 所示。

从图 11-3 得知，在 27 日 09 时，白龙出现波高大值，有效波高为 3.0 m，转换为 $H_{1/100}$ = 4.76 m，波向 SE，平均周期 T = 6.36 s，谱峰周期 T_p = 7.97 s，这与观测结果十分接近，从而验证了风场和模式的适用性。

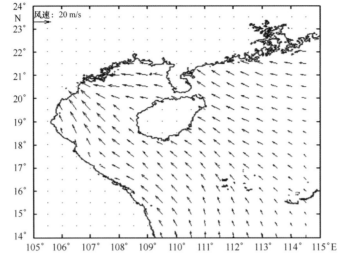

图 11-2　台风"达维"影响北部湾 2005 年 9 月 27 日 09 时的风场分布

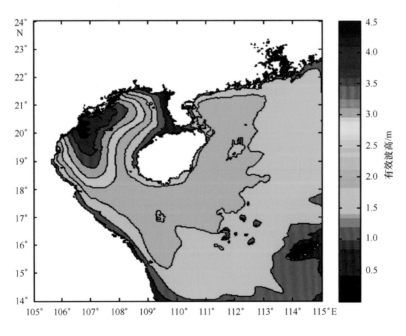

图 11-3　台风"达维"影响北部湾 09 时的有效波高分布

11.1.5　极值波高分布

Fisher 和 Tippett 于 1928 年证明了对于独立、连续分布的观测，每个观测的极值，随着数据长度的增加渐近地趋近于 3 类极值分布，Gumbel、Frechet 和 Weibull 分布

（Fisher and Tippett，1928；方国清，1990）。但是在数据长度系列较短情况下，多采用 Pearson–Ⅲ方法参与极值计算，以作对比分析。下面给出国内常用的 3 种极值计算方法，其概率密度函数 f 与分布函数 F 如下：

（1）Gumbel 分布

$$f\left(x;\mu,\sigma\right)=\sigma^{-1}\exp\left(-\frac{x-\mu}{\sigma}\right)\exp\left[-\exp\left(-\frac{x-\mu}{\sigma}\right)\right],\ -\infty<x<+\infty \tag{11-8}$$

$$F\left(x;\mu,\sigma\right)=\exp\left[-\exp\left(-\frac{x-\mu}{\sigma}\right)\right],\ -\infty<x<+\infty \tag{11-9}$$

（2）Weibull 分布

$$f\left(x;a,b\right)=ba^{-b}x^{b-1}\exp\left[-\left(\frac{x}{a}\right)^{b}\right],\ x>0 \tag{11-10}$$

$$F\left(x;a,b\right)=1-\exp\left[-\left(\frac{x}{a}\right)^{b}\right],\ x>0 \tag{11-11}$$

（3）Pearson–Ⅲ分布

$$f\left(x;\alpha,\beta,x_0\right)=\frac{\beta^{\alpha}}{\Gamma(\alpha)}(x-x_0)^{\alpha-1}\exp\left[-\beta(x-x_0)\right],\ x>x_0 \tag{11-12}$$

$$F\left(x;\alpha,\beta,x_0\right)=\frac{\beta^{\alpha}}{\Gamma(\alpha)}\int_{x_0}^{x}(t-x_0)^{\alpha-1}\exp\left[-\beta(t-x_0)\right]\mathrm{d}t,\ x>x_0 \tag{11-13}$$

然后分别计算了 1992—2011 年逐年进入北部湾的典型台风，给出每一个网格点上有效波高值。如果该年有多个台风进入北部湾，则选择有效波高最大的台风，典型台风如表 11–1 所示。

表 11–1　1992—2011 年进入北部湾的典型台风

序号	台风		序号	台风	
	台风编号	影响时间		台风编号	影响时间
1	9207 "格雷"	1992 07/16—07/24	18	0016 "悟空"	2000 09/04—09/10
2	9309 "泰莎"	1993 08/12—08/22	19	0103 "榴莲"	2001 06/29—07/03
3	9302 "尚莲"	1993 06/13—06/28	20	0107 "玉兔"	2001 07/22—07/26
4	9316 "贝姬"	1993 09/09—09/18	21	0214 "黄蜂"	2002 08/14—08/19
5	9318	1993 09/18—09/27	22	0218 "黑格比"	2002 09/08—09/13
6	9323	1993 10/25—11/05	23	0307 "伊布都"	2003 07/15—07/25
7	9403 "罗士"	1994 06/02—06/09	24	寒潮大风过程	2004 10/01—12/31
8	9405 "提姆"	1994 06/29—07/05	25	0518 "达维"	2005 09/21—09/27
9	9419 "夏里"	1994 08/20—08/29	26	0606 "派比安"	2006 08/01—08/05

序号	台风		序号	台风	
	台风编号	影响时间		台风编号	影响时间
10	9506	1995 08/13–08/21	27	0714 "范斯高"	2007 09/23–09/25
11	9511 "尼娜"	1995 09/01–09/08	28	0715 "利奇马"	2007 09/30–10/04
12	9515 "斯宝"	1995 09/21–10/04	29	0814 "黑格比"	2008 09/19–09/25
13	9615 "莎莉"	1996 09/02–09/10	30	0817 "海高斯"	2008 09/30–10/04
14	9710	1997 07/28–08/04	31	0907 "天鹅"	2009 08/03–08/09
15	9713 "芸妮"	1997 08/19–08/23	32	0915 "巨爵"	2009 09/13–09/16
16	9803	1998 08/05–08/12	33	1003 "灿都"	2010 07/19–07/23
17	9903 "玛姬"	1999 05/30–06/08	34	1117 "纳沙"	2011 09/24–09/30

根据 20 年的北部湾波浪场的计算结果，进一步推算重现水平分布场，图 11–4 为波浪有效波高和有效波周期的 100 年重现水平。极值波高在北部湾南部最大，超过 10.5 m，向北逐渐减小，波高在南、北两区减小梯度较大，而在中部区域变化较小，相对均匀；极值周期的分布特征与极值波高相似，在北部湾南部最大，达到 11.5 s，向北减小，周期在南、北两区减小梯度较大，而在中部区域变化较小，相对均匀。

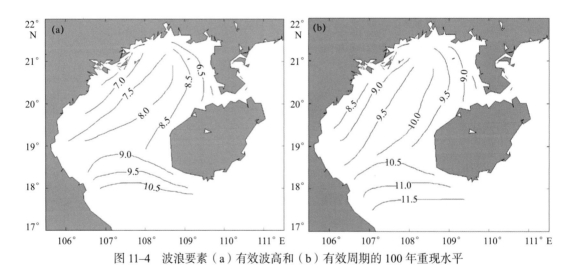

图 11–4 波浪要素（a）有效波高和（b）有效周期的 100 年重现水平

11.2 北部湾风暴潮数值计算

根据上述模式结果，再利用风暴潮模型，计算增水值。所用计算方法如下：

$$\frac{\partial \eta}{\partial t} + \frac{\partial (Hu)}{\partial x} + \frac{\partial (Hv)}{\partial y} = 0 \qquad （11–14）$$

$$\frac{\partial u}{\partial t} + u\frac{\partial u}{\partial x} + v\frac{\partial u}{\partial y} - fv + g\frac{\partial \eta}{\partial x} = \frac{\tau_s^x - \tau_b^x}{\rho H} \tag{11-15}$$

$$\frac{\partial v}{\partial t} + u\frac{\partial v}{\partial x} + v\frac{\partial v}{\partial y} + fu + g\frac{\partial \eta}{\partial y} = \frac{\tau_s^y - \tau_b^y}{\rho H} \tag{11-16}$$

式中，u 和 v 为深度平均速度分量（m/s）；x 和 y 为空间坐标（m）；t 为时间坐标（s）；η 为海面高度（m）；h 为静水深；H 为总水深（$h+\eta$）；f 为科里奥利参数（1/s）；g 为重力加速度（m/s^2）；τ_s^x，τ_s^y 为风应力分量；τ_b^x，τ_b^y 为底应力分量。

$$\frac{\vec{\tau}_b}{\rho H} = \frac{g\left|\vec{V}\right|}{C^2 H}\vec{V} \tag{11-17}$$

式中，C 为谢才系数，等于 $H^{\frac{1}{6}}/n$；η 为曼宁系数；ρ 为海水密度（kg/m^2）；$\vec{V}$ 为海水速度矢量。

海面风应力 $\vec{\tau}_s$ 与海面风 W 的关系，也采用二次方律，其形式为

$$\vec{\tau}_s = C_D \rho_a \left|\vec{W}\right|\vec{W} \tag{11-18}$$

式中，ρ_a 为空气密度；C_D 为风曳力系数，其中，

$$C_D = \begin{cases} 0.563\times 10^{-3} & W \leqslant 5.0 \\ \left(0.819 + 0.0704\times W\right)\times 10^{-3} & 5.0 < W \leqslant 19.22 \\ 2.513\times 10^{-3} & W > 19.22 \end{cases} \tag{11-19}$$

方程的边界条件见公式（11-20）和公式（11-21）。

沿固体边界：

垂直海岸的流通量等于 0，即

$$\vec{V}\cdot\vec{n} = 0 \tag{11-20}$$

开边界条件以水位控制：

$$\eta_{\text{open}} = \eta_T + \eta_s \tag{11-21}$$

式中，η_T 为天文潮形成的海面升高，其形式为

$$\eta_T\left(x,y,t\right) = \sum_i f_i A_i\left(x,y\right)\cos\left[\sigma_i t + v_i + u_i - g_i\left(x,y\right)\right] \tag{11-22}$$

式中，A_i 为分潮 i 的振幅；σ_i 为分潮 i 的角频率；g_i 为分潮 i 的迟角；v_i 为分潮 i 的初位相；f_i 及 u_i 为分潮 i 的交点因子及交点的改正角。

η_s 为静压增水，取如下形式：

$$\eta_s = \left(P_\infty - P_a\right)/\left(\rho g\right) \tag{11-23}$$

风场计算和波浪场计算是一致的。于是得到整体的计算结果如表 11-3 所示。

11.2.1 ECOM 模式与潮位验证

ECOM 是在 POM（Princeton Ocean Model）的基础上发展起来的一个较为成熟的浅海三维水动力学模式（Blumberg and Mellor， 1987）。作为国内外应用较为广泛的海洋模式，采用了基于静力学假设和 Boussinesq 近似下的海洋封闭方程组，在水平方向上采用曲线正交网格，即 Arakawa C 网格，在垂直方向上采用 σ 坐标，自由海表面。采用 2.5 阶湍流闭合模型求解湍流黏滞系数和扩散系数（Galperin ed al.，1988； Mellor and Yamada，1974； 1982），水平湍流黏滞和扩散系数基于 Smagorinsky 参数化方法（Smagorinsky，1963）。模式的计算通过内外模的分离，提高了计算速度，在计算时其水平项和时间变化上采用显式差分，垂直项采用隐式差分。

模式开边界采用水位驱动，全球潮汐模型 TPXO7.2 提供的。海表面仍然采用 WRF 风场，并添加 NCEP（National Centers for Environmental Prediction，美国国家环境预报中心）的气压场。模型从静止开始启动，从 TPXO 全球潮汐模型版本 7.2 中抽取了 K_1、O_1、Q_1、P_1、M_2、S_2、K_2、N_2 8 大分潮，开边界采用水位输入，初始场采用气候态的温度和盐度分布，零流速启动，每小时输出一次数据。

白龙测站有 2011 年 5—12 月的水位观测资料，通过模式输出测站的水位值，均做调和分析，获得白龙测站的潮汐调和常数对比如表 11-2 所示，结果显示模式结果是可信的。

表 11-2　白龙测站模式与观测的潮汐调和常数对比

分潮	模拟		观测	
	振幅 /cm	迟角 /（°）	振幅 /cm	迟角 /（°）
K_1	85.0	96.0	87.6	98.0
O_1	97.2	37.0	94.4	35.1
P_1	26.5	92.0	26.9	90.4
Q_1	18.3	6.0	18.0	3.51
M_2	34.3	180.0	35.1	178.56

11.2.2 极值波高与极值增水的非同时性

台风引起的极值波高与极值增水并非同时出现。其主要原因在于，能引起的风暴最大增水的风向与引起最大波高的风向是不一样的。表 11-3 中给出白龙尾（水深 20 m）处与最大波高同步的增水和出现最大增水量值对比。

表 11-3　最大波高同步增水与最大增水量值对比

年极值有效波高 /m	出现时间（年-月-日-时：分）	与极值波高同步增水 /m	与波高非同步极值增水 /m
3.0	1992-06-19-18：00	0.45	1.23
3.5	1993-08-22-02：51	0.38	0.58
3.5	1994-09-07-12：10	0.26	0.55

续表

年极值有效波高 /m	出现时间（年 – 月 – 日 – 时：分）	与极值波高同步增水 /m	与波高非同步极值增水 /m
2.6	1995–10–13–11：43	0.48	0.95
2.7	1996–09–09–14：38	0.87	1.28
2.2	1997–08–23–06：00	0.38	0.59
2.5	1998–01–14–08：47	0.21	0.44
2.3	1999–05–02–21：50	0.21	0.56
2.8	2000–10–16–22：02	0.18	0.45
3.0	2001–07–03–00：00	0.45	0.71
2.0	2002–07–30–12：59	0.41	0.64
4.0	2003–08–25–20：30	1.75	2.12
2.5	2004–03–10–00：50	0.23	0.47
2.4	2005–09–18–20：09	0.41	0.71
2.6	2006–07–04–21：00	0.38	0.60
3.6	2007–10–03–19：00	0.24	0.53
3.2	2008–09–24–17：00	0.54	0.71
2.8	2009–09–16–05：00	0.26	0.38
4.5	2010–07–17–18：00	0.46	0.85
4.4	2011–09–30–08：00	0.36	0.77

与极值波高同步增水多年一遇重现水平如表 11–4 所示。

表 11–4　与极值波高同步增水多年一遇重现水平　　　　　　　　　单位：m

重现期 /a	Gumbel 分布	Weibull 分布	Pearson– Ⅲ分布
2	0.39	0.39	0.35
5	0.69	0.68	0.66
10	0.89	0.87	0.88
20	1.09	1.03	1.09
33	1.23	1.14	1.24
50	1.34	1.22	1.36
100	1.53	1.36	1.56
200	1.71	1.49	1.76

而作为独立变量的增水年极值多年一遇重现水平如表 11–5 所示。

表 11–5　作为独立变量的增水年极值多年一遇重现水平　　　　　　单位：m

重现期 /a	Gumbel 分布	Weibull 分布	Pearson– Ⅲ分布
2	0.70	0.69	0.61
5	1.16	1.05	1.00
10	1.46	1.25	1.37

重现期 /a	Gumbel 分布	Weibull 分布	Pearson–Ⅲ 分布
20	1.75	1.43	1.76
33	1.95	1.54	2.06
50	2.12	1.63	2.31
100	2.40	1.76	2.74
200	2.68	1.89	3.19

因此计算进入北部湾的台风几个典型时刻的增水值，从中挑出最大增水，构成系列，然后再用 Gumbel、Weibull 和 Pearson–Ⅲ 方法进行极值计算。

11.3 北部湾 100 年一遇风速、流速和增水

11.3.1 100 年一遇风速

图 11–5 为风速 100 年重现水平分布场，风速在北部湾北部和南部有两个大值区，可以达到 39.0 m/s，而北部较南部为大，中西部相对较小，存在一个低值区。

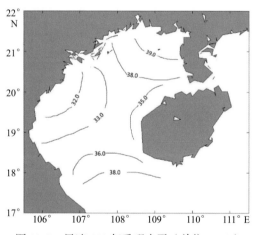

图 11–5 风速 100 年重现水平（单位：m/s）

11.3.2 100 年一遇流速

图 11–6 为 100 年重现水平的极值流速，在北部湾四周近边界区域较大，而东边较西边大，梯度分布也以东边为大，最大值在东南边界区，海南岛的东方市附近超过了 300 cm/s，在南部和北部中区各有一个低值区。

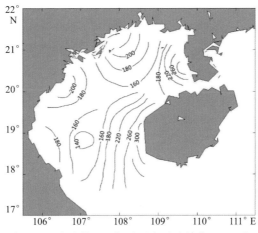

图 11-6　流速的 100 年重现水平（单位：cm/s）

11.3.3　100 年一遇增水

根据 20 年增水系列，计算北部湾 100 年重现期增水分布，结果如图 11-7 所示。

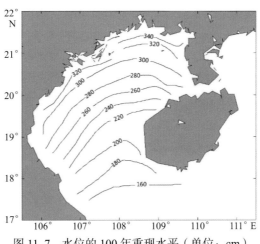

图 11-7　水位的 100 年重现水平（单位：cm）

由图 11-7 可见，北部湾的 100 年重现水平的极值水位普遍超过 160 cm，北部可以达到 340 cm，呈现由北向南的递减特征，在北部湾北部最大，南部最小，由南向北较均匀变大，在西边界区水位变化梯度较东边界为大。

11.4　小结

本章基于 WRF 海面风场动力模式、SWAN 海浪模式和 ECOM 三维海流数值模式，计算了 1992—2011 年的热带气旋影响下，北部湾 100 年一遇极值风速、波浪、海流和水位的特征值：

100 年一遇风速，在北部湾北部和南部有两个大值区，可以达到 39.0 m/s，而北部较南部为大，中西部相对较小，存在一个低值区。

100 年一遇极值波高在北部湾南部最大，超过 10.5 m，向北减小；极值周期的分布特征与极值波高相似，在北部湾南部最大，达到 11.5 s，向北减小。

100 年一遇极值水位普遍超过 160 cm，北部可以达到 340 cm，呈现由北向南的递减特征。

100 年一遇极值流速，在北部湾四周近边界区域较大，而东边较西边大，最大值在东南边界区，海南岛的东方市附近超过了 300 cm/s，在南部和北部中区各有一个低值区。

第 12 章　气候变化下北部湾风暴潮数值模拟研究

风暴潮是威胁沿海低地城市安全的重要海洋气象灾害，风暴潮引发的增水与风浪效应是造成近海沿岸损失的重要因素，并且未来气候变化导致的海平面上升将加剧风暴潮影响。北部湾海域常年受风暴潮袭击，是全球少数几个风暴潮风险最大的区域之一。建立高精度的数值模拟系统，实现特定风暴情景下海洋增水和风浪模拟对北部湾海岸防护工程设计、建设与安全评估具有重要意义。本章基于 Holland（大气）–TELEMAC（潮汐）–TOMWAC（波浪）模型耦合，构建了北部湾风暴潮数值模拟系统。以 2012 年台风"山神""启德"作为天气背景，以实测水深值率定和验证模型精度，并通过当前和未来不同海平面上升的情景模拟、剥离天文潮与风暴潮对水位变化的影响，探究北部湾风暴潮期间的风浪过程、潮汐和增水的变化，最后总结出海平面上升对风暴潮的影响。

12.1　数据来源

本节对研究数据做了详细阐述，主要包括水深地形数据、风场数据、潮汐数据以及实测北部湾数据。数据来源包括现场实测数据以及各大测绘机构的官方数据。数据来源相对可靠，且数据较为完整，涵盖范围较大，时间跨度也较长。

12.1.1　水深数据

本研究所使用的地形水深数据一部分来源于 GEBCO 全球海底地形数据，全球分辨率为 30 m × 30 m，研究选取范围覆盖北部湾及部分南海区域（图 12–1）；另一部分来源于北部湾实测水深，施测单位是广西近海海洋环境科学重点实验室，施测地点在钦州港果子山附近（21°41′ 51.3024″ N， 108° 36′ 59.7708″ E）。由于潮流数值模拟基准面为平均海平面，而来源不一使水深地形测量涉及多个基准面，因此除水平几何校正外还需对其进行垂直校正，并通过 GIS 软件进行插值和重采样。此外，为保证 GIS 数据标准化，所有数据统一采用 WGS 1984 地理坐标系，北部湾区域投影坐标系采用 UTM Zone 49N，高程基准面统一采用 1985 国家高程基准，时间统一采用格林尼治国际标准时间。

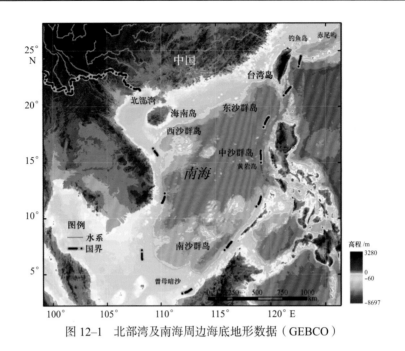

图 12–1　北部湾及南海周边海底地形数据（GEBCO）

12.1.2　风场数据

　　研究使用的大气背景以及风场数据来源于欧洲中期天气预报中心 ECMWF（https://www.ecmwf.int）和中国台风网（www.typhoon.org.cn），提供模拟区域 12.5 km 分辨率数据，包括解算 10 m 高风场模型所需参数：台风路径、中心点坐标、中心气压值、最大风速和最大风速半径等。模拟风场所需的下垫面地形数据来源于美国地质调查局（https://www.usgs.gov）提供的全球高程数据，分辨率为 1200 m。模拟选取 1213 号台风"启德"与 1223 号台风"山神"探究其对北部湾海域影响，由风矢量制图可展现台风移行过程。图 12–2 为提取的果子山处的 ECMWF 风场时间序列。

12.1.3　潮汐数据

　　以 18.61 年为周期的节点潮和 8.85 年为周期的月亮近地点会对全球潮汐波动产生重要影响。以 8.85 年为周期的月亮近地点主要以似 4.4 年为周期的形式影响长时间序列潮汐波动。当太阳、月亮与地球呈直线排列时引起的长时间序列平均水位波动达 15% 以上，长时间序列水位波动叠加大小潮和涨落潮周期会对局部潮位产生巨大不确定性。潮汐数据由全球潮汐模型（TPXO7.2）（http://volkov.oce.orst.edu/tides/）提供全球潮位调和常数，作为海洋驱动，为研究区的海洋边界提供初始潮位和流速信息。TPXO 是最新的全球海洋潮波模型，采用最小二乘法拟合了拉普拉斯潮波等式和在轨卫星（TOPEX/POSEIDON）实测的平均潮位数据。

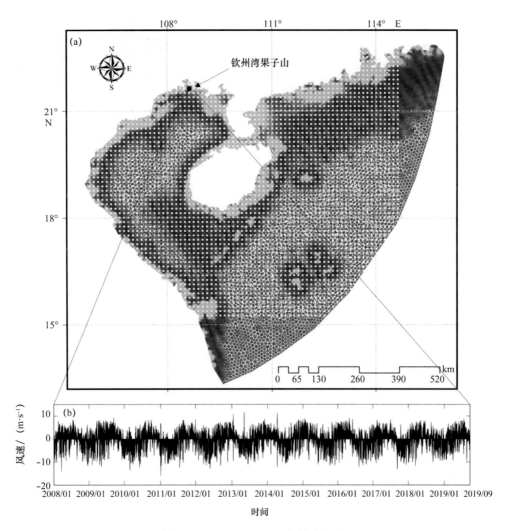

图 12–2　ECMWF 10 m 高风速数据

（a）风速数据提取位置；（b）风速数据时间序列

　　基于 TPXO7.2 模型计算的北部湾及其邻近海域 130 年潮位分析表明，18.61 年节点潮波动的平均潮差小于 0.01 m，8.85 年月亮近地点周期的平均潮位波动也只有 0.05 m［图 12–3（a）］。研究区内近 50 年的大潮平均振幅变化也并不显著［图 12–3（b）］。以上数据分析表明，由天文潮引起的长时间序列潮汐波动在北部湾及其邻近海域较小，因此每年由海洋输入北部湾的潮汐能量可大致认为是恒定值。因此采用 Latteux 提出的方法（Latteux，1995）取得一组有代表性的潮汐调和常数计算平均大潮流速和振幅，驱动数值模拟的海洋边界。

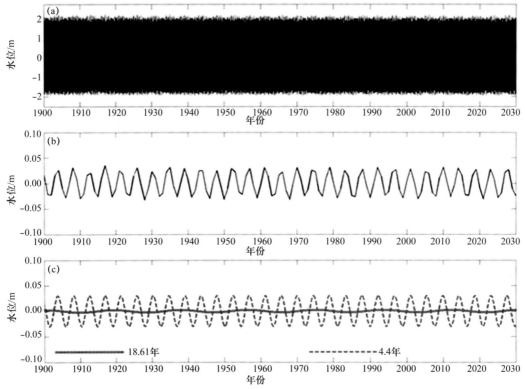

图 12–3　北部湾附近（a）长时间序列 TPXO 潮位波动，（b）每年 99.9% 水位波动及（c）18.61 年和 4.4 年潮位波动标准差和时间序列百分数为除去平均值之后的结果

12.1.4　实测水位

　　水位实测数据来源于钦州港果子山站。实测数据包括台风期间的潮位、风速和风向，总共 96 个测量位点。图 12–4（a）表示台风"启德"期间实测水位，测量时间段为 2012 年 8 月 17 日 10:00 至 19 日 10:00，最高水位时间点在 8 月 17 日 20 点，水位峰值为 4.55 m；图 12–4（b）表示台风"山神"，测量时间段为 2012 年 10 月 28 日 21:00 至 30 日 22:00，最高水位时间点在 10 月 28 日上午 6:00，水位峰值为 4.08 m。以台风"山神"率定模型，将台风"山神"的模拟结果与实测水位对比，经过反复调节模型参数，使实测水位和模拟水位拟合线更接近 1:1；再以"启德"实测水位与模拟结果对比验证模型精度。

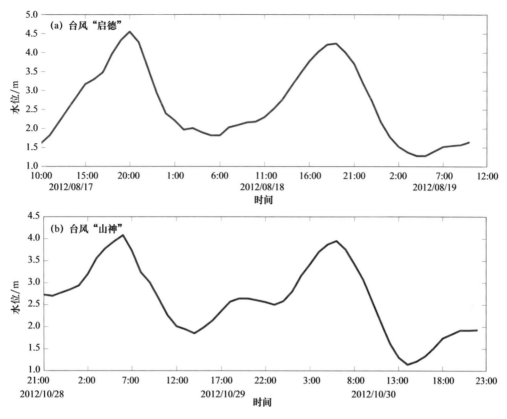

图 12-4　钦州港果子山实测水位

12.2　研究内容与技术路线

12.2.1　研究内容

本章主要的研究内容有以下几点：

（1）基于历史资料和未来气候变化下的情景假设，研究大气–波浪–潮流耦合风暴潮数值模拟系统实现机制。研究 TELEMAC–MASCARET 的计算网格，控制方程和有限体积法的空间离散以及给定值边界条件。

（2）研究 GIS 与水动力模型集成机制。研究 Holland 台风模型的计算公式，推导合成风场公式，了解风场模型的参数；了解潮汐模型的动量方程、水流连续性方程，理解海气耦合和波流耦合的实现机制；了解风暴潮模拟所需的数据集和处理过程。

（3）选择登陆北部湾沿海的典型台风案例进行率定和验证，模拟现在（用于验证）及未来 2100 年气候变化情景下的风暴潮灾害情景过程，处理模拟数据结果，分析风浪过程、增水过程以及北部湾潮位变化，定量化讨论风暴潮过程的空间格局和时间演化及

167

其影响因素。

12.2.2　技术路线

本章的技术路线如图 12-5 所示。

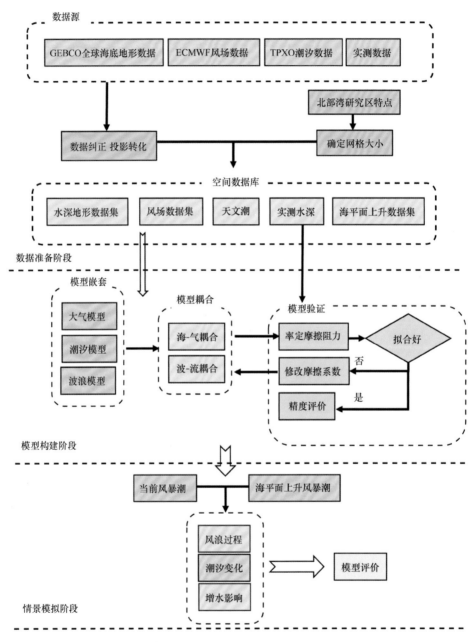

图 12-5　技术路线图

12.3　研究方法

12.3.1　基于 GIS 的数据同化

纵观 GIS 发展历程，GIS 作为信息处理技术，以计算机为依托，以具有空间内涵的地理数据为处理对象，运用系统工程和信息科学的理论和方法，集采集、存储、显示、处理、分析和输出地理信息于一体。近年来社会对空间数据需求迅速增长，为满足各部门不同应用需求，GIS 模型开始与其他应用模型相结合。在自然灾害风险评估中，GIS 技术常以灾害信息管理系统平台的角色参与决策支持，以达到区域防灾减灾；且自然灾害风险涉及多方面因素，往往体现在区域差异性上，GIS 作为空间数据管理与分析的重要手段发挥着极大作用。将 GIS 技术与风暴潮数值模拟相结合，需要实现空间数据同化，包含对地理信息构建统一的地理坐标系统、地图投影、地理格网、高程等，运用空间数据库能够有效地管理空间数据，进而采用可作为中间交换格式的数据结构存储数据，以实现数据同化，其作用主要体现在：

（1）基础数据获取与预处理。在海洋领域应用中，人们开始尝试将多种多样的观测资料、测量数据与数值模拟相结合，使得数值模型更反映实际情况，从而提高模型的准确性和可靠性。使用 GIS 技术，空间数据可使用不同方式采集，在空间特征、时间特征、属性特征和尺度特征上解决不一致性，经过处理可存储在同一数据库中，为生产所需数据搭建标准化基础。

（2）高效管理基础信息。一方面，GIS 可提供风暴潮模拟所需的各种基础数据，如水深数据、风场数据、DEM 地形数据等；另一方面，GIS 可充分发挥对空间数据的管理优势，可操作数据展示空间信息。

（3）是集成化系统的基础。GIS 集成化系统广泛应用于各行各业中，其在水动力数值模拟领域也有较为成熟的应用，它将各软件通过数据交换实现模型集成，运用 GIS 系统的地理空间信息表达水动力模型计算结果。

12.3.2　数值计算模型

考虑到海平面上升等气候变化的叠加效应，未来北部湾遭受复合极端风暴潮灾害的风险势必进一步加重。通常情况下海岸防护工程设计、建设与安全评估等都需要考虑增水量和风浪等级这两个致灾因子（Wang et al.，2012）。而且，有效地风暴潮增水和风浪模拟对沿岸沉积物输运和污染物传播也十分重要。因此，研究并建立高精度的数值模拟系统，实现特定风暴情景下海洋增水和风浪模拟具有重要的物理意义。

12.3.2.1　TELEMAC-MASCARET 与计算网格

TELEMAC–MASCARET 是法国 EDF 的 R&D 实验室开发并由英国 HR Wallingford 和

法国 EDF 等机构共同维护更新的水力动力学软件系统。其采用一系列非结构有限元模块，使用有限体积积分法解算深度平均传递非线性微分控制方程，模拟包含浅水（水平）流（TELEMAC–2D）、三维流（TELEMAC–3D）、泥沙输送和河床演化（SISYPHE）以及波浪（TOMAWAC）等，被广泛应用于水动力和风暴潮过程数值模拟。

使用该软件的基础在于对研究区域进行网格划分。Blue Kenue 是加拿大国家研究委员会（National Research Council of Canada，NRC）加拿大国家水力中心开发的水力数据编制分析、建模及可视化软件工具。利用其提供的接口可方便集成 GIS 地理空间数据，将整个研究区海域实行狄罗尼（Delaunay）三角网划分，它使用最优插值法，将水深、地形、底摩擦系数、水位和海平面上升等信息都归结为三角网结点信息；岸线、潮汐驱动边界都归结为三角边信息，这将提高数值模拟的边界条件精度。该网格为 TELEMAC 所支持的数据格式，因此作为模型传入数据文件参与模拟计算：在研究区域内，给定初始条件和边界条件（本研究包括在钦州湾果子山的实测潮位以及全球潮汐调和常数控制海洋边界），数值计算方程将沿三角边在结点间传递；模型通过对方程离散求解将计算结果如平均水深方向流速矢量、自由水位高程、有效波高等物理量都集成到三角网节点坐标上，作为属性数据存储。

12.3.2.2　控制方程

TELEMAC–MASCARET 依据控制方程和边界条件解算网格数值。本章主要以 TELEMAC–2D 模式作为结果分析。

TELEMAC–2D 模式同时解算以下 4 组水动力方程组。

（1）连续性方程：

$$\frac{\partial h}{\partial t} + \vec{u} \cdot \vec{\nabla} h + h \cdot \mathrm{div}(\vec{u}) = S_h \tag{12-1}$$

（2）U 方向动量方程：

$$\frac{\partial u}{\partial t} + \vec{u} \cdot \vec{\nabla} u = -g \cdot \frac{\partial Z}{\partial x} + S_x + \frac{1}{h} \mathrm{div}(hv_t \vec{\nabla} u) \tag{12-2}$$

（3）V 方向动量方程：

$$\frac{\partial v}{\partial t} + \vec{u} \cdot \vec{\nabla} v = -g \cdot \frac{\partial Z}{\partial y} + S_y + \frac{1}{h} \mathrm{div}(hv_t \vec{\nabla} v) \tag{12-3}$$

（4）示踪守恒方程：

$$\frac{\partial T}{\partial t} + \vec{u} \cdot \vec{\nabla} T = S_T + \frac{1}{h} \mathrm{div}(hv_T \vec{\nabla} T) \tag{12-4}$$

式中，h 为水深（m）；u 和 v 为 x 和 y 方向的分速度（m/s）；T 为被动示踪（g/L 或 ℃）；g 为重力加速度（m/s^2）；v_t 和 v_T 为动量和示踪扩散系数（m^2/s）；Z 为流体的深度（m）；t 为时间（s）；x 和 y 为水质点水平空间坐标（m）；S_x 和 S_y 为动量等式的源或汇（m/

s^2）；S_h 为流体的源或汇（m/s）；S_T 为示踪源或汇 $[g/(L·s)^{-1}]$。

而 TELEMAC–3D 模型在三维坐标下解算自由流体方程组和定量传播 – 扩散方程组（包括温度、盐度和浓度）。水深值由表层格网求得，最终在三维坐标系下解算潮波的速度场和质量场。

TELEMAC–3D 模式基于以下假设：

（1）Navier–Stokes 方程组的液体表面可自由波动；

（2）质量守恒等式中不考虑液体密度场变化（三向不可压缩流体）；

（3）总压力 = 大气压力 + 上覆液体总重量（流体静力学假设）；

（4）波斯尼克重力项不考虑密度变化。

基于以上假设，三维 Navier–Stokes 方程组可表达为

$$\frac{\partial U}{\partial x} + \frac{\partial V}{\partial y} + \frac{\partial W}{\partial z} = 0 \tag{12–5}$$

$$\frac{\partial U}{\partial t} + U\frac{\partial U}{\partial x} + V\frac{\partial U}{\partial y} + W\frac{\partial U}{\partial z} = -g\frac{\partial Z_s}{\partial x} + v\Delta(U) + F_x \tag{12–6}$$

$$\frac{\partial V}{\partial t} + U\frac{\partial V}{\partial x} + V\frac{\partial V}{\partial y} + W\frac{\partial V}{\partial z} = -g\frac{\partial Z_s}{\partial y} + v\Delta(V) + F_y \tag{12–7}$$

$$p = p_{\text{atm}} + \rho_0 g(Z-z) + \rho_0 g\int_z^{Z_s} \frac{\Delta\rho}{\rho_0}\,\mathrm{d}z \tag{12–8}$$

$$\frac{\partial T}{\partial t} + U\frac{\partial T}{\partial x} + V\frac{\partial T}{\partial y} + W\frac{\partial T}{\partial z} = v\Delta(T) + Q \tag{12–9}$$

式中，h 为水深（m）；Z_s 为自由流体表面高程（m）；U、V、W 为三维方向流速（m/s）；g 为重力加速度（m/s^2）；v 为速度或示踪扩散系数（m/s^2）；ρ_0 为参考密度（kg/m^3）；$\Delta\rho$ 为密度变化（kg/m^3）；t 为时间（s）；x、y 为水平空间坐标（m）；z 为垂直空间坐标（m）；F_x、F_y 为风力来源项（m/s^2）；Q 为汇的示踪源（m/s^2）。h、U、V、W 和 T 是未知量，或称为计算变量；F_x 和 F_y 是风力的来源项。

对于控制方程，模型分别从空间和时间上进行离散求解。

1）空间离散

由于模拟区域边界不规则，模型采用有限体积法（Tucciarelli and Termini，2000），它在控制体积内对连续方程积分，使其直接在物理层面上离散化，不再经过复杂的坐标转换求解。每一个非结构化小单元即为一个个连续且不重叠网格单元，离散方程由通量对时间的变化率，建立沿流向单元水动力模型：

$$\frac{\partial}{\partial t}\iint_A F(U)n\mathrm{d}A = \int_V \mathrm{d}V \tag{12–10}$$

式中，V 为网格单元；n 为单元边界 A 外法向量的单位向量；$F(U)\cdot n$ 为流向数值通量。

2）时间离散

时间的离散有两种方法：一是采用低阶显式欧拉方程式（12–11）；二是用二阶 Runge–Kutta 方法，式（12–12）：

$$U_{n+1}=U_n+\Delta tG\left(U_{n+\frac{1}{2}}\right) \tag{12–11}$$

$$U_{n+\frac{1}{2}}=U_n+\frac{1}{2}\Delta tG\left(U_{n+\frac{1}{2}}\right) \tag{12–12}$$

12.3.3　模型嵌套

为重现北部湾风暴潮增水和风浪效应，采用 Holland 台风模型、TELEMAC–2D 潮汐模型、TOMAWAC 波浪模型，构建大气 – 潮汐 – 波浪耦合模型（Holland，1980；Hervouet，2000；EDF，2011）。

12.3.3.1　大气模型

风应力和气压场是风暴潮模拟的主要大气驱动力，研究采用 Holland 台风模型计算。Holland 台风模型假定双曲线辐射压力场模型，采用解析方式计算气压场和台风风场，控制参数少且精度高，Holland 气压场方程如下：

$$S_p=P_c+(P_\infty-P_c)\exp\left[-\left(\frac{R_{\max}}{r}\right)^B\right] \tag{12–13}$$

结合梯度风关系（12–14）推导风场公式：

$$W_1=\sqrt{\frac{f^2r^2}{4}+\frac{r}{\rho_a}\frac{\partial P(r)}{\partial r}}-\frac{fr}{2} \tag{12–14}$$

式中，$r=\sqrt{(x-x_c)^2+(y-y_c)^2}$，偏导数部分为气压梯度：

$$\nabla P=\left(\frac{\partial P}{\partial x},\frac{\partial P}{\partial y}\right)=\frac{\partial P}{\partial r}=\left(\frac{R_{\max}}{r}\right)^B\frac{B(P_\infty-P_c)}{r}\exp\left(-\frac{R_{\max}}{r}\right)^B \tag{12–15}$$

联立公式（12–13）至公式（12–15）求得梯度风场：

$$W_1=\sqrt{\left(\frac{fr}{2}\right)^2+(P_\infty-P_c)\frac{B}{\rho_a}\left(\frac{R_{\max}}{r}\right)^B\exp\left(-\frac{R_{\max}}{r}\right)^B}-\frac{rf}{2} \tag{12–16}$$

式中，P_c 为台风中心气压（hpa）；P_∞ 为外围气压（hpa）；$R_{\max}$ 为最大风速半径（m）；r 为距台风中心距离（m）；ρ_a 为空气密度（kg/m³）；$f=2\Omega\sin\varphi$ 为科里奥利参数，其中 Ω 为地球自转角速度，φ 为纬度；B 为经验参数，取值为 0.288（Holland，1980）。

而实际台风还需考虑移行风场，采用上野武夫模型：

$$\overrightarrow{W_2} = \exp\left(-\frac{\pi}{4}\frac{|r-R_{\max}|}{R_{\max}}\right)\begin{pmatrix}V_x\\V_y\end{pmatrix} \tag{12-17}$$

梯度风场与移行风场修正合成风场：

$$\overrightarrow{W} = k_1 W_1 \begin{bmatrix}-\sin(\theta+\beta)\\\cos(\theta+\beta)\end{bmatrix} + k_2\overrightarrow{W_2} = \begin{pmatrix}W_x\\W_y\end{pmatrix} \tag{12-18}$$

由于 θ 表示计算点 (x,y) 与台风中心 (x_c,y_c) 的连线与 x 方向的夹角，联立公（12-16）至公式（12-18）可得 x 和 y 方向上合成风场：

$$S_w = k_1 W_1 \begin{bmatrix}-\left[(x-x_c)\sin\beta+(y-y_c)\cos\beta\right]\\(x-x_c)\cos\beta-(y-y_c)\sin\beta\end{bmatrix} + k_2\exp\left(-\frac{\pi}{4}\frac{|r-R_{\max}|}{R_{\max}}\right)\begin{pmatrix}V_x\\V_y\end{pmatrix} \tag{12-19}$$

式中，V_x 与 V_y 表示台风移动速度（m/s）；k_1 与 k_2 为修正系数；β 为梯度风与海面风夹角。

12.3.3.2　海洋模型

海洋模型包含潮汐模型与波浪模型，均以控制方程与定解条件（初始值与边界条件）解算网格上数值。

1）潮汐模型

潮汐模拟采用 TELEMAC-2D 实现。TELEMAC-2D 水平向网格采用不规则三角网划分法，垂直向采用 sigma 深度平均分层法计算自由水面。模型基于波斯尼克流体静压假设（不考虑液体密度场变化，液体表面可自由波动），解算三维不可压缩流体 Navier-Stokes（N-S）方程组，最终解算出流体速度场与质量场：

N-S 方程原式为

$$\rho\frac{\mathrm{d}v}{\mathrm{d}t} = -\nabla P + \rho F + \mu\Delta v \tag{12-20}$$

基于上述假设，模型控制方程可表达为
连续方程：

$$\frac{\partial\eta}{\partial t} + \nabla(h\boldsymbol{u}) = 0 \tag{12-21}$$

动量方程：

$$\frac{\partial U}{\partial x} + \boldsymbol{u}\nabla\boldsymbol{u} + f\times\boldsymbol{u} = -g\nabla\eta + v\nabla\boldsymbol{u} + S_p + S_w + S_b + S_{rad} \tag{12-22}$$

式中，$\boldsymbol{u}=(u,v)$ 为速度场中深度平均流速（m/s）；η 为自由水面高程（m）；t 为时间（s）；h 为水深（m）；g 为重力加速度（m/s²）；v 为涡黏系数（m/s²）；ρ 为参考密度（kg/m³）；$\Delta\rho$ 为密度变化；Q 为汇的示踪源（m/s²）；S_p、S_w、S_b 和 S_{rad} 是风力来源项，分别表示海表大气压力［式（12-13）］、风场拖拽力［式（12-19）］、底摩擦力和辐射

应力（N），将在模型耦合过程中求解，其中底摩擦力为

$$S_b = -\frac{gh^{2/3}}{K^2}|u|u \qquad (12\text{–}23)$$

式中，K 为谢才摩擦系数（m$^{1/2}$/s）。

2）波浪模型

波浪模拟采用 TOMAWAC 实现。与 TELEMAC 类似，TOMAWAC 同样采用不规则三角网格。其基于波能守恒方程，内嵌波能耗散项，解算上述浅水方程组波浪传播过程。浪由风生（wind–waves），也可从外海层层推进上涨（swell），因此主要考虑风场边界和水位边界（Zhang et al.，2018；Jia et al.，2015）。TOMAWAC 模拟波浪传播和波浪破碎项都考虑波–流耦合过程（Zhang et al.，2018；王璐阳等，2019）。

12.3.3.3 模型耦合

1）海–气耦合

海–气耦合主要为风场驱动生成波浪，由大气模型向海洋模型单向耦合。台风作用对波浪形成的影响一方面由剪应力决定；另一方面海表波浪也会改变海表粗糙度，从而影响大气动量输入而影响浪高。风场剪应力可表示为

$$\vec{\tau} = C_w \rho_a \vec{W}|\vec{W}| \qquad (12\text{–}24)$$

式中，为考虑海表粗糙度的风拽力系数（王璐阳等，2019）。

2）波–流耦合

波–流耦合由 TELEMAC–TOMAWAC 耦合实现，为双向耦合过程：TELEMAC 为 TOMAWAC 提供自由表面高程和水流，TOMAWAC 以此为参照生成波浪，随之反作用于 TELEMAC 水流从而更新波浪驱动力。TOMAWAC 解算潮汐对波平均效应可以解释为辐射应力（Jia et al.，2015）：

$$S_{ij} = \rho g \int_0^{2\pi}\int_0^{+\infty}\left[\left(\frac{C_g}{C}\right)\left(\frac{k_i k_j}{k^2}\right)+\left(\frac{C_g}{C}-\frac{1}{2}\right)\sigma_{ij}\right]\times F(\omega,\alpha)\mathrm{d}\omega\mathrm{d}\alpha \qquad (12\text{–}25)$$

式中，i、j 分别表示 x、y 方向水平坐标；σ_{ij} 为 Kronecker 标记（当 $i=j$ 时取 1，否则取 0）；C_q 为波群速度（m/s）；C 为潮波迅速；k 为波数；F 为波谱；ω 为波频率（Hz）；α 为波向。

将以式（12–25）为基础合成辐射应力张量的 4 个分量并代入控制方程（12–22）中由 TELEMAC 解算：

$$S_{rad} = -\frac{1}{h\rho_w}\begin{pmatrix}\dfrac{\partial S_{xx}}{\partial x}+\dfrac{\partial S_{xy}}{\partial y}\\[2mm]\dfrac{\partial S_{yx}}{\partial x}+\dfrac{\partial S_{yy}}{\partial y}\end{pmatrix} \qquad (12\text{–}26)$$

式中，ρ_w 表示海水密度。

12.3.3.4　模型集成

　　GIS 系统区别于其他系统最主要的特征在于其拥有强大的空间分析能力，GIS 作为空间决策支持系统，对应用模型分析、模拟能力的依赖表现得越来越明显。运用 GIS 可以如同数据库管理系统一样方便的管理空间数据，可以与计算机中其他应用相集成，高效地汲取各应用模型的优势，完成建模工序。GIS 数据能在转换器或公共接口下实现多源 GIS数据融合，可将矢量或栅格数据转化为其他软件可以读取的格式，完成数据交换。运用空间分析模块能够处理地图代数问题，选取出适宜的数据空间地理范围，提取主成分，提高网格解算效率；运用插值模块能尽可能地将离散数据模型函数拟合为空间上连续分布的对象，更能体现出连续型数据的分布特征，例如高程数据采样点可以运用克里金插值可以制作 DEM。

　　将风暴潮数值模拟与 GIS 技术集成可简要概括为以下流程（图 12-6）：

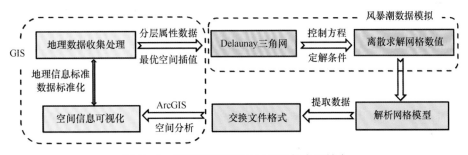

图 12-6　风暴潮数值模拟与 GIS 技术相结合

　　（1）在数据准备阶段，将收集到的数据进行数据纠正和投影转换，并根据研究区特点确定数据网格大小（即空间分辨率）。一方面需要提高模型精度；另一方面需要考虑模型的解算速率，因此采用的是区域嵌套的层级网格大小。通过最优空间插值将不同的属性数据分层管理，初始值记录在 Delaunay 三角网的节点和边上。并以空间数据库形式管理水深地形数据集、天文潮数据、台风风场数据集以及实测数据和海平面上升数据集。

　　（2）在模型构建阶段，大气模型、潮汐模型和波浪模型都以其自身的控制方程和边界条件对离散化网格上的数值进行数理计算，由梯度确定风场方向，潮波解算基于 2D 实测地形的浅水方程组确定其流向，从一个起算点将解算参数传递至下一个起算点，最终结算每一个边和节点的数值，作为传递参数参与耦合。由实测水深数据参与参数率定，反复调节拟合精度，以台风"山神"率定参数，以台风"启德"进行精度评价，最终验证拟合效果。

　　（3）在情景模拟阶段，分别设计当前风暴潮情景和未来海平面上升情景，使用代码提取模拟结果，解析网格上的数值，提取风暴潮期间较为典型的模拟结果时间序列，并以交换文件格式形式导出，运用 GIS 空间分析和空间信息可视化效果直观地展现风浪过程、潮汐过程以及增水过程，由此定量化分析两个台风案例对于北部湾海域的影响，证明模型能够为台风预报和后报工作提供基础的数据。

12.3.4 模型设置

12.3.4.1 计算网格

（1）大气模型：台风模型范围最广，采用 12.5 km 分辨率网格覆盖北部湾及南海周边海域，包含整个台风的生成和发育路径。

（2）海洋模型：风暴潮作用下海 – 气耦合需要考虑大气场与海洋场相互作用过程，建立覆盖整个北部湾和南海部分区域三角网格作为解算控制方程网格，其中南海区域为 5000 m 分辨率网格 ［图 12–7（a）］，北部湾附近采用 800 m 分辨率网格 ［图 12–7（c）］。水平向网格数目为 124 000 个、节点数为 278 000 个，垂直向分 5 层，总共 620 000 个网格。以可变分辨率三角网输入海洋模型，其一方面利于贴合复杂多变岸线，另一方面可对重点区域加密网格而对非重点区域采用粗分辨率表达。同时整个模拟区覆盖 15.6°—22.8°N，105.6°—114.4°E 海域，保证台风风浪和风暴潮增水有充足海域发展。地形水深数据来源于 GEBCO 全球水深数据库和北部湾实测水深 ［图 12–7（b）］。底摩擦系数设置为空间均一分布值（Nikuradse=0.001 m）。

综上所述，模拟采用低（大范围风场）– 中（南海部分海域潮汐）– 高（北部湾增水）分辨率网格三级嵌套，实现大气 – 海洋 – 波浪耦合。

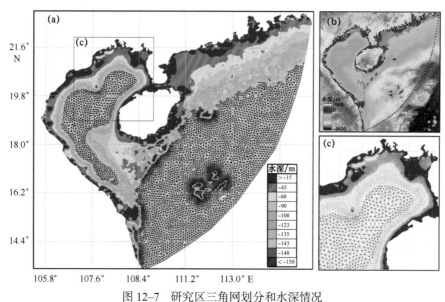

图 12–7　研究区三角网划分和水深情况

（a）网格划分；（b）水深分布；（c）北部湾放大图

12.3.4.2　边界条件

（1）模型解算 10 m 高风场和气压场作为海洋模型输入参数，提供大气边界。

（2）子区域初始场和边界条件由父区域提供，岸线边界设置为吸收潮汐和波浪的封闭边界，潮汐边界由全球潮汐模型（TPXO7.2）提供，包括 K_1、O_1、P_1、Q_1、M_2、S_2、N_2 和 M_4 8 个分潮，开放边界水位变化设置为

$$\eta = \frac{(P_\infty - P_c)}{\rho_w g} + \sum f_i H_i \cos\left(2\pi \frac{t}{T_i} + \vartheta_i + u_i - \theta_i\right) \qquad （12-27）$$

式中，i 为上述 8 个分潮；T_i 为各分潮周期；H_i 为分潮振幅；Q_i 为分潮相位角；f_i 为分潮结点因子；v_i 为分潮初始相位；u_i 为结点矫正角。

12.3.4.3　时间设置

Holland 台风场模拟时长为 1 个月，前 5 d 设置为模型冷启动时间。冷启动初始水位、流速和风场都设置为 0。冷启动时段过后加入海气耦合和波 – 流耦合实现风暴潮数值模拟。TELEMAC 和 TOMAWAC 的计算时间步长和波 – 流耦合时间步长都设置为 30 s。TELEMAC 潮汐模拟时长为 20 d，TELEMAC–TOMAWAC 波流耦合模拟时长为 10 d。

12.3.5　情景模拟

未来 21 世纪海平面上升（Sea Level Rise，SLR）预测不确定性较大。IPCC 第五次评估报告指出，不同排放情景下到 2100 年海平面上升变化区间大概为 0.31 ～ 1.10 m（Stocker et al.，2013；Hinkel et al.，2015）。因此模型以 IPCC 气候变化情景为基础，选择 RCP8.5 排放情景下海平面上升中值（0.66 m）和高值（1.10 m）两种情景，通过等效降低地形高程的方式实现海平面上升设置。因此，在当前地形高程基础上分别增加水深 0.66 m 和 1.10 m，设计在当前以及未来海平面上升情景下，模拟台风"启德"与台风"山神"对北部湾海域的影响（表 12–1）。

表 12–1　未来海平面上升情景设置

台风案例	海平面上升 /m	风速 /（m·s⁻¹）	潮汐	水深
"山神"	+0	ECMWF	TPXO	GEBCO
"山神"	+0.66	ECMWF	TPXO	GEBCO
"山神"	+1.10	ECMWF	TPXO	GEBCO
"启德"	+0	ECMWF	TPXO	GEBCO
"启德"	+0.66	ECMWF	TPXO	GEBCO
"启德"	+1.10	ECMWF	TPXO	GEBCO

12.3.6　模型验证

本章以 201213 号台风"启德"与 201223 号风"山神"期间实测水位做模型率定和验证。

如图 12-8 所示，台风"山神"于 2012 年 10 月 24 日 02 时在菲律宾东南部西北太平洋洋面生成，10 月 25 日下午进入南海东部海域，10 月 28 日上午减弱为台风，进入北部湾海域，中心附近最大风力为 13 级，中心最低气压为 960 hPa，之后台风"山神"以每小时 10～15 km 的速度向西北转偏北方向移动，登陆越南北部地区。台风启德于 2012 年 8 月 13 日 09 时在西北太平洋洋面上生成。8 月 15 日 04 时在菲律宾吕宋岛登陆，登陆时中心附近最大风力为 10 级（25 m/s）。8 月 17 日 12 时在广东省湛江市再次登陆，登陆时中心附近最大风力为 13 级（38 m/s），17 日 21 时在中越边境交界处沿海第三次登陆，登陆时中心附近最大风力 12 级（33 m/s）。

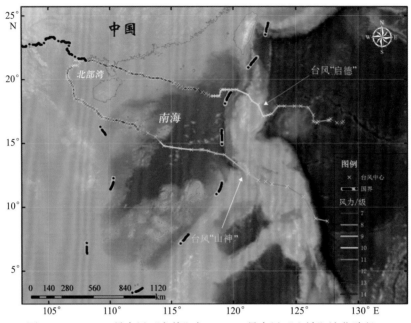

图 12-8　201213 号台风"启德"与 201223 号台风"山神"演化路径

模拟采用均方根误差（E_{RMS}）、归一化平均绝对值误差（B_{MN}）、Skill 值与模型 CFL 校验数值 4 种方式验证模拟精度，公式分别为：

$$E_{RMS} = \sqrt{\frac{1}{N}\sum_{i=1}^{N}\left[(X_m)_i - (X_o)_i\right]^2} \tag{12-28}$$

$$B_{MN} = \frac{\frac{1}{N}\sum_{i=1}^{N}\left[(X_m)_i - (X_o)_i\right]}{\frac{1}{N}\sum_{i=1}^{N}\left|(X_o)_i\right|} \tag{12-29}$$

$$\text{Skill} = 1 - \frac{\sum_{i=1}^{N}\left|(X_m)_i - (X_o)_i\right|^2}{\sum_{i=1}^{N}\left[\left|(X_m)_i - \overline{X_o}\right| + \left|(X_o)_i - \overline{X_o}\right|\right]^2} \tag{12-30}$$

式中，N 为样本总数；X_m 为模拟值；X_0 为观测值，$\overline{X}_0$ 为观测平均值。E_{RMS} 为误差量级，值越小精度越高；B_{MN} 为模拟值高估或低估观测值误差，越小精度越高；当 Skill=1 表示模拟效果极佳，当 $0.65 \leqslant$ Skill<1 表示模拟效果很好，$0.5 \leqslant$ Skill<0.65 表示模拟效果好，$0.2 \leqslant$ Skill<0.5 表示模拟效果较好，Skill<0.2 表示模拟效果不好。

两次台风期间水位施测时长各为 2 d，总共包括 96 个测量点位。其中误差小于 10% 的测量点位占据 60% 以上，误差小于 20% 的测量点位占据 90% 以上。如图 12–9 所示，红色表示台风"山神"，测量时间段为 2012 年 10 月 28 日 21:00 至 30 日 22:00；绿色表示台风"启德"，测量时间段为 2012 年 8 月 17 日 10:00 至 19 日 10:00。1∶1 线以上部分为高估的模拟点位，1∶1 线以下部分为低估的模拟点位。总体来说最佳拟合线坡度为 0.97，R^2 为 0.89，Skill 值为 0.93（＞0.9），说明模拟效果较好。图 12–10 为模拟结果和实测水位对比，台风"山神"用于率定模型，计算的 E_{RMS}、B_{MN} 和 Skill 值分别为 0.39 m、–0.05 m 和 0.95；台风"启德"用于验证模型，计算的 E_{RMS}、B_{MN} 和 Skill 值分别为 0.61 m、–0.1 m 和 0.91。因此台风"山神"模拟效果优于台风"启德"模拟效果。两次模拟 B_{MN} 均为负值说明模拟水位略微低估实测峰值水位，可能是因为风浪干扰作用导致测量误差。模型率定和验证后的水平涡黏系数和底摩擦曼宁系数分别设置为 0.28 m/s^2 和 60 $m^{1/3}/s$。另外，风场精度将直接影响增水和风浪模拟结果，因此有必要对风场准确性做进一步验证。

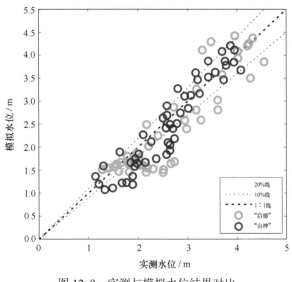

图 12–9　实测与模拟水位结果对比

CFL 校验数值在 0 ~ 1 区间，数值越小的区域说明模拟效果越好。台风"山神"期间北部湾北部浅滩以及内海海域的 CFL 数值在 0 ~ 0.16 范围内，优于其他沿岸海域，最大值为 0.47（＜0.5）说明总体模拟效果较好（图 12–11）；台风"启德"期间北部湾北部浅滩以及内海海域的 CFL 数值在 0 ~ 0.2，最大值为 0.51（图 12–12），相较于台风"山神"

期间数值略高，也说明台风"山神"的模拟效果优于台风"启德"。

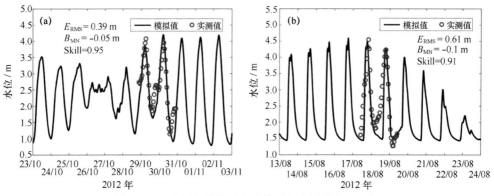

图 12-10　实测与模拟对比（果子山水尺零点基面）

（a）台风"山神"率定模型；（b）台风"启德"验证模型

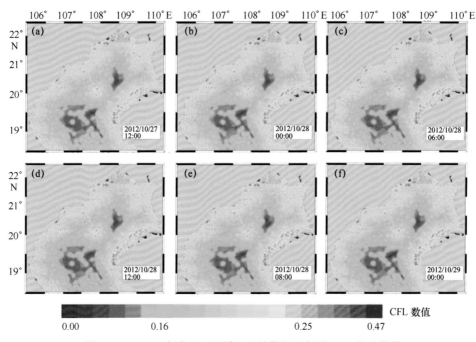

图 12-11　2012 年台风"山神"过境期间北部湾 CFL 校验数值

12.3.7　小结

本节首先对风暴潮数值模拟与 GIS 技术结合做简单介绍，引入控制方程阐述各部分模型实现机理，并以模型设置给出定解条件求解。最后，以北部湾台风期间实测水位数据与模拟结果对比，结果表明采用波-流耦合数值模拟方法能有效再现历史时期台风增水和风浪过程。

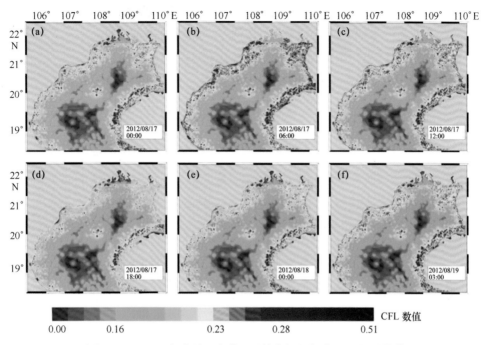

图 12–12　2012 年台风"启德"过境期间北部湾 CFL 校验数值

12.4　模拟结果分析

12.4.1　台风期间波浪变化

风浪是风暴潮灾害期间最为直观的影响之一，巨浪破坏性影响对海域渔场、出海船只以及近岸建筑均可造成不可逆损失。定量化探讨台风期间波浪变化有利于预报风暴潮灾害海域禁航区域，为近岸堤防工程提供基础研究数据，对此研究以模拟台风"山神"期间北部湾内波浪特征参数为例，讨论其变化过程。

台风风浪主要受局部风场剪应力驱动形成，台风"山神"过境期间风浪高度在 0 ~ 10 m 间变化（图 12–13），其空间分布与风场空间分布密切相关。台风中心风浪较小，仅 1 m 以内，而台风臂覆盖的海域风浪较大，平均波高在 7 ~ 8 m，最高可达 10 m。28 日 00:00 台风"山神"逐渐从南海向北部湾内移行，风浪随台风作用域的变化逐渐向北方向发展，影响范围迅速扩大。在 28 日 6:00，东偏东南向风速达到最强，为 35 m/s，此时风浪发展到最大，80% 海域浪高均在 6 ~ 10 m 范围内变化［图 12–13（c）］；而波浪传到近岸时受水深以及地形影响风浪逐渐减小，近岸波高减小至 1 ~ 2 m。随后台风逐渐向西北方向消减，风浪也随着风速减弱而退潮退水［图 12–13（e）、（f）］。总体来说，台风"山神"期间由于风力等级强盛，28 日期间达到 13 级，在开阔的海域上受到海表热惯量等因素直至登陆前并无消减之势，在北部湾海域形成巨大风浪。

风浪为短周期波，模拟结果显示台风"山神"期间北部湾波峰推进时间在 0 ~ 12 s，在湾内引起短时间水位变化（图 12-14）。水位随风浪发展进程近似同步起伏，在风场中心受低气压影响，由中心向四周呈近圆形抬升，引起近海海域水位变化起伏大、周期长。10 m 高风浪周期为 9 ~ 10 s，其周围近岸处周期达到峰值为 12 s，湾内平均波浪周期为 6 ~ 7 s。随着山神不断向湾内西北方向深入，风浪形成区域向北部湾内缩小，但浪高仍以持续增长，峰值逐渐向东北方向偏进（图 12-13），水位变化范围也向湾内小范围缩减，进一步向北部湾沿岸增高。而河口和海湾区域风浪发展受地形水深制约，在湾口处波浪破碎带形成增水，水位抬升涌入钦州湾、大风江河口等，风浪周期缩短至仅湾口处 1/6。之后随着风浪作用削减，水位随即下降，周期缩短至 6 s 以下，波浪变化幅度减缓，海表风浪总体上趋于稳定。

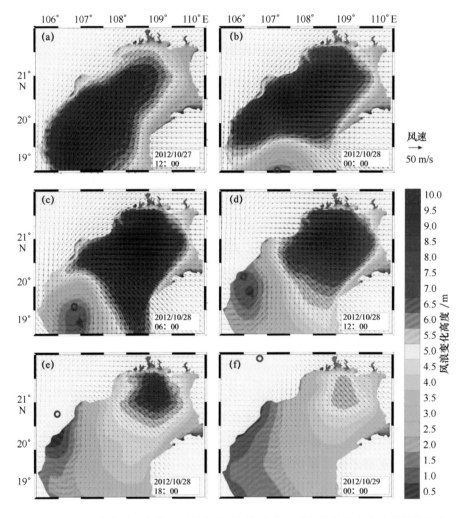

图 12-13　2012 年台风"山神"过境北部湾风场变化及引起的风浪变化过程模拟结果

　　波浪运动是水质点以其平衡位置为中心做圆周运动，在海表则表现为上下波动，圆周直径相当于波高。模拟结果显示波速在形式分布上与波高相一致，在台风中心波速较慢，仅 1 m/s；台风臂区域波速较快，最大风速区域波速高达 10 m/s（图 12–15）。如图 12–15（b）至图 12–15（f），在 28 日 00:00 之后 12 h 内，台风臂扫过的海域波速持续维持在 6 ~ 10 m/s，随后随台风强度衰减而减缓至 6 m/s 以下。波浪传播方向以台风中心为原点向四周辐散，受风拽力影响与风向同方向传播，使海浪逐渐推进北部湾内（图 12–16）。28 日 00:00 时湾内主要风向为东风、东北风，最高风浪出现于北部湾西侧越南近海；未来 3 h 湾内风向逐渐转向东偏东南，海浪推向西北方向；至 28 日 18:00 台风"山神"登录越南后 6 h 内风场拖拽海水向北部湾涌进，引起水位变化。

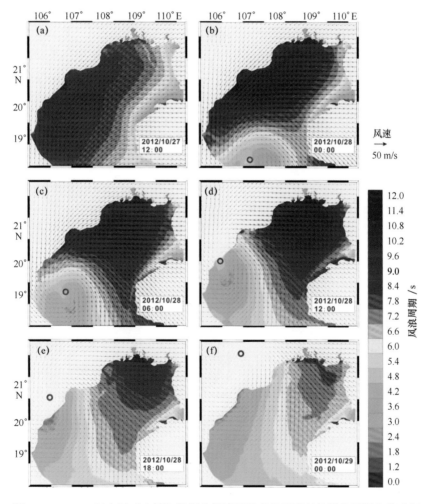

图 12–14　2012 年台风"山神"期间北部湾风场变化及引起的波浪周期变化过程

　　波浪能量来自风场，与风速密切相关。台风中心能量传递几乎为 0，而台风臂转化的波能大。从 28 日 00:00 至其后 12 h 直至台风登陆能量衰减前，最大风速区域波能最高可

达 581.43 kW/m，能量由最大风速区域向外呈近圆形减弱，能量辐射范围由越南沿岸逐渐
向广西沿岸移动，并由于水深减小高能量区域也逐渐缩小（图 12–17）。台风"山神"期
间湾内平均能量为 409.90 kW/m，裹挟巨大能量的海浪对近海养殖渔场、船只构成巨大威胁。
海浪在破碎带破碎释放能量并形成增水，与天文潮潮位叠加易使水位超过洪峰警戒线，对
沿岸造成淹没风险。

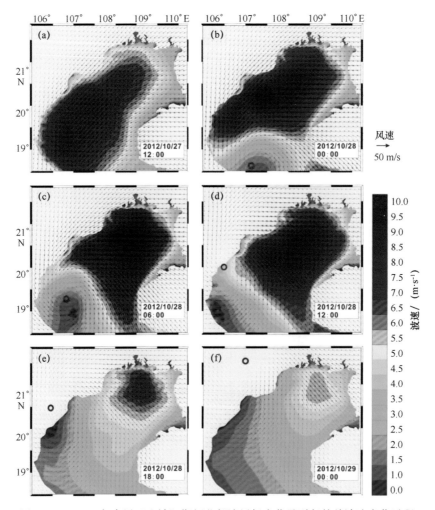

图 12–15　2012 年台风"山神"期间北部湾风场变化及引起的总波速变化过程

12.4.2　台风期间潮汐变化

当台风"山神"进入北部湾海域，台风风场作用效应引起北部湾内潮位变化（图
12–18），变化范围为 –0.73 ~ 1.25 m，平均潮位变化在 0.4 m 上下。最高潮位发生
于 10 月 28 日 18:00［图 12–18（e）］，低水位与台风中心迁移密切相关。由于台风
臂处风速较大，风场剪应力拖拽海水不断向北部海岸推进，从而影响海面潮流趋向于

与台风风场形态相近的流场（图 12-20）。在达到最大风速时刻［10 月 28 日 6:00，图 12-18（c）］整体水体较低，仅 -0.3 m。此时台风"山神"横扫北部湾，由于台风中心风速较低，在相应内海海域流速也较低，仅 0 ~ 0.34 m/s；而台风臂风速高，覆盖湾内沿岸带，且存在引潮力、地转偏向力与地形因素导致沿岸海面潮流速度较高，最高可达 1.7 m/s，海水压强梯度使潮流更倾向海岸传播。因此被台风臂包围的海域海水涌高速度快于风圈中心，且北部湾东侧浅滩处波浪破碎释放能量形成增水，致使东北侧沿岸水位高于外滨；内海潮流传播速度慢于沿岸，导致潮位降低［图 12-18（b）、（c）和（d）］。而随着时间推移，湾外南海涌浪传播至湾内，引起内海水位增高［图 12-18（e）、（f）］。因此北部湾南部与南海相连也是北部湾潮位涌高的重要原因之一。对此可以预见风暴潮对北部湾东北沿岸潮位具有明显改变，或将对岸堤构成淹没风险。

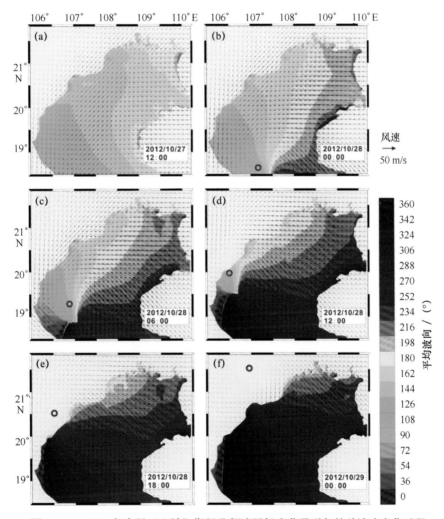

图 12-16　2012 年台风"山神"期间北部湾风场变化及引起的总波速变化过程

图 12–19 和图 12–21 为仅大气驱动的潮位和潮流变化过程,模拟结果显示真实风暴潮引发的潮位变化与仅台风场拖拽作用形成的潮位变化相似,但整体水位降低 0.1 m 上下,最低水位降低 0.09 m,最高水位降低 0.11 m。这一部分水位变化说明天文潮与风暴潮增水之间存在叠加效应。潮流流场形态同样相似,但流速相较于风暴潮引起的流速略慢。因此考虑天文潮汐对自由水面的改变是非常有必要的。大气驱动模型仅考虑海 – 气耦合效应,而由 12.4.1 节指出的波浪模拟结果可以看出,在真实风暴潮情景下,台风作用会形成较大的风浪(尤其在最大风速圈内),从而改变了海表粗糙程度,改变风应力作用,形成一部分增水;此外波浪在破波带破碎使得沿岸浅滩也发生增水。风暴潮形成的增水叠加到天文潮位上,导致潮位升高。总体而言,引起潮位变化的原因不仅仅是风场作用,也要考虑与海水交互作用的影响,因此耦合模型能客观反映出真实风暴潮情景。

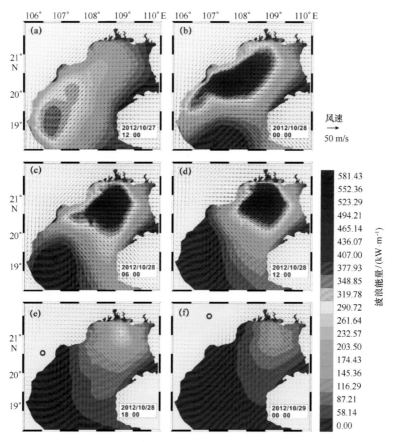

图 12–17 2012 年台风“山神”期间北部湾风场变化及引起的波浪能量变化过程

台风“启德”期间水位变化如图 12–22 所示,与台风“山神”不同,其路径由南海海域向广东沿岸迁移,8 月 17 日于广东省湛江市麻章区湖光镇沿海登陆,横穿雷州半岛后进入北部湾,沿广西沿海继续向西移行。台风论坛史料记载,台风“启德”形成的风眼不成熟，高层风眼在辐散下清空，直至登陆越南再次打开风眼。进入北部湾前，雷州半岛以及海南岛的阻挡使得"启德"台风臂作用对北部湾影响较小［图 12–22（a）］，而在登陆前对广东沿海造成了巨大增水，多处潮测站警报潮位超过洪峰警戒线，大量增水通过琼州海峡涌入北部湾［图 12–23（a）显示琼州海峡流速快于北部湾］；并且随着台风"启德"最大风速风圈进入北部湾，引起北部湾内潮位变化，在 17 日 06 时水位激增［图 12–22（b）］，总体水位达 2 m 以上，最大水位高达 3.28 m。随着台风"启德"登陆能量逐渐削减，并且在进入北部湾时处在风圈中心，作用减缓，湾内水位开始退至 1 m 以下［图 12–22（c）、（d）］。钦州湾和大风江河口水位超过平均潮平面，内海则低于平均潮平面。台风"启德"登陆越南后对北部湾仍有持续大风，但对潮位影响已经消减，海面恢复平静。由图 12–23 为台风"启德"期间北部湾潮流流速变化，与台风"山神"时期形成的流场（图 12–20）截然不同的平静。因此可以看出，台风"启德"对北部湾影响小于台风"山神"，其原因与台风生成路径密切相关。

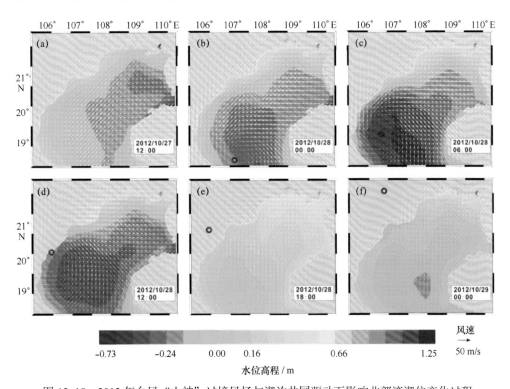

图 12–18　2012 年台风"山神"过境风场与潮汐共同驱动下影响北部湾潮位变化过程

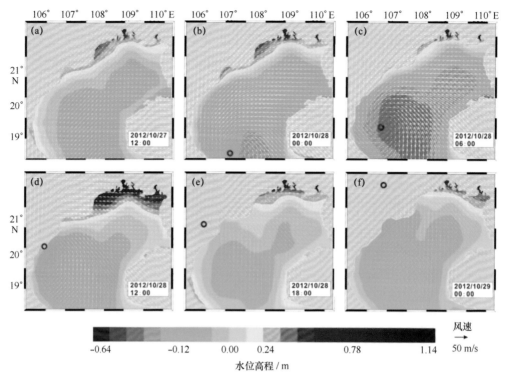

图 12-19 2012 年台风"山神"期间仅大气驱动引起的北部湾潮位变化过程

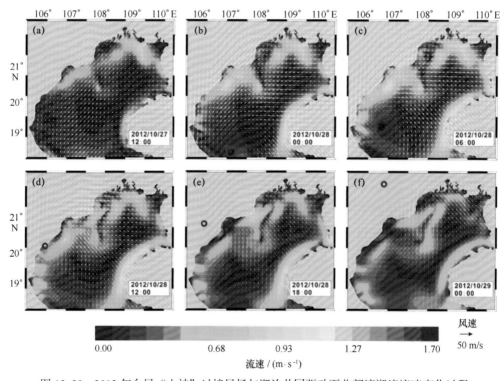

图 12-20 2012 年台风"山神"过境风场与潮汐共同驱动下北部湾潮流流速变化过程

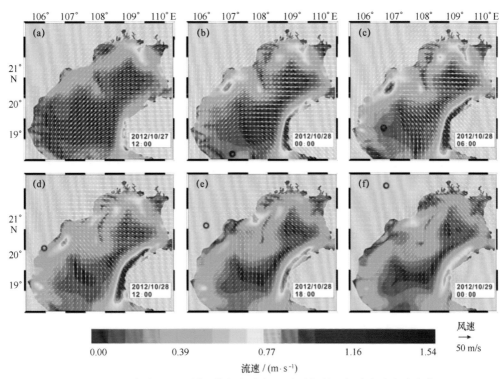

图 12-21　2012 年台风"山神"期间仅大气驱动引起的北部湾潮流流速变化过程

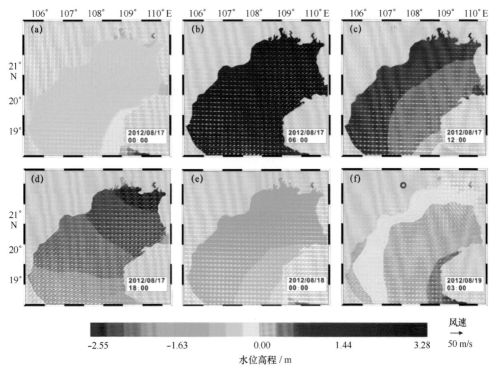

图 12-22　2012 年台风"启德"过境风场与潮汐共同驱动下影响北部湾潮位变化过程

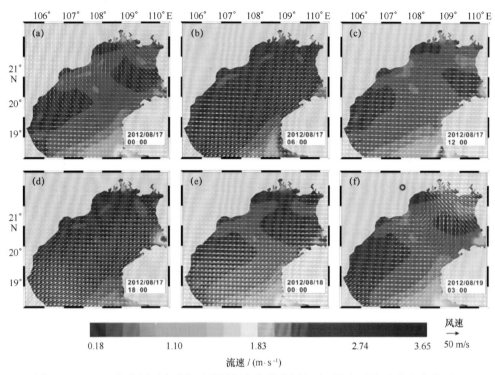

图 12-23　2012 年台风"启德"过境风场与潮汐共同驱动下北部湾潮流流速变化过程

12.4.3　台风期间增水变化

　　台风作用引起水位变化除风浪外还包括增水，增水主要在大范围风场持续驱动下与天文潮交互作用形成。大气驱动力是形成风暴潮增水效应的主要驱动因子。增水量计算可通过有无大气驱动力的两次模拟结果对比实现，即风暴潮增水等于有大气驱动力情景和无大气驱动力情景的潮位差。因此研究设计改变大气驱动力条件，以仅天文潮驱动、仅大气边界驱动和真实风暴潮情景的增水模拟台风"山神"期间以及未来气候变化引起的海平面上升对风暴潮增水的影响。

　　图 12-24 为台风"山神"期间增水变化过程，增水高度在 0 ~ 4 m 范围内变化，台风中心增水较小，最大增水出现在北部湾右侧，明显低于风浪高度。增水平均水位变化可达 1.2 m，北部湾东侧沿岸浅滩破波可导致增水超过 2 m，区域性增水最大可达 3 m 以上。与短周期风浪相比，增水具有大范围和长时效性，风浪叠加增水如与高潮位相遇易形成海岸洪水淹没。即使增水量级比风浪小很多，但他们叠加效应，尤其是高能波浪冲击效应，将对堤防造成巨大压力。如图 12-25 所示，为同时刻时天文潮位与增水对总水位的影响，台风"山神"期间共出现两次明显增水过程，间距时隔 4 d。第一次最大增水时间与小潮高潮位叠加（10 月 27 日 12:00），总高水位 1.2 m；第二次最大增水时间与大潮低潮位叠加（10 月 31 日 08:00），最高水位 2 m，低于大潮时刻高潮位。仅大气驱动增水与风暴潮增水相比，最大增水发生时刻推迟了 1 天半。

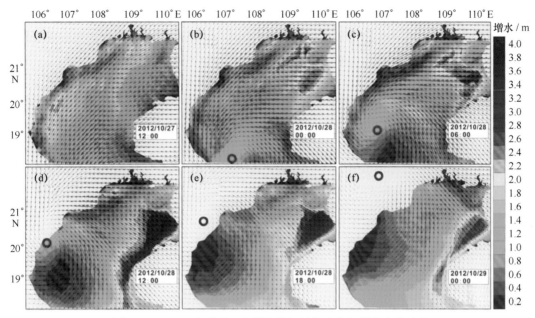

图 12-24　2012 年台风"山神"期间风场变化与增水变化过程

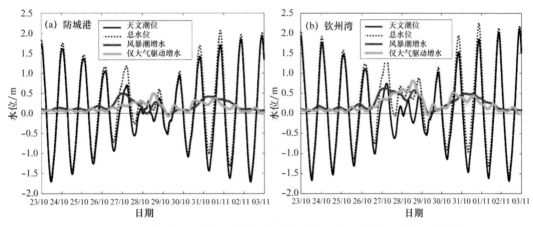

图 12-25　2012 台风"山神"引起的风暴潮增水与仅台风作用引起的增水对比

12.4.4　海平面上升对风暴潮影响

在未来海平面上升情景下，台风"山神"达到最大风速时刻，广西南部沿岸[图 12-26（a）]水位上涨，最高水位出现在钦州湾与大风江河口[图 12-26（b）]，达 0.9 m。可能的原因是河口急剧变窄抬高，使河床容量大幅度缩小，导致大量潮水涌入狭窄的湾口。而廉州湾[图 12-26（c）]岸线相较于蜿蜒曲折的钦州湾浅滩地形更为开阔，因而水位变化幅度不大。尽管最高水位当前情景（1.25 m）大于海平面上升值 0.66 m，但从防城港测站水位变化模拟结果来看[图 12-28（a）]，水位是随着海平面上升呈正向变化的（红

线代表未来海平面上升 0.66 m 时水位较于当前风暴潮变化幅度，蓝线代表海平面上升
1.10 m 时变化幅度，相同相位下蓝线振幅大于红线），出现最高水位下降的原因可能是钦
州湾与大风江河口的地形对水位上升有一定的减缓作用。

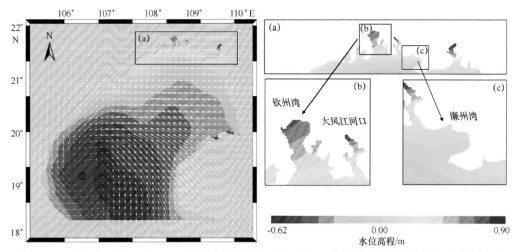

图 12-26　未来海平面上升 0.66 m 情景下台风"山神"过境（最大风速时刻）湾内水位高程分布

　　就风暴潮增水而言，防城港测站的模拟数据显示风暴潮发生之际 90% 时刻的增水变化
量均为正变化［图 12-28（b），红线代表海平面上升 0.66 m 时增水较于当前风暴潮变化幅度，
绿线代表海平面上升 1.10 m 时水位较于当前风景潮变化幅度，相同相位下绿线振幅基本大
于红线］。图 12-29 为北部湾沿岸各验潮站的模拟增水情况，除 2 号测站有明显负变化外，
其余各测站增水均在海平面上升或多或少增加。靠近越南沿岸的海域更为明显（10 号测站），
可能是与台风"山神"路径有关。从各测站模拟增水曲线中还可以发现，从台风进入北部
湾海域开始，增水变化趋势大部分表现为增水幅度先减小甚至会出现一段时间的减水直至
达到最大减水时刻，随后开始迅速回升。广西沿岸各测站（1 ~ 4 测站）在台风"山神"登
陆越南后出现了最大增水时刻，最大增水可达到 0.5 m 以上（钦州湾测站）。因此尽管海平
面上升对钦州湾有一定负增加效应，但未来总海平面上升 0.31 ~ 1.1 m，极值水位上升，只
是海平面上升没有激化风暴潮增水再上升。由此可见，海平面上升会进一步增大广西大部
分沿海区域的风暴潮增水量，对沿岸构成更大的淹没风险。

　　未来海平面上升情景下潮流流速相较于当前情景略有增大［图 12-30，图 12-20（c）］，
这一点从潮流流速公式中可以直接看出流速与水深 h 成正比关系（流速可被定义成，
$c \approx \sqrt{(g \times h)}$ 为重力加速度）。因此海平面上升会加快潮流流速，加快水位变化速率。
Arns 等（2015）认为，海平面上升会改变潮汐分潮的调和常数（一种由数学家 Laplace 最
早提出的使用正余弦函数来拟合真实潮汐水位曲线的方法，以调和常数表示振幅和相位，
每一个余弦函数对应一个假想天体引起的潮汐，称为一个分潮），从而增加天文潮在参与

产生极值水位的非线性相互作用中的贡献率。总的来说，海平面上升会放大天文潮和风暴潮对水位的影响，只是在使水位改变的能量分配贡献上可能会有相对变化，但总体变化是随着海平面上升而增加的。

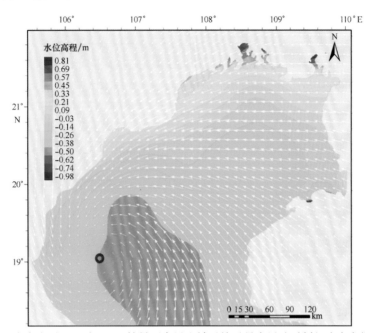

图 12-27　未来海平面上升 1.1 m 情景下台风山神过境（最大风速时刻）湾内水位高程分布

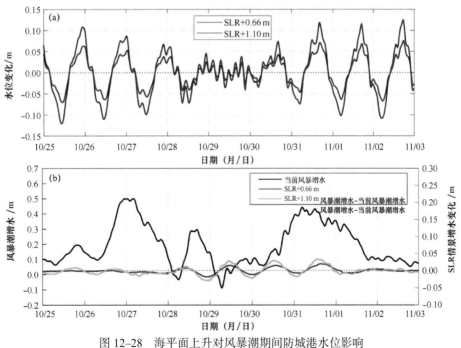

图 12-28　海平面上升对风暴潮期间防城港水位影响

（a）海平面上升总水位相对变化；（b）海平面上升风暴潮增水

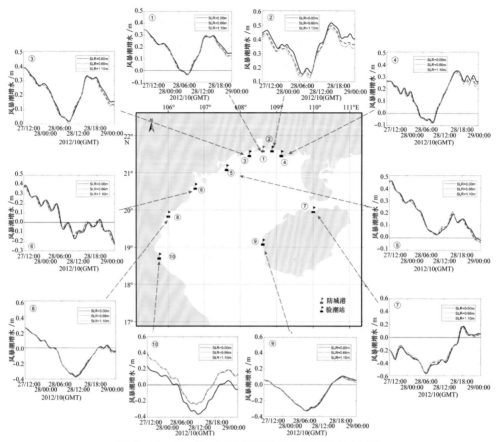

图 12-29　SLR 情景下北部湾沿岸各验潮站增水情况

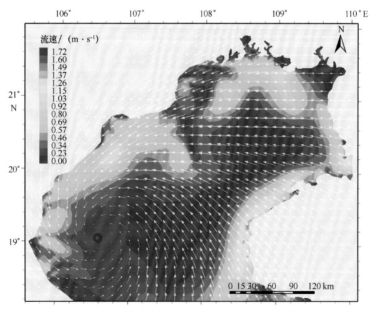

图 12-30　未来海平面上升情景下台风山神过境（最大风速时刻）湾内潮流流速分布

　　而台风"启德"的模拟情况仅选取出现最高水位的时刻(图 12-31 和图 12-32),台风"启德"在登陆广东湛江时对北部湾海域影响达到最大,尤其是对钦州湾和大风江河口,在海平面上升 0.66 m 时水位高达 3.15 m,在海平面上升 1.10 m 时水位达 3.44 m,变化趋势与台风"山神"模拟结果相一致,在此便不过于赘述。有的研究会对于台风的路径、最大风速半径、移速等参数模拟其极值分布概率,以探究极值水位和防护在近海岸工程的应用。对于本书台风"启德"与台风"山神"发生的路径不同使得极值水位出现在不同的浅海区位,也能够说明极值水位的分布会与台风发生路径相关,对于不同类型的台风,沿岸防护都需要考虑周全。总而言之,海平面上升与风暴潮增水和天文潮以及它们之间非线性效应的总和叠加起来将形成超高水位,也就意味着如果台风"山神"提早 3 d 或推迟 5 d 登陆,与大潮高潮位叠加,将造成"两碰头"的局面,水位可瞬间提高 1 m 以上。这种效应在深海区可以忽略不计,但对于沿岸城镇将构成巨大威胁,尤其是广西沿岸的浅水区,随着气候变化防洪防潮的工作在未来更应该被重视。

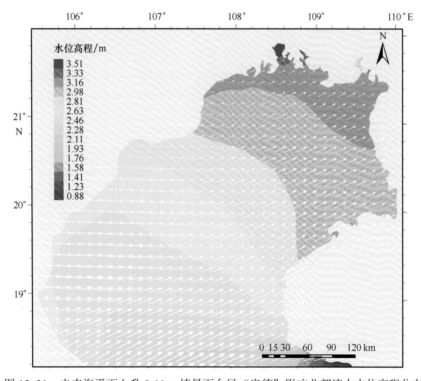

图 12-31　未来海平面上升 0.66 m 情景下台风"启德"影响北部湾内水位高程分布

12.4.5　小结

　　本节对模型模拟结果进行分析,主要从台风期间风浪变化、增水变化、潮汐变化以及未来海平面上升对风暴潮影响 4 个方面分析。结果表明,风暴潮期间引起风浪变化进而影响风暴潮增水，同时影响潮位变化；在未来海平面上升与风暴潮增水和天文潮，以及它们之间非线性效应的总和叠加起来将形成超高水位；由于台风"山神"与台风"启德"生成路径不同，对北部湾极值水位分布也会不同，但都对广西沿岸地区构成威胁。总体来说模型较好地展现了历史风暴潮过程。

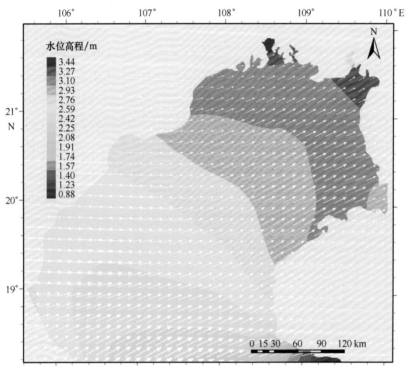

图 12–32　未来海平面上升 1.1 m 情景下台风"启德"影响北部湾水位高程分布

12.5　小结与讨论

12.5.1　小结

本章基于模型嵌套和模型耦合技术建立了非结构三角网的风暴潮数值模拟系统。台风风场和气压场采用 Holland 模型计算；潮汐模拟采用 TELEMAC 模型计算；波浪模拟采用 TOMAWAC 模型计算。模拟区域采用嵌套的方式逐级缩小，最终在北部湾海域实现大气–潮汐–波浪的耦合模拟。模型参数由 201213 号台风"启德"和 201223 号台风"山神"分别做率定和验证，分析了北部湾广西沿海风暴潮的风浪增水特点。主要结论包括以下几点。

12.5.1.1　数值模型评估

研究采用的 Holland–TELEMAC–TOMAWAC 耦合模型能够有效再现北部湾海域历

史风暴潮过程。有大量研究已经验证 TELEMAC 对于潮位模拟结果精度较高（Zhang et al.，2016a；2016b），在台风和非台风期间的风浪耦合模拟验证均表明 TELEMAC–TOMAWAC 耦合模拟有效（Zhang et al.，2018；王璐阳等，2019）。本章以 2012 年袭击广西的两次台风事件（台风"山神"和台风"启德"）期间实测水位与模拟结果作对比验证，验证结果显示果子山 96 个实测测量点位中观测值与模拟值误差小于 10% 的测量点位占据 60% 以上，误差小于 20% 的测量点位占据 90% 以上；模型内置的校验参数 CFL 结果显示出 80% 的海域模拟效果良好，其中包含实测值的北部湾北部浅滩以及内海海域在台风"山神"期间明显优于其余沿岸海域；而台风"启德"期间相较于山神期间数值略高，说明台风"山神"的模拟效果优于台风"启德"。

参考以往对于北部湾海域风暴潮数值模拟的研究，多模型耦合思想不断在模型验证中得到检验，逐步由仅仅考虑海 – 气耦合模式（蒋昌波等，2017；伍志元等，2018）过渡到向其中加入波浪模拟，三者的耦合作用使模型的计算精度提高 4.5%（赵兵兵，2017）。赵兵兵（2017）以 Holland–Delft3D（先后加入 FLOW 与 WAVE 模式）耦合，该模式采用的控制方程离散法为有限差分（Finite Different Method），因此用于解算数值的输入网格为结构网格，他以扇形结构对近圆心距离做了两层加密，但在大模型向小模型传递开边界输入条件时采用线性插值的方法存在一定的误差；而本章采用的 Holland–TELEMAC–TOMAWAC 耦合的离散方式为有限体积法，采用的非结构三角网更利于贴合北部湾复杂多变的海岸线，并在低 – 中 – 高分辨率网格三级嵌套下，优化模拟精度，提高解算效率。因此本章设计的模型突破了北部湾现有模型局限性，为进一步深化北部湾科学研究和工程应用提供基础数据。但 Holland 台风模型为圆形风场，实际台风中的风压不对称性导致该模型对于风场和气压场的模拟存在一定的限制，研究认为，其也是导致模拟水位存在低估现象的因素，因此可以考虑进一步优化风场模型提高解算精度。

12.5.1.2　风暴潮与风浪关系

风暴潮与海表波浪之间存在相互影响。模型考虑风暴潮期间波浪影响，结果表明台风"山神"期间最大风速风圈中 80% 海域浪高均在 6 ~ 10 m 间变化。台风风级是造成波浪特征参数变化的重要因素，波浪在风暴潮增水过程中也存在着一定的影响。台风强度越大，风浪引起的海平面大幅度升降变化越快，能量越大，从而在海滨破波过程中导致增水。有研究通过多维复合极值分布模式分析北仑仓致灾风暴潮的增水与波高的联合分布，表明了风浪与风暴潮增水具有相关性（王洪川，2014）；在台湾东部苏澳港内波高受风暴潮位的影响是局部的，靠近岸边的有效波高有所增大（武海浪等，2015）；在菲律宾莱特湾海域上，波浪的设置是放大塔克洛班风暴潮的重要因素之一，针对浅滩破波效应他们提出应建立更高精度的网格计算波能耗散应力（辐射应力）的影响（Han and Kyeong，2015）。

对于北部湾，有研究以仅天文潮 – 风暴潮耦合与波浪 – 天文潮 – 风暴潮耦合的对比显示出波浪对于风暴潮在浅水中的影响较为明显而对于深水区域影响较小（赵兵兵，2017）。在本研究中，风浪受风圈影响由内海湾向北部湾浅滩推移，破波的能量释放对于北部湾浅滩的增水具有一定影响，对局部海域尤其是浅海海域特征与上述研究结论相一致。但本章中还模拟了风浪期间除水位变化之外的其余特征参数，例如，波浪能量、波速以及变化海域范围的可视化，更为直观地表达海面波动影响，能为预报禁航海域和近海岸防护工程研究建设提供有效的数据。为此提出可以进一步量化北部湾台风等级与波高的相关关系进行特征性研究。

12.5.1.3 风暴潮水位影响因素

一方面，台风期间北部湾水位变化主要受天文潮波动和风暴潮增水变化影响。天文潮和台风场拖拽力是形成高潮位的主要驱动力，研究结果显示，天文大潮和最大风场拖拽力对最高水位的贡献率大概占 70% 和 30%；另一方面，开放边界的合理设置表明，除风浪和天文潮对风暴潮增水的影响之外，北部湾宽浅的大陆架、微弯敞开的地形直接与南海联通也是造成潮位涌高的另一个重要原因。参考同样应用台风"启德"案例的相似研究，其结果表明台风"启德"期间主要增减水区域为广西沿海以及越南北部沿海，海湾增减水分布和海水流场分布与台风风场结构、路径特点相对应，在这点上与本案例台风"山神"存在一致性，并且其研究结果同样证明了各站点增减水的差异体现出北部湾地形对于风暴潮的影响，总体上表现为海湾增水强、开阔海岸增水较弱、海区增水最小的趋势（张操，2014）。

此外，在气候变化导致的海平面上升情景下，由于受到溺谷海湾地形影响，增水幅度与海面上升高度在钦州湾中呈负相关。但气候变化导致总海平面上升 0.31 ~ 1.10 m，因此从总体上看极值水位是上升的，只是海平面上升没有激化风暴潮增水再上升。Liu 和 Huang（2019）在台中港的风暴潮模拟中发现，海平面上升引起明显的水位变化和海浪高度变化，水位高峰将对海岸环境造成危险。因此有必要并且需要迅速缓解气候变化，以防止海水入侵、沿海洪水淹没、海岸线侵蚀和湿地迁移等海平面上升所带来的经济影响。由于海洋经济损失比例的高低与海平面上升导致 3 km 岸线范围淹没面积和 3 km 岸线范围内海洋经济活动密集程度有关（张平等，2017），未来需要重视定量化与综合性的风暴潮灾害风险评估（冯爱青等，2016），因此可以进一步研究北部湾沿岸淹没灾损情形。

12.5.1.4 非线性效应影响

风暴潮增水与天文潮对水位的贡献变化使北部湾海域产生明显的时空特点。空间上，由于受地形影响，地理形状近似于喇叭形河口的大风江、钦州湾海域的增水明显大于更为开阔的廉州湾海域。在未来海平面上升情景下增水变化随潮周期涨落出现明显波动，低潮位导致增水增大，而高潮位导致增水减小。潮位的上下振荡及波 – 流耦合效应使非线性对流和底摩擦改变，最大非线性效应出现在北部湾东侧靠近琼州海峡一侧，当地平均水深仅 25 m，而潮差和增水高度分别在 4 m 和 3 m 以上；时间上，钦州湾附近高潮位大致提前 1 天半，而海平面上升 1.10 m 将导致最大潮位提前 30 min 左右。在 Bernier and Thompson 以往的研究中发现，天文潮与风暴潮增水交互作用非线性叠加过程影响能量在潮汐和增水之间的重新分配，从而改变实际最大增水发生时间。类似的，有研究表明在台湾海域上如若海平面上升 1.9 m（0.87 m），风暴潮将导致涨潮提前约 9 min（4.7 min）到达台中港，其结果同样证明了水位的增加将导致潮汐波在沿海地区的传播增加（Liu and Huang，2019）。由此可见，具体时间改变量会随着台风过程和台风事件的变化而变化。

总的来说，广西沿海各观测站观测数据显示（黄子眉等，2019）增水在台风生命期间的变化呈现 3 个显著的变化阶段：当热带气旋进入北部湾时，风暴潮增水一般处于减水阶段，甚至达到最大减水时刻；当热带气旋登陆广西沿海或越南沿海时，广西沿海各观测站风暴潮增水均处于增水阶段，并将达到最大增水时刻；当热带气旋登陆广西沿海或越南沿海之后，广西沿海各观测站风暴潮增水逐渐回落至正常状态。综上所述，北部湾海域风暴潮增水特点呈现出从海区向近岸递增，并且与台风发生的时空存在一定的滞后效应，这种改变都与水位变化的非线性效应有关，具体事件中海平面上升、天文潮汐、波浪和风暴潮增水对水位贡献会再度分配，影响极值水位的分布和发生时间。因此，近海岸工程应加强沿岸堤坝防护，避免极端增水带来的淹没和盐水倒灌引发的次生灾害。

12.5.1.5　台风路径影响

台风"山神"和台风"启德"模拟结果分析表明，风暴潮影响还与台风生成路径相关。途经北部湾的台风大致分为两类（赵兵兵，2017；张操，2014；纪燕新，2007；张博文，2019）：一类经过雷州半岛或从海南岛北面进入北部湾，如同台风"启德"，由于在雷州半岛登陆后势力有所衰减，因此对北部湾的影响相对较小，增水从琼州海峡涌入广西沿海；另一类从海南岛南侧向西北方向发展在越南登陆或进入北部湾，如同台风"山神"，如果遭遇风暴潮和天文潮叠加，风场拖拽北部湾宽浅的陆架中潮波传播会形成涌浪增水等海洋灾害，严重威胁北部湾沿海低地生命财产安全。有研究（赵兵兵，2017）以蒙特卡罗算法随机模拟了 50 场台风，并依据增水最大值的范围和台风位置判断风暴潮增水的发生阶段，所涉及的参数除路径外还包括中心气压、风速、最大风速半径以及台风移速与增水的相关关系，这是本案例所没有涉及的，并且相较于本书仅以两条台风作为模型检验的基础数据更为有力的证明路径对于风暴潮是有所影响的。"山神"和"启德"结果的截然不同说明本书模型可以适用于不同台风事件模拟，但在率定过程中"山神"模拟效果明显优于"启德"，因此在对于其他台风事件时应根据不同的实测数据合理的配置模型参数。

12.5.2 讨论

12.5.2.1 未来海平面上升对风暴潮的影响

放大到长期变化下讨论风暴潮，尤其是讨论水位变化时显然仅仅由天文潮汐力引起的改变在一个世纪尺度中是微不足道的（详见第12.1.3节），但气候变化导致海平面上升却会带来一系列影响。在IPCC2012报告中指出，海平面变化对社会的影响主要通过极端水位发生。极端水位可以看作是海平面上升、潮汐、风暴潮增水以及他们之间非线性相互作用的总和，单纯以观测数据难以量化每种成分对于极端水位的贡献，因此许多研究都应用数值模型改变其组成条件，以达到控制变量的效果。尽管Arns等（2015）在研究中指出，风应力和底摩擦在定义上与水深成反比关系，因此海平面上升会降低风暴潮增水对于总水位的影响，他们认为，水深的变化会影响水动力特性，并影响调和分潮作为实际水位补偿流。而本书中台风"山神"期间除钦州湾风暴潮增水在海平面上升时呈负增加，其余90%的海域增水幅度都因海平面上升放大。这里认为可能的原因是海平面上升对各分潮在不同海域影响其参与极值水位的非线性叠加时贡献不同，使风暴潮增水与天文潮贡献的比例会随着不同台风事件相对变化。

海平面上升对风暴潮等自然事件的影响最终是反馈到人文经济方面的，因此有很多学者会将研究的重点放到对于沿岸经济的影响上，评估灾害风险，为政府和相关部门提出合理有效的防治建议和灾损预报（张平等，2017；冯爱青等，2016；纪燕新，2007）。有研究在海平面上升对风暴潮风险灾害管理的决策分析影响中表明，若以超过IPCC现阶段评估所采用的排放量模拟冰盖消融，得出南极冰盖到2100年对海平面的贡献将高达0.78～1.50 m（温家洪等，2018），也就意味着海平面上升量很有可能比该报告给出的预估值更大。本研究采用的海平面上升模拟值为IPCC报告中以RCP8.5排放情景下海平面上升中值（0.66 m）和高值（1.10 m）两种情景，这也就是说如果未来排放量增加会加剧海平面上升总量，风暴潮增水将会比当前模拟值有所提升。换句话说，人文环境系统在现今呈高速增长趋势，在人地关系和经济发展之间难以达到平衡，尤其是发展中国家很难不以牺牲环境为代价发展产业经济，反馈到自然系统中使海平面上升，风暴潮增水趋势也随之上涨。在这种自然系统和人文系统双向增长、双向反馈的趋势下，近海岸防洪防潮工程建筑对于抵抗风险的阈值如果不能提升到更高水平，淹没范围扩大势必导致更大经济损失。

12.5.2.2 模型潜在应用性

本章模型主要针对北部湾历史风暴潮事件设计剥离天文潮和风暴潮在当前和未来海平面上升情景，讨论风暴潮对风浪、水位的影响以及考虑与海平面上升、天文潮之间的相互作用引发的效应。模型能够较好地重现历史风暴潮过程，通过风暴潮增水与天文潮的非线性叠加能够有效支撑对于风暴潮增水事件的时空预判和后报工作。模拟数据能够满足对广西沿岸地区灾害风险评估的需求。在现阶段的研究中，中国海域很少有设计探讨在海平面上升后对于天文潮与风暴潮之间能量的再度分配，对于风暴潮增水叠加天文潮大潮的极端情景考虑较少，很多研究集中于讨论不同风场模型的参数配置，例如，Holland 参数 B 的纬度递增性（林伟和方伟华，2013；杨万康等，2017），SWAN 模型和不同风场耦合模拟（唐建等，2013）。还有一些研究集中在是否考虑加入波 – 流耦合效应，探讨波浪对风暴潮增水的影响（孙志林等，2019；赖富春，2017；姚宇等，2015）。而本研究模拟的模型无论从模型的选择上还是从情景设计上都不同于国内现有的耦合模式。

对于数值模型的应用，早在 20 世纪 60 年代，英美学者已将关注点放在风暴潮灾害的预报工作上。进入 20 世纪 90 年代后，中国的风暴潮预报模式也逐渐发展起来。在王喜年等（1991）对于中国海台风模拟和实时预报的成功研究之后，认为风暴潮数值模型有很大应用前景，为此许多学者开始应用数值模型完成风暴潮预报工作，并在此领域中取得极大进展。近年来，学者多为结合考虑气候变化背景将风暴潮数值模型广泛应用于沿海经济灾害评估，通过模型计算不同重现期下风暴潮增水，以此为基础开展风险评估工作（Wahl et al.，2017；仇天宇等，2010）。也有学者认为，基于水动力的大型风暴潮数值模型在模拟风暴潮增水和漫滩过程中有较好应用性，但对于大尺度海岸洪水灾害风险评估却较难实现，原因在于模型复杂度大，数据解算性能要求高并且对于风险评估中承灾体的脆弱性等因素考虑不足（方佳毅和史培军，2019）。本研究对于台风影响下重点区域极值水位模拟、台风登陆后水位变化模拟和地面淹没模拟仍然具有挑战性，但其优点在于简单有效、区域嵌套和模拟精度高，能够满足一般性台风风浪、增水模拟的后报和预报工作需要。

12.5.2.3　不足与改进

大气模型参数：本章采用的 Holland 台风模型属于解析模式，计算采用对称型梯度风场气压场，方法比较简单。但实际台风过程中，风场气压场的分布是非对称型的，因此难以刻画台风移动过程中形成风圈不对称性变化。研究模拟的水位误差大致在 10% ~ 20%以内，误差可能主要来源于风场驱动力。有研究认为 Holland B 系数值对台风风场结构确定以及极值风速的模拟有显著影响（林伟和方伟华，2013）；而基于非对称型的台风风场气压场的理论研究也日趋完善（孙志林等，2019），有研究认为，日后的工作可以在对以往经验模式的对比研究基础上，分析解析模型在非对称风场模式上的适用性（张博文，2019）。最新研究发现，四象限非对称风场模型在关于台风大风区的模拟优于 Holland 风场模型，对于最大风速及风场变化过程的预测更为合理，并且对于海浪耦合模式解算有效波高的精度更高（赖富春，2017）。因此，模型改善一方面可以基于大量实测最大风速半径，获得更适合于北部湾沿海区域的 Holland 参数 B 的样本；另一方面也可以应用非对称风场模型提高增水和风浪模拟精度。

计算网格精度：本研究北部湾计算网格分辨率较为粗糙（800 ~ 5000 m），难以模拟短周期风浪（10 ~ 100 m）变化过程，因此可能会对水位造成低估现象。以往一些学者的研究中强调网格分辨率对于模型模拟精度至关重要（王喜年等，1991），有研究表明，采用相同的计算网格能够避免空间插值带来的误差，能够有效模拟精度（夏波等，2013）。本研究应用嵌套网格模式，一方面能够提升重点兴趣区域的解算精度；另一方面考虑非重点区域提升解算效率。在北部湾海域以及南海建立的数值模型网格比较少，有研究认为，可以应用广西沿岸高精度水深海岸高程数据，建立更高精度的广西沿岸网格，并将模拟网格范围扩展到沿岸 3 m 高程线以下区域（纪燕新，2007）。有研究在长三角海岸带构建了海 – 陆耦合模式，考虑风暴潮的漫滩效应和陆地洪水淹没，能够更直观地分析风暴潮对沿海低地的灾害性（Zhang et al.，2018），因此模型可以考虑采用高分辨率网格提升精度，或扩展网格范围考虑海岸地形影响。

极值水位与陆地淹没：台风影响下重点区域极值水位模拟、台风登陆后水位变化模拟和地面淹没模拟仍然具有挑战性。模型设计了 2100 年海平面上升风暴潮情景，适应于未来多变的气候变化，但本书中风暴潮没有与天文潮大潮相遇，非线性叠加效果没有达到最大的极值点。有很多研究在考虑极值水位分布时应用多维极值概率分布组合各种相关影响因子，通过联合概率讨论极端情景（方国洪等，1993；任鲁川等，2004）。也有研究利用多年一遇的风暴潮增减水和天文高低潮位的线性组合推算多年一遇极值水位（于宜法和俞聿修，2003）。同时也可以进一步综合考虑气候变化和多种致灾因子的共同作用，建立风暴潮对陆地灾害的联系，综合考虑与其直接关联的气象因子、天文因子和人为因素等，认识广西沿海风暴潮的特性以及致灾机理，对进一步做好北部湾沿海低地的防灾减灾工作具有重要意义。

第 13 章　北部湾风暴潮灾害防治研究与展望

在影响广西沿海地区的海洋灾害中，风暴潮灾害最为严重，造成的损失也最大，直接危及国家财产、沿海人民生命生活安全以及社会经济的可持续发展。气候变化与人类活动是引发这些灾害的主要影响因素。气候变化影响下的海平面上升使风暴潮的致灾程度加剧，海岸侵蚀、岸线变迁、海水入侵和土地盐渍化加重；人类活动使潮滩湿地消失、生物多样性减少、生态环境资源遭到破坏，加重灾害的危害程度。所以，我们要提高对风暴潮灾害的认识，加强防灾减灾宣传教育，重视灾害综合防治能力建设，找出灾害发生潜在风险，分析灾害影响的主要原因，在此基础上，采取工程与生态相结合的立体防护体系，提高海岸自然抗灾能力，将灾害损失及风险降至最低。

13.1　风暴潮灾害发生的潜在风险

风暴潮灾害发生的潜在风险是指海岸侵蚀、岸线变迁、海水入侵等缓发性灾害风险。广西沿海地区海岸侵蚀及海水入侵现象较为严重，风暴潮灾害发生的潜在风险不容忽视。风暴潮灾害一旦发生，就会存在严重的风险隐患。此外，台风作用于海面时一般都会产生一定的波高，如遇天文大潮，台风浪与风暴潮增水叠加，就会形成 2 ~ 3 m 的浪高，这对沿岸的建筑物将造成毁灭性的冲击。

13.1.1　海岸侵蚀

广西大陆海岸线长 1628.60 km，其中，海岸侵蚀岸线长 221.47 km，占大陆岸线的 13.60%。按照沿海行政区划统计，防城港市岸线总长 537.79 km，其中侵蚀岸线长 133.53 km，占所辖岸线的 24.83%；钦州市岸线总长 562.64 km，其中侵蚀岸线长 35.74 km，占所辖岸线的 6.35%；北海市岸线总长 528.16 km，其中侵蚀岸线长 52.20 km，占所辖岸线的 9.88%。比较得出，防城港市侵蚀岸线比北海市、钦州市侵蚀岸线分别长 81.33 km、97.79 km（表 13–1）。

表 13–1　广西海岸稳定性类型及长度统计　　　　　　　　　　单位：km

行政区域	岸线总长度	侵蚀岸线总长度	稳定岸线长度	淤长岸线长度
防城港市	537.79	133.53	404.26	/
钦州市	562.64	35.74	526.90	/
北海市	528.16	52.20	473.26	2.70
合计	1628.60	221.47	1404.43	2.70

防城港市侵蚀岸线主要位于珍珠湾东北部沿岸、白龙半岛—防城港西湾南部沿岸以及防城港东湾南部—钦州湾西岸南部沿岸，侵蚀海岸类型主要有基岩海岸、砂质海岸、砂砾质海岸和风化壳海岸等。例如，位于防城港东湾南部云约江口坡嘴村沿岸、钦州湾西岸南部榄埠江口飞龙潭岸段的砂质海岸、基岩岬角海岸和风化壳海岸都受到侵蚀，侵蚀岸线总长 58 851.87 m；位于珍珠湾东北部佳碧村、防城港西湾西岸大沥村北部沿岸，侵蚀岸线总长 45 761 m。在侵蚀岸段中，砂质海岸和风化壳海岸受侵蚀最为严重，其次为基岩岬角海岸。

钦州市侵蚀岸段最短，但侵蚀强度最大，尤其在三娘湾旅游度假区东侧，海岸线 5 年后退了 13 m 多，形成侵蚀陡崖高 6.25 m。此外，在岩滩和碎石滩、风化壳与人工、砂质与粉砂淤泥质、红树林等沿岸岸段中也有交错侵蚀分布，例如，七十二泾岛群东北部背风环沿岸的岩滩和碎石滩岸段侵蚀岸线长 10 413.9 m，大灶江大桥南端至海尾村南部沿岸以及海尾村至大风江西岸邓家村附近沿岸的粉砂淤泥质岸段侵蚀岸线长 4963.48 m，海尾村至炮台村岸段的砂质与粉砂淤泥质、红树林滩岸段侵蚀岸线长 3079.97 m。

北海市侵蚀海岸类型与防城港市、钦州市略有不同，除了砂质海岸与人工海岸和红树林海岸受侵蚀外，沿岸的古洪积冲积平原、古沙堤、古沙坝—潟湖堆积平原海岸地貌类型也受到严重侵蚀，例如，白龙港东岸白坪嘴—铁山港口门西侧北暮盐场北暮分场东部的 30 184.5 m 海岸线中有 22 018.5 m 的古沙堤、古沙坝受到侵蚀后退；北海市海角—南沥渔港西侧—冠头岭西南的碎石滩和砂砾滩沿岸侵蚀岸线长 2899.5 m；北海市外沙—地角的砂质海岸侵蚀岸线长 2146.1 m；铁山港沙田港—北暮盐场榄子根分场乌坭工区的砂质岸与人工岸和红树林岸段侵蚀海岸长 5490.41 m。

从以上被侵蚀的海岸类型来看，防城港、钦州、北海的海岸大体相同，海岸侵蚀的主要原因：一是气候变化条件影响下的自然因素作用，但这种作用过程较为缓慢，所引起的变化不大；二是人为改变海洋自然属性的开发活动以及砍伐沿岸红树林等，直接加快海岸侵蚀的速度，尤其是填海及滩涂围垦开发利用等引起的海岸变化，仍将是今后影响海岸侵蚀的主要原因之一。

13.1.2　海水入侵

广西沿海大部分地区的海水入侵迹象较为严重。例如，位于防城港市港口区光坡镇的拦冲村、沙螺寮渔业村沿岸，自 20 世纪 60 年代以来，由于海平面上升及防护林减少等原因，这里的大片土地不断被海水侵蚀，海岸线不断向内陆推进。仅 1980 年以来，全村受海水入侵被淹没的土地面积达 4.2 km²，被迫搬家的村民达 100 多户，4200 亩耕地、1300 亩养殖塘、700 亩盐田面临被海水吞噬的危险，4000 多名村民的生产生活受到严重威胁；此外，北海市老城区（海角路）一带，海水入侵最早于 1979 年发生在独树根村，当时沿岸的开采水井中仅有两口水井的氯含量超过生活饮用水标准，到 1989 年 3 月，海水入侵面积约 1.25 km²。随后，海水入侵不断向内陆推进，至 1993 年入侵面积约 3.01 km²。1993—1995 年期间，由于地下水开采量减少及降雨入渗补给量增大，海水入侵的面积有所减少。但从 1995 年下半年开始，海水入侵面积不断扩大，1996 年达到 3.52 km²，纵深距离最远处距海岸 1200 m，大部分开采水井的氯含量超标，最高达 1407.18 mg/L。

海水入侵常常与岸滩侵蚀同时发生。北海市南岸的银滩开发区大冠沙至冠头岭段，长度为 39.7 km，是发育在北海组洪积冲积台地前缘的狭窄海积平原海岸。由于不合理的人工开发导致海水侵蚀和环境恶化，沿岸泥沙动力场平衡受到破坏，原来平缓的潮间带沙滩变得起伏不平，海滩剖面宽度明显变窄。据 1976—1985 年的航片资料比较，沙滩缩窄率为 3.5 ～ 5.6 m/a，沙坝宽度变化不大，1990 年银滩公园开始建设，由于西段挡浪墙侵入到高潮线以下的潮间带，导致海滩坡度变大，宽度变小，1985—1994 年缩窄率高达 17.8 m/a。1994 年现场测量结果表明，银滩公园以东的自然海滩坡度为 0.930°，进入银滩公园内，海滩坡度为 1.00° ～ 1.80°，坡度明显变大。整个银滩公园西段沙滩已经缩窄了 160 m，海水直接向海岸内渗，岸线后退、滩面减少。

根据自然资源部 2010 —2019 年每年的《中国海洋灾害公报》，10 年间我国的海平面呈现上升趋势，按海区统计，渤海海平面平均上升速率为每年 2.2 mm，黄海海平面平均上升速率为每年 2.5 mm，东海海平面平均上升速率为每年 3.1 mm，南海海平面平均上升速率为每年 2.4 mm，高于全球平均水平。1980—2019 年，广西沿海海平面上升速率为 2.5 mm/a，低于全球平均水平。近年来，广西海平面变化呈波动起伏状态，但海平面上升的趋势没有改变。预计未来 30 年，广西沿海海平面将上升 40 ～ 160 mm（广西海洋局，2020）。海平面上升造成了广西海岸线后退、土地流失严重。例如，广西防城港市港口区光坡镇沙螺寮村被淹没的土地面积达 4.2 km²，造成 100 多户村民迁移；北海市合浦县西场至大风江沿岸，每年被海水淹没的农田、虾塘数百亩，有的地方海水向内陆推进达 300 m；南流江三角洲及钦江入海口，由于每年咸潮入侵，入海口多处农田土壤盐渍化，对该区域的农业生产造成严重影响，海平面上升对广西沿岸农业生产产生严重影响。

13.1.3　灾害性海浪

广西沿海及其邻近海域的波浪主要由风浪、涌浪和混合浪组成。据统计，广西沿海涠洲岛（1960—2006 年）波高大于或等于 4 m 的大风过程（台风或寒潮）共有 33 次；白龙尾（1969—1985 年）波高大于或等于 4 m 的大风过程（台风或寒潮）共有 3 次；北海波高大于或等于 4 m 的大风过程只有 1 次；防城港（1996—2007 年）波高大于等于 4 m 的大风过程出现过 1 次。据广西壮族自治区 2001—2017 年海洋环境质量公报数据统计，广西沿海波高大于或等于 3 m 的大浪时间由 2001 年的 73 d 逐步减少至 2010 年的 21 d，而后又逐渐上升到 2017 年的 63 d。大浪天数减少和增加的主要原因是由冷空气引起的大浪时间的大幅变化。广西沿海最大波高大于或等于 4 m 的出现次数统计如表 13–2 所示。

表 13–2　广西沿海最大波高大于或等于 4 m 的出现次数

站名	E	ESE	SE	SSE	S	SSW	SW	总计 / 次
涠洲岛	1	6	7	6	6	5	2	33
北海	0	0	0	0	0	0	1	1
防城港	0	0	0	0	0	1	0	1
白龙尾	0	0	2	1	0	0	0	3

从表 13–2 可以看出，涠洲岛距大陆岸线稍远，海域波高最大，除了 E 向和 SW 向外，ESE、SE、SSE、SSW 各向最大波高大于或等于 4 m 的次数均达到 5 次及以上；而沿岸中部的北海出现最大波高大于或等于 4 m 的次数为 1 次，是 SW 向；位于沿岸西面的白龙尾，最大波高大于或等于 4 m 的次数只出现在 SE 向和 SSE 向，分别为 2 次和 1 次。由此可见，广西沿岸全年受 4 m 以上海浪影响较少。

但灾害性海浪（台风浪）产生的风险性极大，破坏性极强。影响广西沿海的灾害性海浪主要是台风浪，是由进入南海北部或到达广西沿海的台风引起的。根据防城港白龙尾海洋站 1975—1984 年实测资料，防城港及其邻近海域平时波浪不大，常见浪为 0 ~ 3 级，出现频率超过 80%，1 m 以上波浪出现频率小于 18%，2 m 以上的大浪频率约占 15%，台风影响时产生的 5 ~ 6 级波浪仅占波浪频率的 0.07%。常浪向为 NNE 向，频率为 20.41%。强浪向为 SSE 向、最大波高 7.0 m，次强浪向为 SE 向、最大波高为 6.0 m，均为台风袭击时产生，波高远比平时最大波高大得多。白龙尾海洋站波浪要素的统计如表 13–3 所示。

表 13–3　1975—1984 年白龙尾海洋站波浪要素统计

波向	各级		≥ 3 级		≥ 5 级		
	频率 /%	波高 /m	频率 /%	波高 /m	频率 /%	波高 /m	周期 /s
N	0.5	0.4	0	1.0	—	—	—
NN	20	0.4	0.9	1.0	0	2.4	6.0
NE	12.0	0.4	0.5	1.0	0	2.2	5.0
EN	2.2	0.4	0.1	1.1	—	—	—
E	3.6	0.4	0.4	1.0	—	—	—
ES	5.1	0.5	0.8	1.1	0	2.3	5.4

波向	各级		≥ 3 级		≥ 5 级		
	频率 /%	波高 /m	频率 /%	波高 /m	频率 /%	波高 /m	周期 /s
SE	15.0	0.5	2.7	1.0	0	2.5	6.5
SS	6.8	0.5	1.3	1.2	0	3.0	6.8
S	14.0	0.7	5.7	1.1	0.1	2.3	5.9
SS	8.2	0.8	4.2	1.2	0.1	2.2	5.4
SW	1.9	0.5	0.4	1.1	0	2.5	4.5
WS	0.1	0.5	0	1.1	—	—	—
W	0.2	0.6	0.1	1.1	—	—	—
W	0	0.6	0	1.2	—	—	—
N	0	0.3	0	1.0	—	—	—
NN	—	—	—	—	—	—	—

由此可见，登陆和影响广西沿海台风每年至少有 2 ~ 3 个，最多的达 5 个，且大部分台风伴随着大浪的发生，形成灾害性的海浪，对国家财产安全以及海岸防护体系都会构成重大的威胁。

13.2　风暴潮灾害发生的主要原因

海洋灾害对国家财产、人民生命安全以及海岸防护系统构成了重大的威胁，严重影响了我国区域社会经济的可持续发展，海岸带系统面临着一系列重大的挑战，海洋经济开发也承受着巨大的外部压力。而加速这种灾害风险的正是高强度的人类活动和气候变化条件这两大主要因素作用影响的结果。

13.2.1　人类活动的影响

海岸带是抵御各种海洋灾害的第一道天然屏障，在海洋灾害发生并向海岸侵袭的过程中，分布于陆地系统和水体系统之间的海岸带潮滩湿地起到了保护海岸的作用。潮滩湿地是由陆地和水体相互作用形成的自然综合体，是重要的生存环境和自然界最富生物多样性的生态景观之一，在抵御洪水、防灾减灾、调节径流、改善气候、控制污染、美化环境和维护区域生态平衡等方面有着其他系统所不能替代的作用。人类活动，特别是围填海工程都是永久性的工程，一旦对海岸带潮滩湿地的资源造成破坏后，将会带来巨大的损失，直至不可恢复。例如，历史上北仑河口沿岸曾生长着 3338 hm² 的红树林，经过1949 年以前海堤建设毁林、20 世纪 60—70 年代围海造田、1980 年与 1981 年乱砍滥伐和1997 年以后毁林养虾 4 个破坏高峰期后，锐减为目前的 1066 hm²，导致北仑河口我方的原生红树林损失 68% 左右。在关键区域红树林更少：根据 1998 年国内遥感资料分析，在东兴市沥尾西南端和越南万柱岛东北端连线之内的水域中，越方红树林面积为 1029.87 hm²，我方红树林面积仅为 30.55 hm²，只占该区域红树林总面积的 2.88%（陈波等，2011）。我方一侧红树林的生长明显不及越方一侧旺盛，而越方对其一侧的护岸生态系统保护较为重视。由于我方一侧海岸红树林面积显著减少，海岸植被的生态护岸功能大为降低，造成水土冲刷流失严重，海岸线后退加速。在台风、风暴潮和洪水的不断冲刷下，引起洪汛期河口泥沙搬运路线和堆积地点的改变，使我方一侧水土流失严重，北仑河口主航道向我方偏移 2.2 km 的事实与红树林海岸受到破坏有很大的直接关系。导致在中越北部湾划界时，我国固有领土 8.7 km² 和海洋权益发生权属争议。由此看出，人类活动会使海洋灾害的风险影响加大，所以，须防止人类活动对海岸的干扰和破坏，做到工程护岸和生态护岸同时并举，对可能遭受风暴潮、海啸、海浪、海水入侵的岸段修筑防潮工程；对已经遭受人为工程破坏的海岸进行生态综合整治和环境修复，使海岸真正成为抵御海洋灾害风险的一道坚固防线。

13.2.2 气候变化的影响

近年来，全球气候变化显著地影响着海岸带的陆－海、陆－气、海－气等关键界面的相互作用，使得未来我国海岸带系统承受巨大的外部压力，海岸带系统安全问题日益突出，对我国沿海地区的经济社会发展产生重大影响。

气候变化对海岸带的影响是多方面的，主要体现在海平面上升、海岸侵蚀、沿岸低地的淹没、盐水入侵、湿地与生态系统退化、风暴潮灾害风险等。在气候变化与海平面上升的背景下，世界沿海国家和地区都面临着海岸侵蚀灾害日趋严重的问题（蔡锋等，2008；黄鹄等，2011；Zhang et al.，2004），随之而来的是湿地与生态系统退化，进而引发生态灾害。气候变化导致的海平面上升加剧了沿海河口地区盐水入侵的频率和强度，尤其以我国长江口、珠江口等三角洲地区最为显著（杨桂山和朱季文，1993；施雅风等，2000；周文浩，1998；叶宜林，2005），盐水入侵持续时间增加、上溯影响范围加大、强度趋于严重，极大地影响了区域生活和工农业的淡水资源供给；同时，由于盐水入侵导致地下水水质变咸以及土壤盐渍化，对海岸带区域的农业生产造成严重影响。盐水入侵已经成为海岸带区域严重的环境问题之一和制约经济社会发展的重要因素，可以预见，随着海岸带区域人口的增加以及海平面缓慢上升，海岸带的淡水资源安全将面临更严峻的形势。此外，有研究认为（杜碧兰等，1997），未来气温升高 1.5°C 时，在西太平洋生成的台风频率将增大 2 倍，登陆我国的台风频率也将增大 1.76 倍；伴随着海平面的升高，沿海现有海堤的防潮能力不断降低，风暴潮灾害的危害程度将显著增加。

总之，气候变化将进一步加剧风暴潮的致灾程度、加速海岸侵蚀与滨海湿地退化速率、加重盐水入侵和土地盐渍化的危害，给沿海地区的经济社会发展和生态环境带来严重的影响。所以，必须要有应对气候变化影响下海平面上升的适应对策，在实施大型涉海工程时，充分考虑海平面上升因素对其的影响；同时，因地制宜，建设和加固海岸防御设施，构建堤防与生态相结合的立体防护体系，增强海岸抗灾害能力，实现沿海地区社会经济的可持续发展。

13.3　风暴潮灾害防治的主要途径

风暴潮灾害与设防的防御能力关系密切，广西沿海岸段共有设防的防御面积 0.067 km² 以上的海堤 493 个，总长 664.1 km，但防御能力较低、堤身低矮单薄、质量较差；个别堤段在每年农历五月和十月大潮期间，遭遇 5 ~ 6 级向岸风的波浪冲击时，就会发生险情或决口，致使潮灾每年几乎都有发生。因此，必须落实"海河堤加固整治规划和修复计划"，提高"防重于抢"的思想意识，加大防灾抗灾宣传力度，使广大群众认识围堤工程的防灾作用，积极投入标准化海河堤建设、隐患堤段的加固维修以及海岸与河口的环境整治，防止、避免或减少人为或其他形式的破坏活动，切实提高堤防工程的防御抗灾能力。做好风暴潮灾害的监测与预警报工作，提升预警报业务水平，以提高全民的关注程度。

13.3.1　海河堤规划建设与保护

广西海河堤工程是沿海地区人民长期以来在与风暴潮灾害斗争中建设起来的，工程在历次防风暴潮灾害的斗争中建立了功勋，但仍存在海河堤建设严重滞后等一些问题。北部湾海堤共 1070 km，大部分海堤为堤身单薄的低标准土堤，达标率仅为 10.5%，远低于其他沿海省份，抗御风暴潮的能力十分薄弱。

主要问题为：（1）海堤工程标准低。现有的旧堤普遍存在着防风暴潮位的设计标准偏低的问题，一般仅为 3 ~ 5 年一遇，经常遭受风暴潮的袭击，造成重大经济损失，因此加速标准化海堤工程建设步伐，提高海堤工程设防标准和抗风暴潮的能力是当务之急。（2）工程质量低劣。沿海地区海河堤工程绝大部分是 1949 年以前修建的，且大都为就地取土料填筑，密实性很差，尤其是抢险修复的堤段，工程质量更低，运行不久即沉陷变形。设置在软基上面的排水涵管无钢筋砼或砌石捧底，常因地基压缩变形而断裂，导致管涌和倒塌。不少堤段内坡与鱼塘相连，使堤身土体浸透范围较大，增加了堤身荷载，加速海堤工程失稳。（3）人为破坏严重。有些沿海居民保护海堤工程意识淡薄，受眼前利益驱动的影响，常在内河海堤工程挡水范围内大量采砂，或在海堤附近炸鱼，使海堤工程基础出现悬空现象，导致堤身发生裂缝而危及海堤工程的安全。（4）入海河口泥沙淤积。沿海诸河平均含沙量较大，尤其是南流江，年输沙量为 185×10^4 t，为沿海诸河年输沙量之首，促使滨海区下游段河床逐年抬高，相应泄流能力不断降低，导致河堤特别是感潮河段的海堤防潮、防浪和防洪标准下降。（5）海河堤工程的管理问题。目前沿海地区海堤工程管理机构很不健全，除北海的合浦县西场、防城港市的东兴市榕树头、五七堤、沥尾以及钦州市的钦南区康熙岭等海堤工程设有专门管理机构外，其余海堤工程由乡镇水利工程管理局或村委会代管。由于缺乏专职管理机构，且设备简陋，不能及时地预警预报风暴潮等灾害，另外，限于资金、人力的不足，海堤工程的管理普遍不到位，极大地影响了防灾减灾工作。

所以，必须针对海河堤存在的问题，按照构筑防线工程高标准的要求进行科学规划，根据海岸的自然属性设计不同的工程区块建设单元，并结合环境条件特点引进生态护岸的理念，通过营造红树林带、防护林带等综合方式保护海河堤堤围，形成坚固的工程措施与生物措施相结合的防御风暴潮体系，防止或减轻风暴潮灾害对人民生命财产安全和工、农、渔、副业生产的危害，进一步提高海河堤防洪、防潮、防台风能力。

13.3.2 海堤防加固与生态修复

海岸堤防工程是防风暴潮、洪水灾害的主体，防灾效益显著，保护着淹没区的经济建设和人民生命财产的安全。广西沿海地区的北海市、钦州市及防城港市现有海河堤围511个，海堤共长899.3 km，保护人口47.3万人，保护耕地面积489 km^2，分别占沿海地区总人口和耕地总面积的17%和29.3%，而堤围保护区是主要的工、农业经济区和市、县（区）的经济中心区，堤围工程在防灾中有着重要的作用。1976年，南流江发生有资料记录以来的第二大洪水，总江大堤未发生溃决，减轻洪灾损失；1985年，钦江钦州段出现接近10年一遇洪水，钦江东西大堤也发挥防灾减灾作用；1986年，8609号热带风暴所诱发的风暴潮灾害，是1950年以来最严重的一次，80%以上的海堤被毁，但尚有少部分堤围（如北仑河口北岸的榕树头堤围）顶住了风暴潮及大浪的冲击，使堤围内避免或减轻了灾害损失。广西沿海现有的海堤绝大部分是单一斜坡式海堤（土料填筑、块石护面）。这种堤型的堤身与地基接触面积大，受力后地基应力小，比较适应软弱地基变形以保持稳定。同时，斜坡面对浪潮冲击比较有适应性，斜面能消散大部分波浪能量；在加固时处理保护面结构及施工简单，浪潮破坏堤面堤身等部位后也容易维修。但断面大、占地多、所需土料和劳力量大。对斜坡式海堤加固加高时，若土料来源困难，难以达到堤顶设计高程，采取在堤顶设置防浪墙，以减少堤身的填筑量或采用变坡改成单折坡混合式堤；若堤身单薄，当外坡在1:（1.2～1.5）的单一坡度时，波浪爬高值较大，可采用坡兼设置平台的复式堤型，变坡比为1:（1.2～3.0）上下，平台宽为2.0～3.0 m（平台宽度为波高的1.5～2.5倍较好，平台顶高程位于静水位附近为宜）。对于面临大海，风浪较大的斜坡断面，可在堤前沿构筑潜堤，起到消浪促淤保堤的作用。位于海口（潮汐河口）的斜坡断面，如堤坡底坡受波浪力作用强烈，受潮、径流影响也较大，可构筑丁坝、顾坝消浪促淤，减弱堤坡底坡面承受冲刷的威胁，使堤身稳定。同时，海岸堤防作为永久性工程措施，必须密切地与生物措施相结合，因此，沿海地区应营造防护林网，保护堤防，降低风速，减轻危害。特别要保护好堤内堤外红树林，据有关资料统计，防护林背风面 13 ～ 14 H（H 为林带平均高度）范围内风速比旷野风速降低 513%。红树林生态养护海堤模式建立后，可以有效地减轻风暴潮对海堤的破坏作用，促进近海渔业资源的增值，为海洋渔业的开发提供环境和资源保证。但目前红树林还出现不同程度的乱砍滥伐现象，防护林带面积还很少，防护林建设工作还需加强，应号召在适宜种红树林的堤段恢复和营造红树林，发挥其抵御风浪、防灾减灾、促进淤积造陆的作用。

13.3.3　海湾及河口的环境整治

由于人类开发活动和自然胁迫导致海岸自然形态改变、滨海潮滩湿地植被破坏、水土流失、环境污染、生态环境退化与生态失衡、生物多样性下降和资源衰退、海岸侵蚀严重，这些不利因素对不少地方海岸与生态环境安全构成了威胁，已经危及当地居住百姓的生产和生活安全。为了修复和保持海岸自然生态景观，保护临岸居民生产、生活和环境安全，亟须开展海岸整治工程和生态修复建设工程，在深入对其海岸侵蚀稳定性分析的基础上，找出海岸岸线变迁及后退的关键因素，提出海岸侵蚀防治工程的方式及结构、海岸侵蚀的整治措施与对策，为海岸保护、国土安全、环境整治、岸线规划和管理、海洋经济和社会发展提供科学依据。同时，要加强对入海河口的整治，保持河道畅通。广西沿海地区有大小入海河流 23 条，近年来由于采砂及围塘养殖等活动，造成河口堵塞、河面变窄、水流不畅通等现象。南流江、钦江、茅岭江等主要河流的入口河道治理，有关部门已提出治理规划，截弯取直，使河道行洪基本顺畅，减少或消除弯段涌水而提高洪水位，取得了较好的效果。局部进行疏浚清淤，扩大过水断面，同一量级的洪水，由于过水断面的增大能相应降低洪水峰高，从而达到减灾的目的。河道治理规划，是兴利减灾的工程主要措施之一，应予以实施。但还有大部分入海小河口河道尚未编制治理规划，河道治理工程尚未实施。此外，河口水库在防灾减灾中也扮演着重要的作用，尤其是大中型水库工程，都有一定的防洪库容，合理地调度水库，对削减河道的峰量有着明显的效果。如南流江修建有小江、旺盛江、洪潮江等大型水库工程，其中小江水库大坝建于马江河口，拦截了马江水系的暴雨量，从 20 世纪 50 年代后期建成后，南流江发生灾害性洪水，该库在河道的洪水峰期的相应时间最大下泄量（含排洪量）均在 150 m³/s 以下，削减河道峰量明显，从而减轻洪水对沿岸的压力和灾害。但也有相当一部分的河口水库变成了天然养殖池塘，很难发挥应有的减灾作用。

13.3.4　海岸自然碳汇生态恢复

过去 30 年，印度尼西亚将 40% 的沿海红树林变成了虾塘，使数千千米的海岸线暴露在风暴潮和致命的海啸之下。20 世纪的最后 25 年，英国泰晤士河口 1/5 的盐沼消失了，数百万吨的碳流失到空气中。面对升温的海水和海潮的入侵，加利福尼亚州的海藻林正在崩溃。

科学家们说，这种不为人知的生态灾难比破坏热带雨林对气候的影响更大。因为，按公顷算的话，这些沿海生态系统吸收的碳比最茂盛的丛林还多。

所以，越来越多的环保人士呼吁，将恢复自然生态系统作为应对我们这个时代双重环境危机——生物多样性的崩溃和气候危机的双赢策略。

这种"基于自然的解决方案"的重点自然是森林。有关研究表明，在我们拥挤的大陆上，还有种植一万亿棵树的空间，这些树可以吸收 2000×10^8 t 二氧化碳——相当于目前全球 5 年的排放量。但是沿着海岸从热带一直延伸到北极的红树林沼泽、盐沼、海草草甸和海藻林可能是拯救气候的另一条同样重要的途径。

沿海生态系统每年从空气中吸收二氧化碳的速度一般在 8.0 ~ 12.5 t/hm² 范围内，比成熟热带森林的净速度快几倍。尽管它们的范围在缩小，但最近的估算表明，幸存的红树林每年从空气中吸收约 3000×10^4 t 碳，而盐沼每年吸收多达 8000×10^4 t，海草每年可能吸收 1×10^8 t。

这并不是说我们不需要将碳基化石燃料从能源系统中剔除。遏止每年数百亿吨导致全球变暖的二氧化碳排放仍然是应对气候危机的首要任务。但是，鉴于气温已经比前工业化时期升高了 1℃，联合国政府间气候变化专门委员会（IPCC）警告说，实现 2015 年巴黎气候大会承诺的将变暖控制在 2℃ 以下，还需要恢复自然生态系统，让生态系统从大气中吸收更多二氧化碳。过去一个世纪，由于建设、农业排水、改做鱼塘或气候变化，近一半的沿海生态系统已经消失。

构成沿海生态系统中最为典型的首先是红树林。红树林是热带树木，生长在潮间带。它们的根深深扎入海岸沉积物。在 100 多个国家大约 14×10^4 km 的热带海岸线上，都能看到它们的身影，而且在河流带来大量沉积物的岸边生长得最好。树木及其根部固定的厚厚的富碳沉积物中可能含有多达 64×10^8 t 的碳，每年还能捕获约 3.4×10^8 t 的碳（图 13-1）。

图 13-1　全球蓝碳生态系统——红树林

　　除了储存碳，红树林纠结的根部还为海绵、蠕虫、虾和鲨鱼等复杂的生态系统提供庇护，同时也是鱼苗生长的重要温床。与茂密的树叶相结合，这些树根也非常善于吸收风暴和潮汐的能量。100 m 宽的红树林可以减少 90% 的海浪破坏力。2004 年印度洋海啸发生后，印度尼西亚亚齐省的实地调查发现，村庄前的红树林平均减少了 8% 的人员伤亡，挽救了 1.3 万人的生命。

　　它们还能降低平日潮水的高度。当它们被移除时，其存在的意义就变得格外明显。自从爪哇岛北岸的红树林被虾塘取代后，海潮在一些地方深入内陆长达数千米，淹没了池塘和村庄，将内陆的稻田灌满盐水。

　　广西大陆海岸线 1600 km 余，其中有红树林分布的占 63%。红树林是一种天然的海岸防护屏障。消浪保滩，促淤造陆。如果红树林面积减少，海岸植被的生态护岸功能将大为降低，海岸线后退加速，海岸侵蚀和水下泥沙输移变化加剧。20 世纪 70 年代末，广西红树林面积 9000 hm^2 余，90 年代减少至 7400 hm^2 余。进入 2000 年后，红树林面积进一步减少，达到 6700 hm^2 余。近年来，红树林生态系统保护加强，红树林面积呈止跌复苏之势，2010 年广西红树林面积增加到 7000 hm^2 余，2018 年红树林面积已达到 7300 hm^2 余，占我国红树林面积 48.46%。

　　其次是盐沼、海草。盐沼几乎和红树林一样，发挥着很好的海岸天然屏障功能，所以它们的命运正在改变。面对不断升高的海堤所带来的巨大成本，荷兰、英国和其他国家的政府现在开始通过拆除堤坝和堵塞排水沟来恢复盐沼；海藻林是所有沿海生态系统中碳含量最高的，然而还没有对其全球分布进行彻底调查。虽然它们避开了沿海开发的破坏，但也容易受到河流污染的影响。除南极洲以外，所有大陆周围都能发现海草。据美国国家科学院的说法，它们形成的海藻林面积可能有 $3000 \times 10^4 \sim 6000 \times 10^4$ hm^2。无论是盐沼或是海草，广西沿海都有很好的生长自然环境。

　　因此，沿海生态系统未来的健康很可能依赖于积极的干预——不仅要保护剩下的，还要恢复失去的。这与恢复自然生态系统的更广泛议程相一致。联合国将 2021—2030 年定为"生态系统恢复十年"。2021 年在昆明召开的《生物多样性公约》会议将为今后 10 年的行动建立一个框架。但将生态理想变为现实可能并不容易。成功种植红树林、海草和盐沼植物的经验很少。它们需要有稳定的海岸才能苗壮生长，但这个海岸只有成熟的生态系统才能提供。世界各地正在尝试重建红树林并不断总结经验。

　　最近另一项国际研究发现，虽然保护现有的沿海生态系统可以成功地避免二氧化碳排放，但成本效益非常高，不如恢复植被以增加二氧化碳的捕获，成本效益非常低。"湿地国际"①得出的结论是，与其种植，不如帮助大自然进行自我修复。据美国国家科学院的研究，

---

① "湿地国际"是原亚洲湿地局（AWB）、国际水禽与湿地研究局（IWRB）、美洲湿地局（AW）3 个国际组织合并成立的全球性非营利组织，致力于湿地保护和可持续管理。

恢复和创造沿海湿地有可能使这些重要生态系统目前的碳捕获率"提高一倍以上"。自我修复可以更好地在海岸设置灌木屏障，让种子在稳定的沉积物中生根发芽，保护和降低海岸侵蚀，对风暴潮灾害防治起到重要作用。

13.3.5 风暴潮灾害监测与预警报

做好风暴潮灾害的监测预报，是减少风暴潮灾害的一项主要防治措施之一。海洋业务部门认真做好风暴潮灾害的常规监测工作，建立灾情的收集、整理报告制度，并以海洋环境预警信息快报的形式书面报告沿海防汛抗灾指挥管理部门，同时向社会发布风暴潮预警信号、风暴潮警报、风暴潮紧急警报和风暴潮解除警报等。设立负责发布各类风暴潮灾害预警预报信息的业务部门，预测到风暴潮将对广西海域产生灾害时，业务部门应至少提前72 h发布风暴潮消息，预判灾害可能到达的最高级别，提醒相关单位做好防范准备。同时应密切关注后续形势发展，如预测将形成风暴潮灾害，则转入相应级别的灾害应急响应程序；如确认不会形成风暴潮灾害，应及时发布风暴潮威胁解除消息。

风暴潮灾害警报应根据灾害发生的程度设置为Ⅰ、Ⅱ、Ⅲ、Ⅳ 4级，分别表示特别重大海洋灾害、重大海洋灾害、较大海洋灾害、一般海洋灾害。风暴潮灾害Ⅰ级、Ⅱ级警报应提前12 h发布，Ⅰ级警报发布频次不低于每日4次，Ⅱ级警报发布频次不低于每日3次，如预测未来风暴潮灾害情况与上一次预报出现明显差异时，应迅速加密预报，并及时调整灾害预警级别；Ⅲ级、Ⅳ级警报应提前24 h发布，频次不低于每日2次。风暴潮灾害警报应及时送达电视台、人民广播电台，在就近时段的新闻节目中播出，以提高全民关注程度，及早采取防范措施。同时，每年及每次灾害过后，各级部门的防汛抗灾指挥机构应针对防灾抗灾工作的各个方面和环节进行定性及定量的分析、评估，总结经验，找出问题，推广好的经验和做法，改进和完善防灾抗灾措施，提高防灾质量，减少损失。

13.4 风暴潮灾害防治重要性的认识

风暴潮是威胁沿海低地城市安全的重要气象和海洋灾害（冯士筰，1982；农作烈等，2009；陈宪云等，2013b）。中国沿海常年受风暴潮威胁，是全球少数几个风暴潮风险最大的区域之一（全国台风科研协作技术组，1983；王喜年，1993；孙文心等，1979）。极端风暴潮引起的增水效应与风浪效应对沿海低地最具危险性，其裹挟的巨大能量具有明显破坏性。此外，台风还可诱发风灾、强降雨、洪水和泥石流等次生灾害，导致沿岸基础设施损坏，带来巨大的经济损失。20世纪以来，由于海表热膨胀和冰川消融，加之二氧化碳排放加剧导致温室效应，引起海平面上升，以及人口、经济增长和城市化，沿海城市的风暴潮风险显著增加，直接引起沿海低地严重的社会稳定问题和安全风险隐患（2010—2019年每年的自然资源部《中国海洋灾害公报》）。

中国拥有 1.8×10^4 km 的大陆岸线，超过一半的大城市分布于东南沿海，沿海城市成为我国人口、经济和社会发展的聚集中心，行为空间布局使我国沿海低地直面风暴潮袭击，几乎遍及我国整个沿海海岸带，灾害较严重的地区主要包括渤海湾至莱州湾沿海、长江口和杭州湾、浙江中部沿海、福建北部沿海、广东雷州半岛东侧以及北部湾广西沿海等地区。据自然资源部 2010—2019 年每年的《中国海平面公报》统计，我国是太平洋西海岸发生风暴潮灾害次数最多、损失最严重的国家，近 10 年间中国风暴潮累计 160 多次，直接损失经济高达 1500 亿元，其中 1334 号台风"海燕"、1409 号台风"威马逊"、1714 号台风"天鸽"、1826 号台风"山竹"以及 1909 号台风"利奇马"等特大风暴潮灾害单次直接损失 80 亿 ~ 130 亿元人民币。中国因遭受来自海洋的灾害导致的损失日益上升，海洋灾害已经成为制约我国沿海经济带经济稳定持续发展的重要因素之一。

13.4.1　灾害的严重性认识

北部湾位于南海西北部，由于其独特的地理位置，在海洋热力作用下，时常受到台风的袭击，多出现在 6—10 月夏、秋两季。当风暴潮与天文潮叠加时，就会形成超高增水，又由于地势低平，将增加沿岸陆地淹没风险。同时，由于北部湾风暴潮发生无规律可寻，所以，易于造成突发性的灾害。2012—2021 年，每年平均影响广西沿海的热带气旋少则 2 个，多则 4 个。热带气旋引起的风暴潮灾害是广西沿海地区影响最为严重的海洋灾害。20 世纪 60—90 年代，广西沿海风暴潮（含近岸浪）灾害造成的累计直接经济损失高达 94.70 亿元，受灾人数 1053.73 万人，死亡 102 人（不含失踪），农业和养殖受灾面积 610×10^3 hm^2，房屋损毁 16.29 万间，冲毁海岸工程 476.57 km，损毁船只 1613 艘。2012—2021 年，据中国海洋灾害公报统计，北部湾平均每年发生 2 次风暴潮灾害，累计造成广西直接经济损失近 46 亿元。例如，2014 年第 9 号台风"威马逊"和第 15 号台风"海鸥"是近 10 年以来登陆华南地区最强的台风，其中，超强台风"威马逊"给广西带来的直接经济损失达到 24.66 亿元，受灾人口 155.43 万人，并使珊瑚礁、红树林、海草床等主要海洋生态系统受损，海洋生态损失达 5 亿元以上；台风"海鸥"造成广西沿海地区 69.35 万人受灾，直接经济损失 3.64 亿元。由此可见，风暴潮灾害造成经济损失之大，危害之大，其数字是惊心动魄的。

考虑到海平面上升等气候变化的叠加效应，未来北部湾遭受复合极端风暴潮灾害的风险势必进一步加重。北部湾是中国 – 东盟自由贸易区进行商贸往来最为便捷的出海口和海上交通要道，北部湾经济区是重要国际区域经济合作区，因此研究北部湾广西沿海风暴潮灾害及防灾减灾关系到国家西部大开发战略实施以及民族团结与社会稳定，有着重大的社会经济效益，同时也具有深远的历史意义和现实意义。所以，深入开展风暴潮灾害危害性、风险性的研究，是减少国家财产损失和保护人民生命的必要手段。

13.4.2 灾害的特殊性认识

北部湾位于大陆架内，平均深度为 46 m，属于大陆架上一个浅海湾，水下地形平坦，最大水深不超过 100 m。仅南部湾口及东岸的琼州海峡与南海沟通，是一个半封闭呈扇面形的陆架浅海；环绕北部湾西、北、东 3 面的陆地和岛屿，多为起伏不平的丘陵山地。从空中俯视北部湾，该湾似一个扇面形的海盆，盆口朝南，这样的自然环境，使该湾的海水运动形态，不仅与南海环流有关，还具有多变的特点。北部湾处于亚热带，季风特征明显，冬半年盛行东北季风，夏半年则盛行西南季风，东北季风期长于西南季风期。全年总降水量都在 1100 ~ 1700 mm。5—9 月为雨季，雨量充沛，月平均降水量都在 100 mm 以上。这些特定的地理环境及自然条件构成了风暴潮发生的特殊原因。

（1）如第 6.1.2 节所述，受复杂地理条件影响，广西风暴潮增减水具有明显特殊性，如增水前期一般出现一次减水过程；增水幅度大、上升快，而减水时间长、下降慢等。

（2）侵入广西的台风路径差异对风暴潮有重要影响。影响广西沿海的风暴潮，主要有偏北、偏西、偏东 3 个路径传入的台风。偏北路径的风暴潮增水最为明显，如 8007 号和 8410 号强台风，铁山港、防城港和龙门港增水均超过 1.5 m。偏东路径的风暴潮，在热带风暴进入北部湾之前，广西沿岸增减水呈 2 ~ 3 个周期波动，振幅显著增大，在广西中部的南流江三角洲变幅在 − 40 ~ + 40 cm，在远离台风路经中心广西西部珍珠湾的白龙尾站，水位变幅在 − 10 ~ + 20 cm。

（3）风暴潮增减水与广西港湾地形也有密切关系。如 8007 号强台风，使廉州湾北海站增水 0.80 m、减水 1.10 m，珍珠湾白龙尾站增水 1.25 m、减水 0.70 m，两站增水值相差 0.45 m，减水值相差 0.40 m。还有 8410 号强台风，使东部的铁山港增水 1.50 m、减水 1.40 m，西部的珍珠湾增水 0.80 m、减水 0.60 m，增减水差别较大。

（4）风暴潮在近岸港湾的强化、分布及极值的出现与大气重力波密切相关。研究发现，不同港湾连续几天风暴潮增减水的能谱峰值的出现总是与港湾的固有振荡频率一致，例如 8609 号台风其最大能谱对应周期（120 min）与港湾固有振动周期（90 min）相近，因此虽然风力不大，增水却高达 2 m。同样，我们对连续几天气压变化进行能谱分析，也发现如果气压变化的能谱周期与港湾固有振动周期相接近，会出现最大风暴潮增减水。因此，可以认为大气重力波和海湾共振与风暴潮强度密切相关。

由此可见，风暴潮在广西有着显著的特殊性。深入研究其特殊性的规律，是减少风暴潮损失的必要手段。

13.4.3 灾害的重要性认识

13.4.3.1 从国家实施北部湾经济发展战略考虑

2008 年 2 月国家批准《广西北部湾经济区发展规划》实施后，广西沿海地区的开发活动如火如荼地展开，一批临海（临港）工业重大项目纷纷落户广西沿海，总装机达 600×10^4 kW 的钦州火电厂、钦州 1000×10^4 t 炼油、北海炼化、防城港红沙核电、钦州金桂林浆纸、北海斯道拉恩索林浆纸、北海诚德新材料等一大批重大产业项目先后建成，防城港钢铁基地、中铝生态铝、钦州华谊新材料等一批重大项目有序推进，钦州中石化年产 300×10^4 t 的 LNG 项目、总装机 600×10^4 kW 的防城港核电项目、年产 300×10^4 t 重油沥青项目、防城港企沙半岛 60×10^4 t 铜冶炼及配套项目也进入了运营阶段。"十三五"期间，中央明确赋予广西发挥与东盟国家陆海相邻的独特优势，加快北部湾经济区开放开发，构建面向东盟的国际大通道，打造西南中南地区开放发展新的战略支点，形成 21 世纪海上丝绸之路与丝绸之路经济带有机衔接的重要门户的"三大定位"。2017 年 4 月，习近平总书记在广西考察时指出，广西有条件在"一带一路"建设中发挥更大作用。同年 10 月，党的十九大报告提出"坚持陆海统筹，加快建设海洋强国"的重要论述。国家定位和党的十九大重要论述，为北部湾战略发展提供了新坐标，也为广西沿海地区经济建设提出了更高的要求，广西海洋经济建设将迎来重大发展机遇。广西优势在海，希望在海，潜力在海。北部湾、南海的广阔海洋，正是广西乘"一带一路"东风大有可为的战略空间，更是经济社会可持续发展的资源优势。北部湾经济区开放开发，既关系到广西自身发展，也关系到国家整体发展。所以，从国家战略实施和北部湾地区经济的可持续发展层面上看，必须要把海洋自然灾害的影响和损失降到最低。从另一个层面上看，北部湾是我国和越南共同相邻的海湾，海洋自然灾害对海洋权益维护和环境安全的影响极大，加强海洋防灾减灾研究，建立精度高、计算快捷的广西风暴潮数值预报技术，可直接为维护我国海洋权益提供技术服务。

13.4.3.2　从保护海洋生态环境和防治污染方面考虑

20 世纪 60 年代初，中越合作北部湾海洋综合调查报告描述：北部湾内冬、春两季为逆时针气旋型环流，秋季受逆时针环流控制东北部有一顺时针环流，夏季为顺时针反气旋型环流；冬季在东北风影响下，南海水通过琼州海峡进入北部湾；夏季在西南风影响下，北部湾水体则通过琼州海峡流向南海。对北部湾来说，经过琼州海峡的水交换，是冬进夏出的收支形式。但是，最近 20 年，这种传统的环流观点却受到不断挑战。琼州海峡水从东向西进入北部湾，加强了北部湾北部气旋式环流的形成。同时，也对北部湾北部的生态环境产生重要影响。1995—2012 年广西沿海赤潮发生 13 次，钦州湾和廉州湾累计发生 5 次，涠洲岛赤潮发生次数则有 8 次之多，占广西沿海赤潮总数 61.5%，远离陆地的涠洲岛竟是赤潮的多发区。研究发现：广西沿海及涠洲岛海域赤潮多发是由于海水中存在高浓度的氮、磷元素，而这些高浓度氮、磷元素并非来自广西沿岸的陆源污染，而是通过琼州海峡从东部南海输运而来，源头主要来自粤西沿岸及珠江口水域。形成粤西沿岸流的主要根源在于珠江冲淡水的西向流，夏季，在强的西南风作用下，产生较强北部湾西岸北向沿岸流，促使低盐冲淡水向外海输运，然后在涠洲岛东部附近形成更大范围内气旋式环流。琼州海峡东部高浓度的氮、磷元素水体西向输送，是广西沿海和涠洲岛海域赤潮多发的重要促成因子。污染物的输运与环流存在着密切的关系。风暴潮水位传至近岸或港湾后受到地形、重力波等因素的影响产生变形和强化，并直接受环流所控制，对污染物的输运过程产生重要影响。所以，除解决好广西近岸的水污染、控制赤潮发生、治理近海排污之外，必须要弄清楚广西近岸高浓度氮、磷水体的来源与赤潮发生的关系，才能有效地防治源头污染物，保护好近岸海洋生态环境。

13.5 风暴潮灾害防治研究展望

13.5.1 风暴潮研究的重要成果

基于多年来对广西沿海风暴潮增减水分布变化规律及强化机制的深入研究，探讨广西浅水港湾风暴潮增减水的变化与台风传入路径、港湾地形、水体固有振动周期之间的谐振关系，为风暴潮波传入港湾之后的变形和强化机制找出一个全新的理论依据，为提高风暴潮灾害预报的精度奠定基础，为海洋开发、人民生命安全和国家财产保护以及各级政府制定沿海防潮减灾对策提供重要理论依据。

13.5.1.1 揭示风暴潮增减水在近岸港湾分布、强化及极值出现的理论依据

加强风暴潮在广西沿岸形成、分布、强化和衰减的理论研究，分析广西浅水港湾风暴潮增减水的变化与台风传入路径、港湾地形、水体固有振动周期之间的谐振关系，找出产生最大风暴潮增减水的形成原因，揭示风暴潮增减水在近岸港湾的强化、分布及极值出现与台风、路径、港湾地形、大气重力波及海湾共振的关系。

——风暴潮增减水大小变化与台风传入路径有关。入侵广西沿海地区的台风主要有西北型、西行型、北行型和西南行型4个路径。偏北路径传入的台风引起的风暴潮增减水最为明显，偏东次之，偏西最弱。

——风暴潮增减水大小的变化与港湾地形有关。3种类型的港湾地形有利于水位的升高：一类是狭长形海湾，海水存在倒灌现象；二类是口袋状海湾，海水易进不易出；三类是岛屿众多的港湾，港汊密布影响海水内外交换。

——风暴潮增减水大小的变化与大气重力波及海湾共振有关。风暴潮增减水值能谱分析结果表明，能谱最大值出现与港湾的固有振荡频率一致；气压变化能谱分析结果表明，气压变化的能谱周期与港湾固有振动周期相接近时，将出现风暴潮最大增减水。风暴潮增减水在近岸港湾的强化、分布及极值出现与大气重力波及海湾共振有关。

13.5.1.2　找出广西沿海风暴潮增减水变化的主要影响因素

广西近岸增减水主要是台风引起的风暴潮所致。受台风走向影响，广西沿海水位，总是先减后增；除去引起广西近海增减水的台风直接作用外，还有广东沿海陆架波西传的间接作用。西传有两个渠道：一部分直接穿过琼州海峡进入北部湾，另一部分绕过海南岛东部和南部，以顺时针方式进入北部湾。西传的陆架波使广西沿岸发生很强的西向流，表层地转流流速接近 92 cm/s；广西沿岸增减水除去台风直接与间接作用外，还有地形的影响和大气重力波的强化作用。

13.5.1.3　加强风暴潮增减水位与台风浪耦合嵌套模型应用研究

应用典型台风实例与数值计算相结合方法，研究建立适合北部湾及广西主要港湾的风暴潮增减水位与台风浪耦合嵌套模型，以提高风暴潮增水预测的时效、精度和分辨率，为广西沿海地区海洋经济开发、人民生命安全和国家财产保护以及各级政府制定沿海防潮减灾对策提供理论依据。第 11 章基于 WRF 海面风场动力模式、SWAN 海浪模式和 ECOM 三维海流数值模式，计算分析了 1992—2011 年的热带气旋影响下，北部湾 100 年一遇极值风速、波浪、海流和水位的特征值；第 12 章基于模型嵌套和模型耦合技术建立了非结构三角网的风暴潮数值模拟系统，在北部湾海域实现大气 – 潮汐 – 波浪的耦合模拟，深入探讨了北部湾风暴潮与风浪的关系，揭示了风暴潮高水位的主要驱动力是天文潮和台风场拖曳力，并指出了非线性效应和台风路径对北部湾风暴潮增水的影响。这些研究结果为深入开展广西近岸浅水港湾风暴潮增减水位变化的研究及提高灾害的预报水平提供了很好的理论依据。

但是，广西风暴潮增减水的变化影响机制是复杂的，风暴潮增减水的变化规律除受制于台风场和气压场的分布和变化过程外，还受到地形的影响，所以，增减水变化具有显著的特殊性，即先减后增呈起伏扰动形状，在增水前期一般出现一次减水过程，然后增水，只有极个别台风主要表现为减水，与其他海区明显不同。所以，过去的这些研究还是初步的，包括对风暴潮发生、发展一些规律性的机制尚缺乏明确的认识，一些诊断模式离实际预报还相差甚远，还不能应用到减灾、防灾中去。风暴潮灾害预防是一个巨大的系统工程。除去风暴潮预报之外，还要对风暴潮灾害进行后期评估，建立台风和风暴潮灾害档案，建立台风和风暴潮灾害数据库等，也就是说，要弄清楚广西风暴潮水位变化及分布规律，并为风暴潮增减水位传入近岸之后的极值形成与强化找到一个全新的理论依据，建立起一套可供预报的实用方法，提高灾害预报的精度，减少灾害造成的损失，还有大量的、更多的研究工作要做。

13.5.2　风暴潮灾害防治研究展望

与国内外相比，北部湾风暴潮研究工作还存在很大差距。深入开展北部湾风暴潮研究有着重要的理论和现实意义。从理论上讲，我们在研究实测水位时发现，风暴潮增减水位并不是随风速增加一直增加或保持一个高值不降，而是呈一种短于潮周期的波动，实际上受地形摩擦及大气重力波与海湾共振等主要因素的影响。过去的数值计算，在拟合时很难拟合很好，就是因为数值计算中没有考虑到这种强化机制的原因；以往在计算港湾风暴潮时，更未涉及上述问题。所以，开展这些问题的深入研究，对于更进一步了解近岸浅水港湾中风暴潮增减水异常变化是一个推进，将为风暴潮波传入港湾之后的变形和强化机制找到一个全新的理论依据。从实际上讲，登陆广西沿海地区的台风引起的风暴潮灾害最为严重。广西沿海的平均潮差为 2.42 m，最大潮差为 6.25 m；实测平均水位为 6 m，最高实测平均水位为 8.33 m。风暴潮增水如适值涨潮阶段，天文潮和风暴潮叠加，产生的高水位危害更大。所以，风暴潮是广西沿海重要海洋灾害之一。近年来，广西北部湾沿海地区建设速度加快，一大批重大工业项目纷纷落户广西沿海，如 600×10^4 kW 的防城港核电厂、中石油 1000×10^4 t 炼油厂、钦州港保税区、防城港钢铁基地等，还有防城港、钦州港、铁山港等多个 10×10^4 ~ 30×10^4 t 级的码头项目相继建成，这些重大工程项目都是通过填海方式集中建在海岸，都会面临着海洋自然灾害侵袭的问题，一旦风暴潮增水适遇天文大潮，产生的增水将对海岸工程造成极大的危害。

此外，广西大陆海岸线为 1628.59 km，其中，泥质海岸 447 km，约占 27.5%，基岩海岸 72 km，约占 4.4%，其余为砂质或河口海岸，约占 68.1%。由此可见，海岸抗风浪能力相当低，而且沿海还有近 250 万人居住在海岸线 3 km 之内。所以，从保护国家财产、海岸工程安全和人民生命安全的角度考虑，建立精度高、计算快捷的广西风暴潮数值预报模式仍将是我们研究的主流。进入 21 世纪以后，风暴潮与近岸浪的耦合技术、风暴潮数值预报四维同化技术、风暴潮漫滩数值预报技术、风暴潮集合数值预报技术、GIS、遥感与风暴潮风险评估模型集成技术、风暴潮灾害长期预测技术、风暴潮灾害风险评估技术将成为未来风暴潮研究的方向。广西对风暴潮的研究起步较晚，落后于其他沿海省市。所以，为了提高广西风暴潮灾害预报的精度，尽可能减少灾害造成的损失，加快、深入开展这方面研究，是广西沿海地区刻不容缓的任务，我们作为从事广西海洋科学研究人员深感责任之重大。

参考文献

蔡锋，苏贤泽，刘建辉，等，2008.全球气候变化背景下我国海岸侵蚀问题及防范对策［J］.自然科学进展，18（10）：1093–1103.

曹庆先，2016.广西海岸滩涂开发利用现状及潜力分析［M］.北京：科学出版社.

陈波，2014.北部湾台风暴潮研究现状与展望［J］.广西科学，21（04）：325–330.

陈波，1997.广西南流江三角洲海洋环境特征［M］.北京：海洋出版社.

陈波，董德信，陈宪云，等，2014.历年影响广西沿海的热带气旋及其灾害成因分析［J］.海洋通报，33（5）：527–532.

陈波，董德信，邱绍芳，等，2011.北仑河口海岸地貌特征与环境演变影响因素分析［J］.广西科学，18（01）：88–91.

陈波，李培良，侍茂崇，等，2009.北部湾潮致余流和风生海流的数值计算与实测资料分析［J］.广西科学，16（3）：346–352.

陈波，邱绍芳，2000a.北海港多年一遇风暴潮增减水极值推算［J］.广西科学院学报，（03）：112–114.

陈波，邱绍芳，2000b.广西沿海港湾风暴潮增减水与台风路径和地形效应的关系［J］.广西科学，（04）：282–285.

陈波，侍茂崇，2019.北部湾海洋环流研究进展［J］.广西科学，（6）：595–603.

陈波，侍茂崇，2001.廉州湾风暴潮的数值模拟［J］.海洋通报，20（3）：88–92.

陈波，魏更生，2002.广西沿海风暴潮的数值计算研究［J］.海洋湖沼通报，（01）：1–8.

陈波，许铭本，牙韩争，等，2020.入海径流扩散对北部湾北部环流的影响［J］.海洋湖沼通报，（02）：43–54.

陈波，严金辉，王道儒，等，2007.琼州海峡冬季水量输运计算［J］.中国海洋大学学报（自然科学版），（03）：357–364.

陈波，朱冬琳，牙韩争，等，2019.台风"纳沙"期间广西近岸风暴射流产生与增减水异常现象［J］.广西科学，（6）：626–633.

陈见，孙红梅，高安宁，等，2014.超强台风"威马逊"与"达维"进入北部湾强度变化对比分析［J］.暴雨灾害，（04）：392–400.

陈顺楠，乔方利，潘增弟，等，1998.中国南海东部海域气候特征及风浪流极值参数的研究［J］.黄渤海海洋，16（2）：6–17.

陈宪云，陈波，刘晖，等，2013a.广西沿海风暴潮灾害及防治对策［J］.海洋湖沼通报，4：17–23.

陈宪云，刘晖，董德信，等，2013b.广西主要海洋灾害风险分析［J］.广西科学，20（3）：248–253.

丁扬，2015.南海北部环流和陆架陷波研究［D］.青岛：中国海洋大学.

杜碧兰，刘法孔，张锦文，1997.威胁中国沿海脆弱区的海平面上升及预测.海平面上升对中国沿海主要脆弱区的影响及对策［M］.北京：海洋出版社，1–9.

范航清，2000.海岸环保卫士——红树林［M］.南宁：广西科学技术出版社.

范航清，陈光华，何斌原，2005.山口红树林滨海湿地与管理［M］.北京：海洋出版社.

方国洪，王骥，贾绍德，等，1993.海洋工程中极值水位估计的一种条件分布联合概率方法［J］.海洋科学集刊，34：1–30.

方国清，1990.三参数Weibull分布的参数估计［J］.海洋科学，6：1–8.

方佳毅，史培军，2019.全球气候变化背景下海岸洪水灾害风险评估研究进展与展望［J］.地理科学进展，38（5）：625–636.

冯爱青，高江波，吴绍洪，等，2016.气候变化背景下中国风暴潮灾害风险及适应对策研究进展［J］.地理科学进展，35（11）：1411–1419.

冯士筰，1982.风暴潮导论［M］.北京：科学出版社.

高劲松，2013.南海北部中尺度涡及北部湾环流结构与生成机制研究［D］.青岛：中国海洋大学.

高劲松，陈波，2014.北部湾冬半年环流特征及驱动机制分析［J］.广西科学，21（1）：64–72.

高劲松，陈波，侍茂崇，2015.北部湾夏季环流结构及生成机制［J］.中国科学：地球科学，45（1）：99–112.

高桥浩一郎，1939.台风域内に於ける气压はひ风速の分布［J］.气象集志，17（11）：417.

广西海洋局，2020，缓发性危机——海平面上升［EB/OL］.http://hyj.gxzf.gov.cn/hykp_66917/hyzh/t5338667.shtml.

广西海洋监测预报中心，1998.广西沿海风暴潮与洪水漫滩研究报告［R］.

广西壮族自治区人民政府办公厅，2014.广西北部湾经济区发展规划（2014年修订）［EB/OL］.

黄鹄，戴志军，盛凯，2011.广西北海银滩侵蚀及其与海平面上升的关系［J］.台湾海峡，30（2）：275–279.

黄鹄，黎树式，佟智成，等，2020.广西北部湾台风预测及灾害评估研究项目验收汇报［R］，钦州：北部湾大学.

黄世昌，李玉成，赵鑫，等，2008.浙江沿海超强台风作用下的风暴潮流［J］.海洋通报，（05）：8–17.

黄卓，廖雪萍，2017.2016年台风"莎莉嘉"对广西的影响评估［J］.气象研究与应用，38（01）：40–42.

黄子眉，李小维，姜邵材，等，2019.广西沿海风暴潮增水特征分析［J］.海洋预报，36（6）：29–36.

纪新燕，2007.北部湾广西沿海风暴潮灾害及防灾减灾研究［D］.南宁：广西大学.

江丽芳，尹毅，齐义泉，等，2012.钦州湾台风浪的多年一遇极值推算［J］.热带海洋学报，04：8–16.

蒋昌波，赵兵兵，邓斌，等，2017.北部湾台风风暴潮数值模拟及重点区域风险分析［J］.海洋预报，34（03）：32–40.

孔宁谦，蔡敏，陈润珍，2007.广西影响区热带气旋强度突变的天气气候特征分析［J］.热带地理，27（1）：15–20.

赖富春，2017.波浪作用对风暴潮水位影响的研究——以台风卡努为例［D］.杭州：浙江大学.

李树华，1986.珍珠港台风暴潮特征及其预报的初步研究［J］.海洋预报，（04）：17–24.

李树华，陈文广，陈波，等，1992.广西沿海风暴潮数值模拟试验［J］.海洋学报，14（5）：15–25.

李曾中，贾秀娥，1996.穿越雷州半岛时地形对热带气旋特性的影响［J］.应用气象学报，03：381–384.

林伟，方伟华，2013.西北太平洋台风风场模型中 Holland B 系数区域特征研究［J］.热带地理，33（2）：124–132.

刘秀，蒋燚，陈乃明，等，2009.钦州湾红树林资源现状及发展对策［J］.广西林业科学，38（04）：259–260.

刘永玲，王秀芹，王淑娟，2007.波浪对风暴潮影响的数值研究［J］.海洋湖沼通报（增刊），1–7.

刘月红，2007.钦州湾波浪条件数值模拟研究［J］.港工技术，10（5）：8–16.

刘子龙，2015.基于台风"康森"和"暹巴"研究西太平洋上层海洋对台风的响应特征［C］.第 32 届中国气象学会年会 S23 第五届研究生年会.天津：中国气象学会.1–24.

吕蒙，丁扬，侍茂崇，2019.南中国海北部对台风的响应［J］.海洋湖沼通报.（5）：9–19.

马浩，连秋菊，刘文琛，2013.1213 号台风"启德"特征及强降雨分析［J］.北京农业，（21）：145–146.

莫永杰，廖思明，葛文标，等，1995.现代海平面上升对广西沿海影响的初步分析［J］.广西科学，01：38–41+62.

农作烈，李武全，王丹，等，2009.广西海洋灾害区划报告［R］.

齐义泉，朱伯承，施平，等，2003.WWATCH 模式模拟南海海浪场的结果分析［J］.海洋学报，25（4）：1–9.

覃漉雁，曹庆先，宁秋云，等，2016.广西沿海滩涂土地利用变化及驱动力研究［J］.地理空间信息，14（02）：79–81+87+9.

全国台风科研协作技术组，1983，台风会议文集［C］.上海：上海科学技术出版社.

任鲁川，尹宝树，别君，等，2004.风暴潮灾害风险分析的基本原理与方法［C］.中国灾害防御协会——风险分析专业委员会第一届年会论文集.

侍茂崇，2014.北部湾环流研究述评［J］.广西科学，（4）：313–324.

施雅风，朱季文，谢志仁，等，2000.长江三角洲及毗连地区海平面上升影响预测与防治对策［J］.中国科学：D 辑，30（3）：225–232.

宋情，2014.南海北部湾 FVCOM 潮汐模式的高度计同化模拟研究［D］.上海：上海海洋大学.

孙文心，冯士筰，秦曾灏，1979.超浅海风暴潮的数值模拟（一）——零阶模型对渤海风潮的初步应用［J］.海洋学报，1（2）：194–211.

孙志林，王辰钟，汕虹浪，等，2019.潮耦合的舟山渔港台风风暴潮数值模拟［J］.海洋通报，2：150–158.

唐建，史剑，李训强，2013. 基于台风风场模型的台风浪数值模拟 [J]. 海洋湖沼通报，2：24–30.

王洪川，2014. 风暴潮增水和台风浪联合分布在北仑港中的应用 [J]. 水运工程，3：51–56.

王璐阳，张敏，温家洪，等，2019. 上海复合极端风暴洪水淹没模拟 [J]. 水科学进展，1–11.

王喜年，1998. 风暴潮灾害及其预报与防御对策 [J]. 海洋预报，15（3）：26–31.

王喜年，1985. 一种简单的台风风暴潮过程预报方法的研究 [J]. 海洋学报，7（2）：233–239.

王喜年，1993. 全球海洋的风暴潮灾害概况 [J]. 海洋预报，10（1）：30–36.

王喜年，尹庆江，张保明，1991. 中国海台风风暴潮预报模式的研究与应用 [J]. 水科学进展，2（1）：1–10.

王兴铸，李坤平，宇宙文，1986. 龙口湾内港湾振动的概要特征 [J]. 海洋湖沼通报，2：1–5.

王扬杰，2016. 基于大气—海洋—海浪实时耦合模式的台风过程模拟研究 [D]. 天津：天津大学.

温家洪，袁穗萍，李大力，等，2018. 海平面上升及其风险管理 [J]. 地理科学进展，33（4）：350–360.

文先华，曹雪峰，王璐，等，2017. 2013 年尤特台风引起南海粤西水域陆架陷波的观测与模拟 [J]. 海洋科学进展，（2）：200–209.

吴辉碇，季晓阳，1985. 台风风暴潮的数值预报试验 [J]. 海洋学报，7（5）：633–640.

吴培木，1983. 中国东南海岸台风风暴潮数值预报模式 [J]. 海洋学报，5（3）：273–283.

吴兴国，1998. 五十年来影响广西的热带气旋统计特征分析 [J]，广西气象，12.

伍志元，蒋昌波，邓斌，等，2018. 基于海气耦合模式的南中国海北部风暴潮模拟 [J]. 科学通报，63（33）：3494–3504.

武海浪，陈希，陈徐均，等，2015. 近岸港口风暴潮与台风浪相互作用的数值模拟 [J]. 解放军理工大学学报，16（4）：360–367.

夏波，张庆河，蒋昌波，2013. 基于非结构网格的波流耦合数值模式研究 [J]. 海洋与湖沼，44（6）：1451–1456.

夏华永，李树华，李武全，等，1999. 北部湾三维风暴潮模拟 [J]. 广西科学，（01）：29–35.

徐振华，2006. 北部湾潮汐潮流的数值模拟及数值实验 [D]. 青岛：中国海洋大学.

严昌天，陈波，杨仕英，等，2008. 琼州海峡中间断面冬季水量输运计算 [J]. 海洋湖沼通报，（01）：1–9.

杨桂山，朱季文，1993. 全球海平面上升对长江口盐水入侵的影响研究 [J]. 中国科学，23（1）：69–76.

杨士瑛，陈波，李培良，2006. 用温盐资料研究夏季南海水通过琼州海峡进入北部湾的特征 [J]. 海洋湖沼通报，（01）：1–7.

杨万康，杨青莹，尹宝树，等，2016.1409 号"威马逊"台风对铁山港海域的风暴潮增水研究 [J]. 海洋预报，01：80–85.

杨万康，尹宝树，伊小飞，等，2017. 基于 Holland 风场的台风浪数值计算 [J]. 水利水运工程学报，4：28–34.

姚宇，袁万成，杜睿超，等，2015. 岸礁礁冠对波浪传播变形及增水影响的实验研究 [J]. 热带海洋学报，6：19–25.

叶宜林，2005. 海平面上升对珠江三角洲潮区水利工程和咸潮的影响分析 [J]. 人民珠江，（5）：43–46.

尹宝树，王涛，侯一筠，等，2001. 渤海波浪和潮汐风暴潮相互作用对波浪影响的数值研究 [J]. 海洋与湖沼，32（1）：109–116.

于宜法，俞聿修，2003.渤海天文—风暴潮数值模拟和一种多年一遇极值水位的计算方法［J］.海洋学报，25（4）：10–17.

张博文，2019.基于参数化风场的南海北部风暴潮、波浪数值模拟［D］.广州：华南理工大学.

张操，2014.广西北部湾风暴潮的数值模拟［D］.上海：上海海洋大学.

张平，孔昊，王代峰，等，2017.海平面上升叠加风暴潮对2050年中国海洋经济的影响研究［J］.海洋环境科学，36（1）：129–135.

仉天宇，于福江，董剑希，等，2010.海平面上升对河北黄骅台风风暴潮漫滩影响的数值研究［J］.海洋通报，29（5）：499–503.

赵兵兵，2017.北部湾海域风暴潮数值模拟研究及特征分析［D］.长沙：长沙理工大学.

郑斌鑫，侍茂崇，廖康明，等，2015.北部湾北部白龙尾附近海域潮流谱分析［J］.海洋科学进展，（1）：1–10.

郑淑贤，2015.基于FVCOM的琼州海峡潮汐潮流数值模拟与研究［D］.青岛：中国海洋大学.

周文浩，1998.海平面上升对珠江三角洲咸潮入侵的影响［J］.热带地理，18（3）：266–269.

周雄，2011.北海市海平面变化及其对沿岸的影响［D］.青岛：中国海洋大学.

朱冬琳，陈波，唐声全，2019.基于HYCOM模拟的南海西北部环流［J］.广西科学，（6）：641–646.

俎婷婷，2005.北部湾环流及其机制的分析［D］.青岛：中国海洋大学.

ALLEN J S，1973. Upwelling and coastal jets in a continuously stratified ocean［J］. Journal of Physical Oceanography，3（3）：245–257.

ALLEN J S，WALSTAD L J，NEWBERGER P A，1991. Dynamics of the Coastal Transition Zone jet：2. Nonlinear finite amplitude behavior［J］. Journal of Geophysical Research：Oceans，96（C8）：14995–15016.

ARNS A，WAHL T，DANGENDORF S，et al.，2015. The impact of sea level rise on storm surge water levels in the northern part of the German Bight［J］. Coastal Engineering，96：118–131.

BLUMBERG A F，MELLOR G L，1987. A Description of a Three–Dimensional Coastal Ocean Circulation Model［M］// Heaps N S. Three–dimensional Coastal Ocean Models. Washington：Amer .Geophys. Union，4：1–16.

BOOIJ N，HOLTHUIJSEN L H，Ris R C，1996. The "SWAN" wave model for shallow water［J］.Coastal Engineering. 1：668–676.

CHEN BO，SHI MAOCHONG，CHEN XIANYUN，et al.，2016. Water level fluctuations in Guangxi near coast caused by typhoons in South China Sea［J］. IOP Conference Series Earth and Environmental Science，39（1）：1–17.

CHEN BO，XU ZHIXIN，YA HANZHENG，et al.，2019. Impact of the water input from the eastern Qiongzhou Strait to the Beibu Gulf on Guangxi coastal circulation［J］. Acta Oceanologica Sinica，38（9）：1–11.

CHEN CHANGSHENG，LIU HEDONG，ROBERT BEARDSLEY，2003. An unstructured grid，finite–volume，three–dimensional，primitive equations ocean model：application to coastal ocean and estuaries［J］. Journal of atmospheric and Oceanic Technology，20（1）：159–186.

CHEN CHANGSHENG，ROBERT BEARDSLEY，GEOFFREY COWLES，2006. An unstructured grid， finite–volume coastal ocean model（FVCOM）system［J］. Oceanography，19（1）：78–89.

DING YANG，BAO XIANWEN，SHI MAOCHONG，2012. Characteristics of coastal trapped waves along the northern coast of the South China Sea during year 1990［J］. Ocean Dynamics，62：1259–1285.

DING YANG，CHEN CHANGSHENG，ROBERT BEARDSLEY，et al.，2013. Observational and model studies of the circulation in the Gulf of Tonkin，South China Sea［J］. Journal of Geophysical Research：Oceans，118（12）.

EDF R D S，2011. TOMAWAC Software for Sea State Modelling on Unstructured Grids Over Oceans and Coastal Seas［M］. Release 6.1. France：EDF R&D.

FANG GUOHONG，KWOK YUE–KUEN，YU KEJUN，et al.，1999. Numerical simulation of principal tidal constituents in the South China Sea, Gulf of Tonkin and Gulf of Thailand［J］. Continental Shelf Research，19（7）.

FISHER R A，TIPPETT L，1928. Limiting forms of the frequency distribution of the largest or smallest member of a sample［J］. Mathematical Proceedings of the Cambridge Philosophical Society，24（2），180–190.

FUJITA T，1952. Pressure distribution within typhoon［J］. Geophysical Magazine，23：437–451.

GALPERIN B，KANTHA L H，HASSID S，et al.，1988. Aquasi–equilibrium turbulent energy model for geophysical flows［J］. Journal of Atmosphere Sciences，45：55–62.

LEE H S，K O KIM，2015. Storm surge and storm waves modelling due to Typhoon Haiyan in November 2013 with improved dynamic meteorological conditions［J］. Procedia Engineering，116：699–706.

VON STORCH H，JIANG W，K K FURMANCZYK，2015. Storm Surge Case Studies［M］. Coastal and Marine Hazards，Risks，and Disasters，Amsterdam：Elsevier，181–196.

HANSEN W，1956. Theorie zur Errechnung des Wasserstandes und der Strömungen in Randmeeren nebst Anwendungen［J］. Tellus，8，287–300.

HAN S L，KYEONG O K，2015. Storm surge and storm waves modeling due to Typhoon Haiyan in November 2013 with improved dynamic meteorological conditions［J］. Procedia Engineering，116：699–706.

HEAPS N S，1984. Development of numerical model for the prediction of currents［J］. J Soc Underwater Technol，10（2）：8–18.

HERVOUET J，2000. TELEMAC modelling system：an overview［J］. Hydrological Processes，14（13）：2209–2210.

HINKEL J，et al.，2015. Sea–level rise scenarios and coastal risk management［J］. Nature Climate Change，5（3）：188–190.

HIROSE N，KUMAKI Y，KANEDA A，et al.，2017. Numerical simulation of the abrupt occurrence of strong current in the southeastern Japan Sea［J］. Continental Shelf Research，143：194–205.

HOLLAND G J，1980. An analytic model of the wind and pressure profiles in hurricanes［J］. Monthly Weather Review，108（8）：1212–1218.

JELESNIANSKI C P，1972. SPLASH（Special Program to List Amplitudes of Surges from Hurricanes）I.

Landfall storms［R］. NOAA Technical Memorandum，NWS TDL–46.

JELESNIANSKI C P，1965. A numerical calculation of storm tides induced by a tropical storm impinging on a continental shelf［J］.Monthly Weather Review，93：343–358.

JELESNIANSKI C P，1966. Numerical computations of storm surges without bottom stress［J］. Monthly Weather Review，94（6）：379–394.

JELESNIANSKI C P, Shaffer J W A，1992. SLOSH（Sea, Lake, and Overland Surges from Hurricanes.）［R］. NOAA Technical Report，NWS 48.

JELESNIANSKI C P，1974. SPLASH（Special Program to List Amplitudes of Surges from Hurricanes）II. General track and variantstorm conditions［R］. NOAA Technical Memorandum，NWS–TDL–52.

JIA L，WEN Y，PAN S，et al.，2015. Wave–current interaction in a river and wave dominant estuary： A seasonal contrast［J］. Applied Ocean Research，52：151–166.

KIVISILD HANS，1954. Wind effect on shallow bodies of water with special reference to Lake Okeechobee［J］. Bulletin of the Institution of Hydraulics at the Royal Institute of Technology.

KOCH A O，KURAPOV A L，ALLEN J S，2010. Near–surface dynamics of a separated jet in the coastal transition zone off Oregon［J］. Journal of Geophysical Research： Oceans，115（C8）.

LATTEUX B，1995. Techniques for long–term morphological simulation under tidal action［J］. Marine Geology. 126（1–4）：129–141.

LIU W C，HUANG W C，2019. Influences of sea level rise on tides and storm surges around the Taiwan coast ［J］. Continental Shelf Research，173：56–72.

MASTENBROEK C，BURGERS G，JANSSEN PAEM，1993. The dynamical coupling of a wave model and a storm surge model through the atmospheric boundary layer［J］. Journal of Physical Oceanography，23：1856–1866.

MELLOR G L，YAMADA T，1974. A hierarchy of turbulence closure models for planetary boundary layers［J］. Journal of the Atmospheric Sciences，33：1791–1896.

MELLOR G L，YAMADA T，1982. Development of a turbulence closure model for geophysical fluid problem ［J］. Reviews of Geophysics and Space Physics，20（4）：851–875.

SHI MAOCHONG，CHEN CHANGSHENG，XU QICHUN，et al.，2002. The role of Qiongzhou Strait in the seasonal variation of the South China Sea circulation［J］. Journal of Physical Oceanography，32（1）：103–121.

SMAGORINSKY J，1963. General circulation experiments with the primitive equations I. The basic experiments ［J］. Monthly Weather Review，91：99–164.

STOCKER T F，QIN D，PLATTNER G K，et al.，2013. Climate change 2013： The Physical Science Basis. Contribution of Working Group I to the Fifth Assessment Report of the Intergovernmental Panel on Climate Change［M］. Cambridge： Cambridge University Press，1535.

TOLMAN H L，1991. A third–generation model for wind waves on slowly varying，unsteady and inhomogeneous depths and currents［J］. Journal of Physical Oceanography，21：782–797.

TUCCIARELLI T, TERMINI D, 2000. Finite–Element Modeling of Floodplain Flow [J]. Journal of Hydraulic Engineering, 126（6）: 416–424.

UENO, 1964. Non–linear numerical studies on tides and surges in the central part of Seto Inland Sea. [J] The Oceanographical Magazine. 16: 53–124.

WAHL T, HAIGH I D, NICHOLLS R J, et al., 2017. Understanding extreme sea levels for broad–scale coastal impact and adaptation analysis [J]. Nature Communications. 8, 16 075.

WANG J, GAO W, XU S, et al., 2012. Evaluation of the combined risk of sea level rise, land subsidence, and storm surges on the coastal areas of Shanghai, China [J]. Climatic Change, 115（3–4）: 537–558.

LIU WENCHENG, HUANG WEICHE, 2019. Influences of sea level rise on tides and storm surges around the Taiwan coast [J]. Continental Shelf Research, 173: 56–72.

WESSEL PÅL, WALTER SMITH, 1996. A global, self–consistent, hierarchical, high–resolution shoreline database [J]. Journal of Geophysical Research Solid Earth, 101（B4）: 8741–8743.

WOLF J, HUBBERT K P, FLATHER R A, 1988. A feasibility study for the development of a joint surge and wave model [R]. Proundman Oceanographic Laboratory, Rep .No.1, 109.

WU DEXING, WANG YUE, LIN XIAOPEI, et al., 2008. On the mechanism of the cyclonic circulation in the Gulf of Tonkin in the summer [J]. John Wiley & Sons, Ltd, 113（C9）.

XIE L A, WU K J, PIETRADESA J, 2001. A numerical study of wave–current interaction through surface and bottom stresses: wind–driven circulation in the south Atlantic Bight under uniform winds [J]. Journal of Geophysical Research, 106（C8）: 16841–55.

XIE L A, WU K J, PIETRADESA J, 2003. A numerical study of wave–current interaction through surface and bottom stresses: coastal ocean response to Hurricane Fran of 1996 [J]. Journal of Geophysical Research, 108（C2）: 3049–66.

YANG JIAYAN, 2005. The Arctic and subarctic ocean flux of potential vorticity and the Arctic Ocean circulation [J]. Journal of Physical Oceanography, 35（12）: 2387–2407.

YANG JIAYAN, JAMES F PRICE, 2000. Water–mass formation and potential vorticity balance in an abyssal ocean circulation [J]. Journal of Marine Research, 58（5）: 789–808.

ZHANG K, DOUGLAS B C, LEATHERMAN S P, 2004. Global warming and coastal erosion [J]. Climate Change, 64: 41–58.

ZHANG M, TOWNEND I H, CAI H, et al., 2016 a. Seasonal variation of tidal prism and energy in the Chang jiang River estuary: a numerical study [J]. Chinese Journal of Oceanology and Limnology, （01）: 219–230.

ZHANG M, TOWNEND I, CAI H, et al., 2018. The influence of seasonal climate on the morphology of the mouth–bar in the Yangtze Estuary, China [J]. Continental Shelf Research, 153（Supplement C）: 30–49.

ZHANG M, TOWNEND I, ZHOU Y, et al., 2016 b. Seasonal variation of river and tide energy in the Yangtze Estuary, China [J]. Earth Surface Processes and Landforms, 41（1）: 98–116.